一本抵达心灵的书，一堂可以改变人生的心态课程，一本让你终生受益的励志经典，一本值得品味珍藏的心灵读本，从心开始，了解自我，超越自我，你就掌握了开启幸福之门的钥匙，从中体悟到幸福的真谛，找到属于自己的幸福人生。

一本值得品味珍藏的心灵读本

雪 子/编著

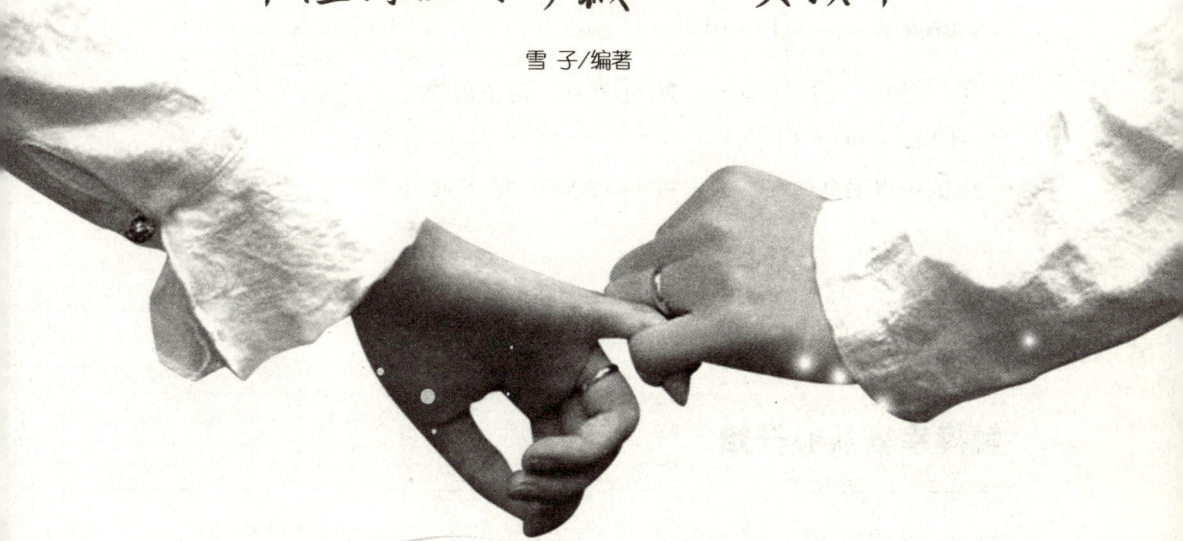

Chumo.Xingfu.Congxin.Kaishi

触摸幸福
从心开始

中国华侨出版社

图书在版编目（CIP）数据

触摸幸福从心开始/雪子 编著 . —北京：中国华侨出版社，2009. 12

ISBN 978 - 7 - 5113 - 0161 - 1

Ⅰ . ①触…　Ⅱ . ①雪…　Ⅲ . ①幸福—通俗读物

Ⅳ . ①B82 - 49

中国版本图书馆 CIP 数据核字（2009）第 224631 号

触摸幸福从心开始

编　　著/雪　子

责任编辑/文　雨

装帧设计/纸衣裳书装

经　　销/新华书店

开　　本/700×1000 毫米　1/16 开　印张 18　字数 262 千

印　　刷/北京凯达印务有限公司

版　　次/2010 年 4 月第一版　2010 年 4 月第一次印刷

书　　号/ISBN 978 - 7 - 5113 - 0161 - 1

定　　价/30. 00 元

中国华侨出版社　　北京市安定路 20 号院 3 号楼　　邮编：100029

法律顾问：陈鹰律师事务所

编辑部：（010）64443056　　　　64443979

发行部：（010）64443051　　　　传真：（010）6443908

网　址：www. oveaschin. com

E - mail：oveaschin@ sina. com

前　言

　　幸福是什么？幸福是一种感觉，是对生活的一种态度定位。怎样才能获得幸福呢？其实很简单，就看您用什么样的心态生活。阅读本书可以帮您改变心态，为您打开幸福之门。

　　人的心态体现在各个方面，生活、工作、习惯、为人、处世，等等。不同的态度决定不同的人生，心态影响着人的情绪和意志，心态决定着人的工作状态与质量。有着积极心态的人不一定富有，但一定是幸福、快乐和乐观的。

　　人之幸福在于心之幸福，只有内心深处的幸福才是真正的幸福。幸福从好的心态开始，拥有好的心态就能拥有幸福。谁也不能让您感到自卑和苦恼，除非您自寻烦恼。我们拥有积极的心态，就会拥有一生的成功。

　　当您开始用积极的心态阅读此书时，您就会感到人生很充实，身心很和谐，当然，您就会获得幸福。从本书中您将学会怎样生活，用怎样的心态去生活，同时本书将成为您打开幸福大门的钥匙。

编者
2009 年 6 月

目 录

第一章 态度决定人生

第二章　换个角度去发现世界

第三章　恭谦恪守的为人态度

第四章　精诚务实的工作态度

第五章　勇于取舍的生活态度

第六章 拥有良好的习惯也是一种生活态度

第七章　外圆内方的处世态度

第一章　态度决定人生

执著造就成功

在人生奋斗中，坎坷挫折在所难免，然而不慎跌倒并不代表永远的失败，跌倒后失去了奋斗的勇气才是永远的失败。我们若以平常心观之，失败本身也就不足为奇。一个人若没有经历过失败，他就难以体会到人生的辛酸和苦涩，难以认识到生命的底蕴，从而也就不可能感受到成功时的巨大欣喜。

其实，通向成功的路绝不止一条，不同的人可以选择不同的路，因此，成功与否，往往不在于对道路的选择，而在于一旦选定了自己的路，便不再彷徨，而是毅然地走下去。所以，能否达到心中的目标，首先取决于自己的态度是否坚定。

要想取得成功、博得荣誉，除了要选择一条适合自己的路以外，还要有执著的精神。女娲补天、夸父追日、精卫填海、愚公移山、大禹治水、卧薪尝胆的勾践、闻鸡起舞的祖逖、面壁静修的达摩、程门立雪的杨时……这些执著的故事不老，人物不死。咬定青山不放松，百折千磨志不改，衣带渐宽终不悔，不到长城非好汉……这些执著的佳句不朽，精神不灭。

"执著"的骨子里有一种素质：一种激情如火的素质，一种追求根源的素质，一种苦行僧式的素质，一种认准了目标不回头的素质，一种坚持自我不受他人支配的素质，一种固执甚至偏激的素质。具备这种素质的人常常创造出人间奇迹。弗洛伊德、拿破仑、贝多芬、凡·高，还有《吉尼斯世界大全》一书中所记载的诸多人物，不胜枚举。不能不承认，所有这些大大小小的人物使我们这个世界变得有声有色，而他们的性格中明显有着共同的一点，即执著。他们执著地将所热爱的事业推向极致，什么也阻止不了他们——除了自身的死亡。

当然，执著并不是你将整个世界抓在手里，当你执著于一种东西时，你同时便选择了放弃另一种东西。执著的前提是你知道自己要选择什么，学会放弃、善于放弃并不是执著的对立面。

只不过是从头再来

在人的一生中，每个人都不能保证一切顺利。面对失业，很多人往往痛苦不堪，为失去工作而烦恼。其实，失业不一定是坏事，只要树立信心，肯定会有"柳暗花明又一村"的新景象。很多人正是由于有被解雇的经历才使自己获得更大的发展空间。

达尼是一个很有事业心的人，他在一家业务公司跟着老板一干就是5年，从一个刚毕业的大学生一直做到了分公司的总经理职位。在这5年里，公司逐渐成为同行业中的佼佼者，达尼也为公司付出了许多，他很希望通过自己的努力将企业带入一个更加成功的境地。然而就在他兢兢业业拼命工作的时候，达尼发现老板变了，变得不思进取、"牛"气十足，对自己渐渐地不信任了，许多做法都让人难以理解。而达尼自己也找不到昔日干事业的感觉了。

同样，老板也看达尼不顺眼，说达尼的举动使公司的工作进展不顺利，有点碍手碍脚。不久，老板把达尼解雇了。

从公司出来后，达尼并没有气馁，他对自己的工作能力还是很自信的。不久，达尼发现一家大型企业正在招聘一名业务经理，于是将自己的简历寄给了这家企业，没过几天他就接到面试通知，然后便是和老总面谈，最终顺利得到这份工作。工作大约一个月时间，达尼觉得该公司总经理是一个很有魄力和工作能力的人，同时，他也感到总经理同样十分赏识他的才华与能力。在工作之余，总经理经常约他一起去游泳、打保龄球或者参加一些商务酒会。

在工作中，达尼发现公司的企业图标设计相当繁琐，虽然有美感，但却缺乏应有的视觉冲击力，便大胆地向总经理提出更换图标的建议。没想到总经理也早有此意，他把这件事安排给达尼去完成。为了把这项工作做好，达尼亲自求助于图标设计方面的专业人士，从他们设计的作品中选出了比较满意的一件。当他把设计方案交给总经理的时候，总经理大加赞赏，立马升达尼为公司副总，薪水增加一倍。

是的，被解雇并不是一件坏事，达尼面对无情的解雇，凭借着才能找到了更适合自己的工作，而且得到了一位真正"伯乐"的赏识。

其实路就在脚下，被解雇了，我们不必去计较，走过去，前面也许有更光明的一片天空在等着我们。

作为一个现代人，应具有迎接挑战的心理准备。世界充满了风险，也充满了机遇。要不断提高应对挫折的能力，调整自己，增强社会适应力，坚信挫折中蕴藏着机遇，一切只不过是从头再来。

也许在人生交汇点的你正在为自己的失落而烦恼不堪，其实这于事无补，相信上天在关上一扇门的同时会打开另一扇窗户，机遇的诞生可能就在这一切发生之时。

人生需要设计

一所国际知名大学 30 年前曾对当时的在校学生做过一项调查，内容是个人目标的设定情况。调查数据显示，没有目标的人有 27%，目标模糊的人有 60%，短期目标清晰的人有 10%，长期目标清晰的人只有 3%。30 年后哈佛大学研究了这些调查对象的情况，结果发现，第一类人几乎都生活在社会的最底层，长期在失败的阴影里挣扎；第二类人基本上都生活在社会的中下层，他们没有远大的理想和抱负，整日只知为生存而疲于奔命；第三类人大多进入了白领阶层，他们生活在社会的中上层；只有第四类人，他们为了实现既定的目标，几十年如一日，努力拼搏、积极进取、百折不挠，最终成了百万富翁、行业领袖或精英人物。可见，30 年前的目标设定情况决定了 30 年后的生活状况。

设定自己的目标，就是要设计自己的人生。目标，无论是生活中的小目标，还是人生中的大目标，都需要精心设计。设计会使我们的人生更加完善，而完善的人生一直都是我们所追求的。不论你是知名企业的总裁，还是普通公司的小职员；不论你是已经到了古稀之年的老者，还是正处于花季的少年，你都离不开人生设计。

人一生中会做无数次的设计，但如果最大的设计——人生设计没做好，那将是最大的失败。设计人生就是要对人生实行明确的目标管理。如果没有目标，或者目标定位不明确，你的一生必然碌碌无为，甚至是杂乱无章。做好人生设计，很重要的是必须把握两点：一是善于总结；二是善于预测。对过去进行总结和对未来预测、设计自己的人生并不矛盾。只有好好地对自己的过去进行回顾、梳理、反思，才能找出不足，扬长避短；而对未来进行预测，就是说要有前瞻性的观念和能力，假如缺少了前瞻性的观念和能力，人将无法很好地预见自己的未来、预见事物的动态发展变化，也就不可能根据自己的预见进行科学的人生设计。一个没有预见性的人，是不可能设计好人生，走好人生的。

还有一点必须记住，那就是设计好人生的前提是自知、自查。了解自己，了解环境，这是成功的法则。知己知彼，方能百战不殆。对自己有个详细的了解与估量，才能有的放矢地进行人生设计。在知己知彼以后，需要对自己进行合理定位。

人不是神，有很多不足和缺陷，对自己期望过低、过高都不利于成长。所以设计人生不能盲从，也不能一味地遵从死理，而是要具体问题具体分析，实事求是地去设计。设计目标是为了实现目标，而不是为了设计而设计。设计只是一种手段，不是我们要的结果。因此，我们需要变通的设计，要考虑因事因时因地的变化。设计也不是屈服，设计的主动权要掌握在我们自己的手中——我的人生我做主，用自己手中的画笔在画布上绘出美丽的图案。

一个人要有独特的负责任的人生设计，因为，这不只是个人的事情，也是这个时代对他的要求。如果你的理性还在沉睡中，那就快醒醒吧，赶快设计好自己的人生，不要等来不及时才匆匆忙忙地应付。

点亮人生的希望

米勒教授和另外两名地质专家组成了考察团,准备进溶洞考察。溶洞在当地人们的眼里是一个"迷洞",曾经有胆大的人进去过,但都是一去不复返。

随身携带的计时器显示着,他们在漆黑的溶洞里走过了14个小时,这时一个有半个足球场大小的水晶岩洞呈现在他们的面前。他们兴奋地奔了过去,尽情欣赏、抚摸着那些迷人的水晶。待激动的心情平静下来之后,其中那个负责画路标的专家忽然惊叫道:"刚才我忘记刻箭头了!"他们再仔细看时,四周竟有上百个大小各异的洞口。那些洞口就像迷宫一样,洞洞相连,他们转了很久,始终没能找到回去的路。

米勒教授在洞口前默默地搜寻着,突然他惊喜地喊道:"在这儿有一个标志!"他们决定顺着标志的方向走。米勒教授走在前面,每一次都是他先发现标志。

终于,他们的眼睛被强烈的太阳光刺疼了,这意味着他们已经走出了"魔洞"。另外两个专家竟像孩子似的,掩面哭泣起来,他们对米勒教授说:"如果没有那位前人……"而老教授缓缓地从衣兜里掏出一块被磨去半截的石灰石递到他俩面前,意味深长地说:"在没有退路可言的时候,我们唯有相信自己……"

是啊,其实人生不就是一次最有意义的探险吗?也许当我们为追寻一个目标而艰苦跋涉的时候,突然间会迷失方向,陷入孤独无援的境地。生活往往就是这样奇怪,它在馈赠给我们蜜饯的同时,又悄悄地在我们面前布下了一个个"迷洞",来考验我们的执著与勇气。

面对人生的许多"迷洞",我们不能惊慌失措,也不能裹足不前,唯有在心头点燃一根火柴,点亮人生的希望,并义无反顾地走下去!

放下身份,路越走越宽

有一位研究生,在校时成绩很好,大家都很看好他,认为他必将取得一番了不起的成就。后来,他是有了成就,但既不是高官也不是老总,而是靠卖米线卖出了成就。

原来他是在毕业后不久,得知家乡附近的夜市有一个过桥米线的小摊要转让,他那时还没找到工作,就向家人"借钱",把它买了下来。因为他对烹饪很有兴趣,便自己当老板,卖起蚵仔米线来。他的研究生身份曾招来很多不以为然的眼光,但却也为他招来不少生意。他自己倒从未对自己学非所用及高学低就产生过怀疑。

现在呢,他还在卖蚵仔米线,但也搞投资,钱赚得比一般人不知多多少倍。

"要放下身份,不要被面子所左右。"这是那位同学的口头禅和座右铭。

放下身份,路会越走越宽。

那位同学如果不去卖蚵仔面线或许也会很有成就,但无论如何,他能放下研究生的身份,还是很令人佩服的。你不必学他非得去做类似的事情,但在必要的时候,实在需要有他的勇气。

人的"身份"是一种"自我认同",并不是什么不好的事,但这种"自我认同"有时也是一种"自我限制",也就是说:"因为我是这种人,所以我不能去做那种事。"而自我认同感越强的人,自我限制也越厉害。千金小姐不愿意和她的女佣同桌吃饭,博士不愿意当基层业务员,高级主管不愿意主动去找下级职员,知识分子不愿意去做"不用知识"的体力工作……他们认为,如果那样做,就有损他的身份和面子。

其实这种"身份"只会让人路越走越窄。不是说有"身份"的人就不能有得意的人生,但我们相信,在非常时刻,如果还放不下身份,那么只会让自己无路可走。像博士如果找不到工作,又不愿意当业务员,那只有挨饿;只有放下身份,路才会越走越宽。

你如果想在社会上走出一条路来,那么就要放下身份,也就是:放下你的学历、放下你的家庭背景、放下你的身份和面子,让自己回归到一个普通人中来,甚至比普通人更为谦卑。同时,也不要在乎别人的眼光和批评,做你认为值得做的事,走你认为值得走的路。

"放下身份"比放不下身份的人在竞争上明显占优势。

能放下身份的人,他的思考富有高度的弹性,不会有刻板的观念,而能吸收各种资讯,形成一个庞大而多样的资讯库,这将是他的本钱。

能放下身份的人能比别人早一步抓到好机会,也能比别人抓到更多的机会,因为他没有身份的顾虑。

有一则这样的故事。一个千金小姐随着婢女在饥荒中逃难,干粮吃尽后,婢女要小姐一起去乞讨,千金小姐说:"我是小姐。"小姐不愿意去。

结果呢?

——小姐被饿死了。

如果你正在追求成功,必要的时候,你就要放下你的身份,不管以前的你多么高大、多么辉煌,都应该努力使自己心态平和,要有从零开始做的准备,只有这样,你才能在竞争中求得生存。

寻找生命的"大石块"

一位专家在给学生们讲课:"我们来做个小试验。"专家拿出一个一加仑的广口玻璃瓶放在桌上。随后,他取出一堆拳头大小的石块,把它们一块一块地放进瓶子里,直到石块高出瓶口再也放不下了。他问学生们:"瓶子满了吗?"所有的学生应道:"满了。"

"真的吗?"专家问道。他又取出一桶砾石,倒了一些进去,并敲击瓶壁使砾石填满石块间的间隙。"现在瓶子满了吗?"这一次学生有些明白了,"可能还没有。"一位学生应道。"很好!"接着专家又拿出一桶沙子,把它慢慢倒进玻璃瓶,沙子填满了石块的所有间隙。

他又一次问学生:"瓶子满了吗?""满了!"学生们又如第一次那样肯定地说。专家听了,拿过一壶水倒进玻璃瓶直到水面与瓶口齐平。学生们看了,都沉默了。

"这个例子告诉我们一个道理,"专家说,"如果你不先把大石块放进瓶子里,那么你就再也无法把它们放进去了。那么,什么是你生命中的'大石块'呢?你的信仰、志向、学识……切记我们应先处理这些'大石块',否则会终生错过。"

寻找生命中的"大石块"的过程其实是一个自我规划的过程。在我们逐渐成长的过程中,我们生命中的"大石块"会越来越多,亲情、爱情、友情、事业、金钱、名利、虚荣……我们肩头的担子逐渐加重。乍一想,似乎这些都是我们生命中的"大石块",我们不忍心割舍其中的任何一个,于是我们只好背着所有的"石块"上路。

为什么我们不能挑选合适的"石块"上路呢?是因为我们的欲望,我们总是需要太多的东西。请听下面这个故事,让我们试着把那些对于我们来说不算重要的"石块"丢掉吧!

有五个人在天堂里争辩什么是人生最重要的东西。

第一个人指着头说:"理性是最重要的。"

第二个人指着胸说:"爱才是最重要的。"

第三个人指着胃说:"食物才是最重要的。"

第四个人则说:"性才是最重要的。"

第五个人说:"你们说的都不对,因为宇宙间的一切都是相对的。"

上帝笑着说:"你们说一个活着的人如果得知自己下一秒就要死去,那么对于他来说什么最重要?"

其实,答案真的很简单:我们的生命最重要,生命就是"大石块"。对于每个人来说,拥有生命就可以拥有一切,没有生命也就一切皆无了。既然如此,那生命以外的东西还有什么是不能放弃的呢?只要把面对得与失时的心态调整好,任何东西,当我们得到时要好好珍惜,而失去时要看破并放下,你就会笑口常开,而生命的真谛其实就这么简单。

相信自己最优秀

古时候有位智者,临终前有一个不小的遗憾——他多年的得力助手,居然在半年多的时间里没能给他寻找到一个优秀的闭门弟子。

事情是这样的:

智者在风烛残年之际,知道自己时日不多了,就想考验和点化一下他的那位平时看来很不错的助手。他把助手叫到床前说:"我的蜡烛所剩不多了,得找另一根蜡烛接着点下去,你明白我的意思吗?"

"明白,"那位助手赶快说,"您的思想得很好地传承下去……"

"可是,"智者慢悠悠地说,"我需要一位优秀的传承者,他不但要有相当的智慧,还必须有充分的信心和非凡的勇气……这样的人选一直到目前我还未见到,你帮我寻找和发掘一位好吗?"

"好的,好的,"助手很温顺很尊敬地说,"我一定竭尽全力去寻找,不辜负您的栽培和信任。"

智者笑了笑,没再说什么。

那位忠诚而勤奋的助手,不辞辛劳地通过各种渠道开始四处寻找了。可他领来一位又一位,都被智者一一婉言谢绝了。有一次,当那位助手再次无功而返地回到智者病床前时,病入膏肓的智者硬撑着坐起来,抚着那位助手的肩膀说:"真是辛苦你了,不过,你找来的那些人,其实还不如你……"

智者笑笑,不再说话。

半年之后,智者眼看就要告别人世,最优秀的人选还是没有眉目。助手非常惭愧,泪流满面地坐在病床边,语气沉重地说:"我真对不起您,令您失望了!"

"失望的是我,对不起的却是你自己。"智者说到这里,很失望地闭上了眼睛。停顿了许久,他努力半睁开眼,不无哀怨地说:"本来,最优秀的人就是你自己,只是你不敢相信自己,才把自己给忽略了,不知道如何发掘和重用自己……"话没说完,智者就永远离开了他曾经深切关注着的这个世界。

那位助手非常后悔,在后悔、自责之中过完了后半生。

虽然这只是一个传说,但其中深刻的寓意却让我们每一个人感慨不已。

为了不重蹈那位助手的覆辙,每个向往成功、不甘沉沦者,都应该牢记先哲的这句至理名言:"相信自己最优秀!"

选择积极的生活动力

　　动力是一个生命体存在的基础,一个没有动力的人,我们不难想象他是多么地毫无生气。当你将一块石头放在显微镜下仔细观察,你会注意到它不会有任何变化。然而,如果你放上一个珊瑚虫,就会发现珊瑚虫在慢慢生长变化。其中的道理很简单:珊瑚虫是活的,石头是死的。生命的唯一标志是生长发展。这一标准也同样适用于人的精神世界。如果一个人在发展,他就具有生命力;如果停止发展,他就会失去生命力。

　　当我们认识到自己应该在生活中保持愉快,并愿意为之付出努力时,就可能以两种不同的需要作为动力。比较普遍的一种是将自己所谓的缺陷或不足作为动力。例如,如果你是一个中学生,你在学年考试中某一学科没有及格,由此你认识到了自己的不足,找出了失败的原因,并决定在下次考试中取得好的成绩,于是你制订了详细的学习计划,并努力付诸实施。另一种则是积极向上的,我们称之为发展动力。有这样一种动力的激发,你会感到人生多么美好,因此,你不愿虚度光阴,而是努力地学习、工作和生活,不断前行。

　　人的生活动力应当是后一种,即要求发展的迫切愿望,而不应总是出于弥补不足而产生一种被动需要。只要你认识到自己应该不断发展与进步,并不断充实自己的生活,这就足够了。一旦你决定让自己陷入惰性,或产生一些不健康的情感时,那意味着你已经决定让自己停止发展。以发展为动力,就意味着要充分体现自己强大的生命力,让生命焕发出应有的光彩,获取人生最大的幸福。而不是时时想到自己的某些缺点和失误,如果这样,你一定会哀叹人生是多么劳累。

　　只要选择以发展为动力,你就一定能够支配自己生活的每时每刻。有了这种支配能力,你便可以主宰自己的命运,既不会感到力不从心,也不会人云亦云、毫无主见。有了这种支配能力,你便能够决定自己的外界环境。

　　萧伯纳在他的一个剧本中写道:"人们通常将自己的一切归咎于环境,而我却不迷信环境的作用。在这个世界上,有所作为的人总是奋力寻求他们所需要的环境;如果他们未能找到这种环境,他们也会自己创造环境……"

前面我们已经谈论过,要改变一个人的思维、感觉或生活方式,固然可行,但绝非轻而易举,任何人都不可能一下子就让自己来一个全新的改变。如果你确实希望摆脱各种病态行为,在生活中有所作为,并作出自己的正确选择;如果你确实希望心情愉快,你就必须像完成任何一项艰巨任务一样,对自己严格要求,摒弃先前所养成的自我挫败的思维方式。要做到这一点,你必须反复地告诫自己:你的大脑确实属于自己,你能够控制自己的情感,你可以作出选择,而且只要你决定以发展的动力主宰自己,你就可以享受更为积极的生活、更为阳光的时光。

先想一个好结果

我们做任何事之前,都要先预想一个好的结果。虽然事实上的结果是未知的,并且充满变数,但这种预想可以鼓舞人,让人信心百倍。有这种积极心态的人,常常能够获得成功。

然而,生活中很多人,在还没有做事前,就想到事情会失败,这种常作负面思考、心态消极的人,是很难成功的。

一个人能否成功,关键在于他的心态是否积极。成功者在做事前就相信自己能够取得成功,结果真的成功了。这是人的意识和潜意识在起作用。

前世界拳击冠军乔·弗列勒每战必胜的秘诀是:参加比赛的前一天,总要在天花板上贴上自己的座右铭——"我能胜!"

一天晚上,在漆黑的偏僻公路上,一个年轻人的汽车轮胎爆了。

年轻人下来翻遍工具箱,也没有找到千斤顶,而没有千斤顶,是换不成轮胎的。怎么办?这条路半天都不会有一辆车经过,他远远望见一座亮灯的房子,决定去那个人家借千斤顶。

在路上,年轻人不停地想:

要是没有人来开门怎么办?

要是没有千斤顶怎么办?

要是那家的人有千斤顶，却不肯借给我，那该怎么办？

顺着这种思路想下去，他越想越生气，当走到那间房子前敲开门，主人刚出来，他冲着人家劈头就是一句："他妈的，你那千斤顶有什么稀罕的！"

弄得主人丈二和尚摸不着头脑，认为是一个精神病人，"砰"地一声就把门关上了。

做事前，就认为自己会失败，自然难以成功了。

世界著名的走钢索选手卡尔·华伦达曾说："在钢索上才是我真正的人生，其他都只是等待。"他总是以这种非常有信心的态度来走钢索，所以每一次都非常成功。

但是 1978 年，他在波多黎各表演时，从 25 米高的钢索上掉下来摔死了，令人不可思议。后来他的太太说出了原因。在表演前的 5 个月，华伦达开始怀疑自己："这次可能掉下来。"他时常问太太："万一掉下去怎么办？"他花了很多精力研究怎样避免掉下来，而不是研究走钢索，结果真的失败了。

做任何事，不要在心里想象着失败，而是要想到成功，要想办法把"一定会失败"的意念排除掉。

一个人想着成功，就可能成功；想的净是失败，就会失败。成功降临在那些有成功意识的人身上，失败往往发生在那些不自觉地让自己产生失败意识的人身上。

想好了就去做

有个一贫如洗的年轻人总是想着如何能够摆脱贫穷，但又不想付诸行动，于是他每隔三两天就到教堂祈祷，而且他的祷告词几乎每次都相同。

第一次他到教堂时，跪在圣坛前，虔诚地低语："上帝啊，请念在我多年来敬畏您的份上，让我中一次彩票吧！"

几天后，他又垂头丧气地回到教堂，同样跪着祈祷："上帝啊，为何不让我中彩？我愿意更谦卑地来服侍您，求您让我中一次彩票吧！"

又过了几天,他再次出现在教堂,同样重复着他的祈祷。如此周而复始,他不间断地祈求着。

到了最后一次,他跪着说:"我的上帝,您为什么不垂听我的祈求呢?让我中一次吧!只要一次,让我解决所有困难,我愿终身专心侍奉您。"

就在这时,圣坛上空发出了一阵洪亮庄严的声音:"我一直在倾听你的祷告。可是——最起码,你也该先去买一张彩票吧!"

现实生活中也许没有如此愚蠢的事,但却有如此愚蠢的人。心中有好的想法却不愿或不敢行动起来,类似的事情在你身上也可能发生过。想想你是不是常常渴望成功,却没有为成功做出过一丝一毫的努力?

我们应该懂得,要成功,光有梦想是不够的,还必须拥有一定要成功的决心,配合实际的行动,坚持到底。只有下定决心,经历学习、奋斗、成长这些不断的行动,才有资格摘下成功的甜美果实。

而大多数的人,在开始时都拥有很远大的梦想,如同故事中那位祈祷者,但却从未真正去掏腰包"买过一张彩票",缺乏决心与实际行动。在梦想一个个老去时,他们内心便开始萎缩,种种消极与不可能的思想衍生,甚至就此不敢再存任何梦想,过着随遇而安、乐天知命的平庸生活。

这也是为何成功者总是占少数的原因。了解了一些成功哲学后的你,是否真心愿意在此刻为自己理想的实现,下定追求到底的决心,并且马上行动呢?当你养成"想好了就去做"的习惯时,你就掌握了向成功迈进的秘诀。

在现实生活中,你工作的能力加上你工作的态度,决定了你的报酬和职位。只有那些想好了就立即行动的人,他们的工作效率才会惊人地高,往往也只有这样的人,才能担任公司最重要的职务。

因此,要想获得成功的果实,光有想法是不够的,想好了你得去做。只有将想法付诸行动,并全力以赴地去做,才有可能获得成功。

丢下不切实际的誓言

古时候有一个渔夫,是出海打鱼的好手。他有一个习惯,每次打鱼前都要立下一个誓言。有一年春天,听说市面上墨鱼的价格最高,于是他立下誓言:这次出海只捕捞墨鱼,好好赚它一笔。但这一次鱼汛所遇到的都是螃蟹,他非常懊恼地空手而归。等他上了岸,才得知现在市面上螃蟹的价格比墨鱼还要高,他后悔不已,发誓下次出海一定打螃蟹。

第二次出海,他把注意力全放在螃蟹上,可这一次遇到的全是墨鱼。不用说,他又只能饿着肚皮回来了。他懊悔地发誓,下次出海无论是遇到螃蟹还是墨鱼,全部都打。

第三次出海后,渔夫严格地遵守自己的诺言,不幸的是,他连一只螃蟹和墨鱼都没有见到,见到的只是一些马鲛鱼,于是,渔夫再一次空手而归……

渔夫没有赶得上第四次出海,他在自己的誓言中饥寒交迫地死去。

这当然只是一个寓言而已,世上没有这样愚蠢的渔夫,但却有像渔夫那样愚蠢至极的誓言。

有个孩子挺聪明,平时成绩也不错,他的父亲发誓,将来孩子一定要考上一流的大学,而且非清华和北大不读。结果,孩子的压力越来越大,临近高考时,得了严重的神经衰弱症,连续几个月,每天睡不到 4 个小时。成绩如何,可想而知。

许多时候,目标与现实之间,往往有一定的距离,我们必须学会随时去调整。无论如何,人不应该为不切实际的誓言和愿望而奋斗,而应该为可预见的目标而努力。

重要的是执行

有一群老鼠吃尽了猫的苦头,整日提心吊胆,不但终日躲躲藏藏的,没有安全感,而且吃不饱,睡不稳,难以过上安稳的日子。

因此,老鼠群落准备召开全体大会,号召大家群策群力,共同商量对付猫的万全之策,争取一劳永逸地解决事关大家生死存亡的大问题。

众老鼠冥思苦想,都希望能想出一个上佳的计策。

有的提议培养猫吃鸡的新习惯,有的建议加紧研制毒猫药,有的说……

最后,还是一只年长的老鼠出了一个高明的主意,那就是给猫的脖子上挂个铃铛,如果猫一动,就会有响声,大家就可以事先得到警报,躲起来。

这一决议被全票通过,但决策的执行者却始终产生不出来。

"有谁愿意去给猫挂铃铛?"主持会议的老鼠高喊着,可是没有一只老鼠敢站出来。后来高薪奖励、颁发荣誉证书等一系列办法都提了出来,但无论怎样,都没有一只老鼠愿意去,给猫挂铃铛的计划被无限拖延下去了。

老鼠能有如此新奇的想法和创意,这一点是很值得我们学习的。不管遇到什么困难,只要敢想,并能够尝试着去解决,就有可能得到解决。如果我们连面对的勇气都没有,那怎么可能走向成功呢?很多事情都已经证明,只有大胆设想、大胆尝试,才是走向成功的第一步。

不过问题的另一面是,老鼠的想法虽然新奇、有创意,却不具备可操作性。老鼠与猫始终是天敌,即使是最聪明的老鼠想出的最好办法,如果没有执行者,还是等于空谈。决策是大家投票产生的,执行者却不能也由此诞生,关键就在于它不具备可行性,故而只能停留在空谈的层面。

在生活中,我们也会经常碰到类似的问题,很多好主意我们无法转化为行动,很多好决策无法产生现实的意义,这是为什么?就因为缺少可行性而无法贯彻,而很多事实都已经表明,决策和制度不在于多么英明,更重要的在于能否实施。方法再新奇,制度再先进,如果得不到贯彻执行,那也是一纸空文,没有任何意义。

在我们碰到新问题出现的时候,只有立足现实、打开思路,从不同角度寻找解决新问题的方法,才有可能迈向成功。我们都很清楚,发现问题是展开工作的前提,但解决问题才是工作的关键和宗旨。所以,在我们得到了解决问题的办法之后,最应该做的就是尽快把自己的想法变成现实,使问题最终得以解决。

比别人更努力

美国《商业周刊》的记者采访某知名企业家:"你成功的秘诀是什么?"

"比别人更努力!"

"其次呢?"

"比别人更努力!"

"最后呢?"

"比别人更努力!"

由此,你也得到了成功的答案——比别人更努力!

努力是成功的要素之一,而且是成功必须付出的代价。你要想成功,要想做得更好更出色,那么你就必须比别人付出更多,更努力;否则,成功不会属于你。

有些人总是很羡慕他人突然像明星一样横空出世,却忽视了他人在能够发光之前所下的工夫、所忍受的寂寞和所挨过的苦难。这些人之所以能跑得更快一些,是因为他所付出的努力比别人更多。

有一位教授曾讲起过他的经历:"在我多年的教学实践中,发觉有许多在校时资质平平的学生,他们的成绩大多在中等或中等偏下,没有特殊的天分,有的只是安分守己的诚实性格。这些孩子走上社会参加工作,不爱出风头,默默地奉献。他们平凡无奇,毕业分别后,老师、同学甚至都不太记得他们的名字和长相。但毕业几年十几年后,他们却带着成功的事业来看老师;反倒那些原本看来有美好前程的孩子,却一事无成。这是怎么回事呢?"

老教授常与同事一起琢磨,最后得出一个结论:成功与在校成绩并没有什么必然的联系,但和踏实的性格密切相关。平凡的人比较务实,比较自律,比别人更努力,所以许多机会落在这种人身上。平凡的人如果加上勤能补拙的特质,成功之门定会向他敞开。

成功的人永远比他人做得更多,当一般人放弃的时候,他们却在坚持;当别人享受休闲的乐趣时,他却在刻苦;当别人正躺在床上呼呼大睡时,他却已投入了学习和工作中。

一个永远值得我们记住的哲理是:成功永远不在于一个人知道了多少,而在于他努力了多少。

把小事做好

威廉经理决定在德诺和率迪两人之间选择一个人做自己的助理。为了体现民主与公正，威廉经理便决定由全体员工投票选举。投票结果却出人意料，德诺和率迪的得票数竟然相同。威廉经理犯难了，便决定亲自对两人进行一番考察，然后再做决定。德诺和率迪觉得这样做也很公平，便都欣然同意了。

一天，威廉经理在餐厅里吃饭。用餐时，他看见德诺吃过饭后，把餐盘都送进了清洗间，而率迪呢，吃完后一抹嘴巴，便把餐盘推到了餐桌的一边，然后起身走了。

又有一天，威廉经理很随意地走进德诺的办公室，只见德诺正在做下个月的销售计划，便问德诺："每次都是你亲自做销售计划？为什么不让下面分店的负责人去做呢？"

"是的，我总是亲自做销售计划，这样我既能从总体上把握，又能做到心中有数。再说，这样的小事，就麻烦下面分店的负责人，我觉得也没有必要。"

威廉经理又背着手踱到率迪的办公室，率迪也正在看一份销售计划。

"这是你自己做的计划吗？"威廉经理问。

"这样的小事我一般都让下面的分店负责人来做，我只管大的销售计划。"

"那么你有成熟的销售计划吗？"

"这个……这个……我还没有。"

第二天，威廉经理便宣布德诺为自己的助理。

德诺之所以能当上经理助理，主要得益于他不放过任何一件小事，不小看任何一件小事，并且认真地做好每一件小事。

也许你会说："我目标高远，立志要干出一番大事业。"有这样的雄心壮志固然好，但要想实现它，你就必须从每一件小事做起，因为眼前的小事或许正是将来成就伟业的基石。试想一下，一个连小事都不愿意做的人，他能干出大事来吗？

不过对于小事,很多人都不愿意去做,但成功者与一般人最大的不同就是他愿意做别人不愿意做的事。一般人都不愿意付出这样的代价,可是成功者愿意,因为他渴望成功。

在公司里,假如同事们不愿意弯腰捡起地上的一枚别针,你要把它捡起来;别的同事不愿意去尝试一项新工作,你要乐意接受它;别的同事不愿意去条件艰苦的地方开拓业务,你要勇敢地去,并把事情做到最好。

其实,小事不小,做小事虽然只是举手之劳,可就是在你的一举手一投足之间,才能体现出你的细心,才能看出你是否有做成大事的底蕴。

绝不拖延

拖延是一个善于制造许多误区的恶魔,它会将你的生活和工作拖入泥潭,使你无法自拔。很少有人能坦率地承认他们是拖延的,这种心态从长远来说其实是不健康的,它实质上是一种神经官能症的情绪副作用的固定行为模式。如果你觉得你有拖延习惯并总是这样做而且又没有负疚感和焦虑感,那么,总有一天你将发现:正是拖延使你期待已久的成功和幸福迟迟不能到来。

我们每个人在自己的一生中,有着种种的憧憬、理想、计划。如果我们能够将之迅速地加以执行,那么我们在事业上的成就不知道已取得多少了! 然而,人们往往在有了好的计划后,不去迅速地执行,而是一味地拖延,以致让一开始充满热情的事情冷淡下去,使幻想逐渐消失,使计划最后破灭。

一日有一日的理想和决断,昨日有昨日的事,今日有今日的事,明日又有明日的事。今日的理想,今日的决断,今日就要去做,一定不要拖延到明日,因为明日还有新的理想与新的决断。

拖延的习惯往往会妨碍人们做事,因为拖延会磨灭人的创造力。有热忱的时候去做一件事,与在热忱消失以后去做一件事相比,其中的难易苦乐相差很大。很多有天赋的人本来很有希望成功,但因为他们喜欢拖延,缺乏干事的热忱而最终与成功失之交臂。

放着今天的事情不做,非得留到以后去做,如此在拖延中所耗去的时间和精力，就足以把你几天的工作做好。有些事情在当初来做时会感到快乐、有趣，如果拖延了几个星期再去做，就会感到痛苦、艰辛了。

拖延是这样地可恶，然而却又这样地普遍，原因在哪里？成功素质不足、自信不足、心态消极、目标不明确、计划不具体、策略方法不够多、过于追求十全十美……这些都是原因。

停止拖延，首要的，须立即去提高自己的成功素质，缺什么，补什么。以下是一些克服拖延、立即行动的对策，不妨采用一下：

（1）做个主动的人。要勇于实践，做个真正在做事的人。

（2）创意本身不能带来成功，只有付诸实施的创意才有价值。

（3）用行动来克服恐惧，同时增强你的自信。怕什么就去做什么，你的恐惧自然会立刻消失。

（4）自己推动你的精神，不要坐等精神来推动你去做事。主动一点，自然精神百倍。

给自己列个优先表

对成功人士而言，做事应该是很有章法的，不能眉毛胡子一把抓，要分清轻重缓急，这样才能一步一步地把事情做得有节奏、有条理，达到良好结果。这就是说：每天要给自己开一张优先表。

在紧急但不重要的事情和重要但不紧急的事情之间，你首先去办哪一件？面对这个问题你或许会很为难。

现实生活中，许多人都是这样，这正如法国哲学家布莱斯·巴斯卡所说："把什么放在第一位，是人们最难懂得的。"对许多人来说，这句话不幸被言中，他们完全不知道怎样按重要性排列人生的任务和责任。他们以为工作本身就是成绩，但其实却大谬不然。

比如说，我们在学校学习的过程中，最缺的是什么？可能有许多人会说，我们最缺的就是钱。在这个时期，学习对我们是重要的，但却不是最紧急的，而钱对我们是紧急的，但却不是最重要的。在这个十字路口，我们选择什么？

对这个问题，不同的人有不同的选择。有的人早早就选择弃学从商，

有的人依然选择在校学习,而更可悲的人也有,无论他是弃学经商还是在校学习,他都不知道他在做什么。

此例一针见血地揭露了:许多人在处理日常生活的方方面面时,的确分不清哪个更重要,哪个更紧急。这些人以为每个任务都是一样的,只要时间被忙忙碌碌地打发掉,他们就打心眼里高兴。他们只愿意去做能使他们高兴的事情,而不管这些事情是否重要或是否紧急。

实际上,懂得快乐生活的人都明白轻重缓急的道理,他们在处理一年、一个月或一天的事情之前,总是按分清主次的方法来安排自己的时间。他们懂得给自己制订个优先表,也就是进度表,以合理地完成工作。

把一天的事情安排好,这对于你成就大事情是很关键的,这样你可以每时每刻集中精力处理要做的事。当然,把一周、一个月、一年的时间安排好,也是同样重要的,这样做给你一个整体方向,使你看清自己的前方。

商业及电脑巨子罗斯·佩罗说:"凡是优秀的、值得称道的东西,每时每刻都处在刀刃上,要不断努力才能保持刀刃的锋利。"罗斯认识到,人们确定了事情的重要性之后,不等于事情会自动办好。你或许要花大力气才能把这些重要的事情做好。始终要把它们摆在第一位,你必须得费很大的工夫。

从长远而言,我们应该将"重要而不紧急"的事项,列为第一优先,唯有做好"重要而不紧急"的事项才能避免"紧急且重要"的事项不断发生,让我们穷于应付。

比如,优先做好"防火"的预防工作可避免未来可能造成的损失,预防的工作表面上没有效率,而事实上,在无形中提高了很多效率。

要使自己成为有效率的高手,那么不重要的事项就应当大胆舍弃,要使自己不致沦落为忙碌的"救火英雄",则尽量多做些"重要且不紧急"的工作,就能为自己争取到更多的时间。

制订优先表还应考虑以下几点:

(1)常常问自己:"哪些事情有助于自己达到目标?"这些事情就是我们必须做的事。

(2)问自己:"所有工作中,哪一个工作是最重要的?"接着就开始安排做这一工作。

(3)在任何工作中,养成标示重要性与紧急性,并标注优先级的习惯。

（4）紧迫事情来临时，自问："它重要吗?""有助于达到目标吗?"如果答案是否定的，勇敢大胆地割舍，您将会更有效率。

（5）别忽略了重要但不紧急的工作，尽量安排时间，有计划性地去执行，因为它们总有一天会变得紧急且重要，让你疲于奔命。

（6）根据"80%～20%理论"考量各重要工作的优先级，相信我们会更有效率。

给自己加油

每个人都希望和需要得到别人的鼓励。日本有句格言："如果给猪戴高帽，猪也会爬树。"这句话听起来似乎不雅，但却说明一个道理：当一个人的才能得到他人的认可、赞扬和鼓励的时候，他就会产生一种发挥更大才能的欲望和力量。

但是，光靠别人的赞扬还不够——因为生活中不光是赞扬，你碰到更多的可能是责难、讥讽、嘲笑，在这个时候，你一定要学会从自我激励中激发自信心，学会自己给自己加油。

刘讯参加工作后，他爱上了"小发明"，常常一下班，就一头钻进自己的房间，看哪、写呀、试验呀，常常连饭也忘了吃。为此，全家人都对他有看法。妈妈整天絮絮叨叨没完没了地骂他"是个油瓶倒了都不扶的懒鬼"；他大哥就更过分了，一看到他写写画画，摆弄这摆弄那就来气，甚至拍着胸脯发誓："这辈子，你要能搞出一个发明来，我就头朝下走路……"

值得赞叹的是，刘讯在这种难堪的境遇中，始终不泄气、不自卑，而且经常自我鼓励。厂报上每登出有关他的"革新成果"，哪怕只有一个"豆腐块"、"火柴盒"那么大，他都要高兴地细细品味，然后把这些介绍精心地剪贴起来，一有空闲就翻出来自我欣赏一番。每当这时，他就特有成就感，他也就对自己更有信心。

在自己给自己的掌声中，刘讯实验搞成功的"小发明"慢慢多起来，"级别"也慢慢高起来了。几年后，他的"小发明"竟然在世界上获得了大奖。

给自己加油的做法，促成了刘讯的成功。

美国的一位心理学家说过："不会赞美自己的成功，人就激发不起向上的愿望。"是的，别小看这种"自我赞美"，它往往能给你带来欢乐和信心；信心增强了，就会鼓励你获得更大的成功。试想，当初刘讯要是不会"给自己鼓掌"，一听到"你要是……我就……"之类的讥笑，就垂头丧气，就觉得前景黯淡，哪里还会有今天的成功呢？

能为自己加油的人一定是强者，因为他敢于接受任何挑战，自强不息。正是这种加油和喝彩给他们带来源源不断的动力，最终实现自己的目标。

唐代诗人李白在《将进酒》中写道："天生我才必有用，千金散尽还复来。"字字展示着无比的自信。坚信自己的价值，学会为自己加油，学会为自己喝彩，就会拥有一个精彩而有意义的人生。

脚踏实地是最好的选择

任小萍女士说，在她的职业生涯中，每一步都是组织上安排的，自己并没有什么自主权。但在每一个岗位上，她也有自己的选择，那就是要比别人做得更好。

1968 年，在西瓜地里干活的她，被告知北京外国语学院录取了她。到了学校，她才知道她年纪最大，水平最差，第一堂课就因为回答不出问题而被罚站了一堂课。然而等到毕业的时候，她已成为全年级最好的学生之一。

大学毕业后她被分到英国大使馆做接线员。接线员是个不当回事地干就很简单、当回事地干就很麻烦的工作。任小萍把使馆里所有人的名字、电话、工作范围甚至他们家属的名字都背得滚瓜烂熟。有时候，有一些电话进来，不知道该找谁，她就多问几句，尽量帮助别人找到要找的人。逐渐地，使馆人员外出时，都不告诉自己的翻译了，而是打电话给任小萍，说可能有谁会来电话，请转告什么话。任小萍这儿成了一个留言台。不仅如此，使馆里有很多公事私事都委托她通知、转达。这样，任小萍在使馆里成了很受欢迎的人。

有一天，英国大使来到电话间，靠在门口，笑眯眯地看着任小萍，说：

"你知道吗,最近和我联络的人都恭喜我,说我有了一位英国姑娘做接线员。当他们知道接线是中国姑娘时,都惊讶万分。"英国大使亲自到电话间表扬接线员,在大使馆是破天荒的事情。结果没多久,她就因工作出色而被破格调去给英国某大报记者处做翻译。

该报的首席记者是个名气很大的老太太,得过战地勋章,被授过勋爵,本事大,脾气大,把前任翻译给赶跑了,刚开始也不想雇用任小萍,看不上她的资历,后来才勉强同意一试。一年后,老太太经常对别人说:"我的翻译比你的好上十倍。"不久,工作出色的任小萍就被破例调到美国驻华联络处,她干得同样出色,获得外交部嘉奖……

一个人在选择工作时,是选择好好干还是选择得过且过? 可以说因人而异。在同一个工作岗位上,有的人勤恳敬业,付出的多,收获也多;有的人整天想调好工作,而不肯做好眼前的事。其实,这样的选择就决定了将来的被选择。

借力而行

一个小男孩在沙滩上玩耍。他身边有一些玩具——小汽车、货车、塑料水桶和一把亮闪闪的塑料铲子。在松软的沙堆上修筑公路和隧道时,他发现一块很大的岩石挡住了去路。

小男孩开始挖掘岩石周围的沙子,试图把岩石从泥沙中弄出去。他是个很小的孩子,而岩石却相当巨大。手脚并用,他花尽了力气,岩石却纹丝不动。小男孩下定决心,手推、肩挤、左摇右晃,一次又一次地向岩石发起"冲击"。可是,每当他刚把岩石搬动一点点的时候,岩石便又随着他的稍事休息而重新返回原地。小男孩气得直叫唤,使出吃奶的力气猛推猛挤。但是,他得到的唯一回报便是岩石滚回来时砸伤了他的手指。最后,他筋疲力尽,坐在沙滩上伤心地哭了起来。

这整个过程被他的父亲从不远处看得一清二楚。当泪珠滚过孩子的脸庞时,父亲来到了他的跟前。父亲的话温和而坚定:"儿子,你为什么不用上所有的力量呢?"

男孩抽泣道:"爸爸,我已经用尽全力了,我已经用尽了我所有的力量！"

"不对，"父亲亲切地纠正道，"儿子，你并没有用尽你所有的力量。你还没有请求我的帮助。"

说完，父亲弯下腰抱起岩石，将岩石扔到了远处。

人各有短长，你解决不了的问题，对你的朋友或亲人而言或许就是轻而易举的，他们也是你的资源和力量。自己解决不了的难题可以依靠他人的力量来克服。

"一个好汉三个帮"，要善于待人接物，以便互相提携、互相促进、互相借重。钢铁大王安德鲁·卡内基曾预先写好他自己的墓志铭："长眠于此地的人懂得在他的事业过程中起用比他自己更优秀的人。"而这，也正是他成功的秘诀之一。善于借助别人的力量，能让弱小的自己变得强大，让强大的自己变得更加强大，自己的成功也会持久。

尊重规律

从前，在宋国有个性子很急的农夫，他一年四季就盼望着丰收的季节，希望能早点收割。

有一天，因为闲着没事，他就到自家地里察看庄稼的长势。可是一连看了好几次，秧苗还是那么高，没有丝毫长高的态势。

于是，他就开始抱怨起来："怎么长得这么慢啊！"他越是心急，就越是往地里跑，越是急着去看，就越感觉不出秧苗的变化来。

用什么办法可以使秧苗长得快一些呢？他围着自己的田地转了好几圈，希望能够想出一个好办法来。忽然，他灵机一动，终于想出了一个办法："我把苗往上拔拔，秧苗不就一下子长高了一大截吗？"说干就干，于是，他立即下到田地里，动手把秧苗一棵一棵往上拔。从中午开始，一直忙到太阳落山，他才拖着疲惫的双腿回家。

一进家门，他就一边捶着腰，一边嚷嚷："哎哟，今天可把我给累坏了！"

他儿子忙问："爹，您今天干什么重活了，累成这样？"

农夫洋洋自得地说："我帮田里的每棵秧苗都长高了一大截！"

他儿子觉得很奇怪，拔腿就往田里跑。到田边一看，糟了！那些拔得早的秧苗都已经干枯了，那些拔得晚的也已经发蔫，叶子全都耷拉下来了。

这个拔苗助长故事里的农夫由于性子急，而忽略了秧苗成长的自然规律，做出令人发笑的蠢事，导致秧苗枯死，颗粒无收。他的想法虽然好，不想安于现状，希望通过自己的努力去改变现实，但遗憾的是没有采取正确的方法。其实，人类社会和自然界一样，都有它们自己发展、变化的客观规律，这些规律不会随人们的主观意识而改变。人们只能够认识它，然后利用它，而不能违背它和强行改变它。如果你违反了这种自然规律，就会受到规律的惩罚。如果仅仅凭自己的主观意愿去办事，结果只会把事情办坏。

做任何事情都必须戒骄戒躁，只有潜心研究，才能有正确的答案。寻找捷径的想法是好的，但一定要从实际出发，尊重自然发展的规律。所以我们应该不断地提高自己的知识和文化水平，准确把握事物的发展状况，做到有的放矢，具体问题具体分析，只有这样，才能防止自己像那个农夫一样，做出一些愚蠢可笑的事情。

众人拾柴火焰高

每个人的能力都有一定的限度，只有善于与人合作的人，才能够弥补自己能力的不足，达到自己原本达不到的目的。

每年的秋季，大雁由北向南以"V"字形状长途迁徙。雁在飞行时，"V"字形的形状基本不变，但头雁却是经常替换的。头雁对雁群的飞行起着很大的作用。因为头雁在前开路，它的身体和展开的羽翼冲破阻力时，能使它左右两边形成真空。其他的雁在他的左右两边的真空区域飞行，就等于乘坐一辆已经开动的列车，自己无须再费太大的力气克服阻力。这样，成群的雁以"V"字形飞行，就比一只雁单独飞行要省力，也就能飞得更远。

人只要相互合作，也会产生类似的效果。只要你以一种开放的心态做好准备，只要你能包容他人，你就有可能在与他人的协作中实现仅凭自己的力量无法实现的理想。

有一句名言："帮助别人往上爬的人，会爬得最高。"如果你帮助另一个孩子上了果树，你因此也就得到了你想得到的果实，而且你越是善于帮助别人，你能得到的果实就越多。

从前，有两个饥饿的人遇到了一位长者。长者给了他们两样东西：一根渔竿和一篓鲜活硕大的鱼，任选其一。

一个人要了一篓鱼，另一个人要了一根渔竿，于是他们分道扬镳了。

得到鱼的人原地用干柴搭起篝火煮起了鱼，他狼吞虎咽，还没有品出鲜鱼的肉香就把鱼吃完了，接着把汤也喝了个精光。不久，他便饿死在空空的鱼篓旁。另一个人则继续忍饥挨饿，他提着渔竿一步步艰难地向海边走去。可当他看到不远处那片蔚蓝色的海洋时，他的最后一点力气也使完了，只能无奈地带着无尽的遗憾撒手人寰。

后来，又有两个饥饿的人，他们同样得到了长者恩赐的一根渔竿和一篓鱼。只是他们并没有像前面两个人那样各奔东西，而是商定共同去找寻大海。他俩每次只煮一条鱼，经过长途跋涉，终于来到了海边。从此，两人开始了以合作捕鱼为生的日子。几年后，他们都过上了幸福安康的生活。

之所以需要合作，首先是因为你的能力有限，其次是因为你的能力倾向与其他人不同。

性格类型的差别是长期形成的。不能说哪一种类型就一定好，哪一种就一定坏。但是性格类型不同，所能从事的工作性质就不同。要想有所作为，首先得明白自己的性格类型，然后选定一个适合于自己类型的工作目标。在与人合作时，也应注意分析别人的性格特点，尽可能使每个人都能找到适合于自己的工作。

如果一个人能从事与他个性相契合的工作，那他一定会全心全意做好这项工作。世界上最大的悲剧就是大多数人从事不适合自己个性发展的工作。过去的社会体制限制着个人的发展，使得他们没有选择的权利。现在的社会，选择余地越来越大，好多人却仍然只是选择或从事从金钱观点看来最有利可图的事业或工作，根本没有根据自己的个性和能力去考虑。

当然，还有一些人存在着这样的担心，认为社会只会把财富集中在某些固定的行业上,假如自己率性而动,会白白丧失获利机会。

这种情况肯定存在。但是,第一,最高贵的成就不但包括金钱,还包括心灵的平静、身体的健康,只有从事自己最喜欢的工作的人,才能得到这些;第二,商品社会是个交换社会,你的性格倾向与个人爱好必然会被塑成特别的商品,也终会为充分交换的社会所认可与实现。

因此,只有善于与他人合作,才能帮助你取得更大的成功。

挫折面前忍一忍

美国西部牛仔达比卖掉自己的全部家产,来到科罗拉多州追寻黄金梦。他围了一块地,用十字镐和铁锨开始挖掘。经过几十天的辛勤劳动,达比终于看到了闪闪发光的金矿石。然而继续开采必须有机器,他只好悄悄地把金矿掩埋好,暗中回家凑钱买机器。

当他费尽千辛万苦弄来了机器,继续进行挖掘时,不久却遇到了一堆普通的石头,达比认为:金矿枯竭了,原来所做的一切将一钱不值。他难以维持每天的开支,更承受不住越来越重的精神压力,只好把机器当废铁卖给了收废品的人,卷着铺盖回了家。

收废品的人请来一位矿业工程师对现场进行勘察,得出的结论是:目前遇到的是"假脉",如果再挖3英尺,就可能遇到金矿。收废品的人按照工程师的指点,在达比的基础上不断地往下挖。正如工程师所言,他发现了丰富的金矿脉,获得了数百万美元的利润。

达比从报纸上知道这个消息后,气得顿足捶胸,追悔莫及。

在挫折面前,人人都想停下来收手不干,只有富有忍耐力的人才会继续坚持;人人都因感到绝望而放弃信仰,只有富有忍耐力的人才会继续为自己的意见坚持。所以,一个人只要具有这种卓越品质,就能获得很大的收益、最终的成功。

做我们喜欢的事情,做我们感到富有趣味的事情,成功是容易得到的;但如果去做那些我们自己不喜欢的甚至内心反对但却必须做的事情,是需要忍耐力的。

人的一生中会遇到许多意想不到的困难,坚强的人总是表现出极大

的忍耐力。忍耐是战胜挫折的自信，是直面逆境的豁达。

一个卖花的老太婆微笑着，又老又皱的脸上洋溢着喜悦，冲动之下小伙子挑了朵花。

"今天你看起来很高兴。"小伙子说。

"为什么不呢？一切都这么美好。"老太婆穿得相当破旧，身体看上去很虚弱，因此她的回答令小伙子大吃一惊。

"你很能承受烦恼。"

"耶稣在星期五被钉在十字架上的时候，那是全世界最糟糕的一天，可3天以后就是复活节。所以当我遇到麻烦时，就学会了等待5天。一切就恢复正常了。"然后，她笑着道了声"再见"。

我们绝大多数人的处境毕竟要比卖花的老太婆强得多，我们有什么理由不乐观、不热爱生活呢？因此，在遇到挫折和困难的时候，一定要有忍一忍的耐心。

成功也会成为包袱

伟大的文学家泰戈尔曾经说过："当鸟翼系上了黄金时，就再也飞不远了。"这句话形象地说明：暂时的成功有时会给人带来自满自大的消极后果，人们会因为一时的成功而背上沉重的包袱，停止了不断进取的脚步。

有史以来，人类就盼着有朝一日能飞上银钩妙境，并由此产生了难以胜数的神话传说。因此，阿波罗登月飞行的成功无疑是划时代的壮举。可是，据闻，登月人埃德温·奥尔德林，在获此殊荣后不久，却精神崩溃了。常人难以逾越的巨大的成功，使他回到地球之后的生活，顿然丧失了一切值得眷恋的魔力，他好似处于一片虚无与真空之中，感到生命中有价值的活动已经到达了终点。梦想的实现，让他感到了前所未有的失落。

埃德温·奥尔德林的悲剧，主要是由于他对科学进步认识上的局限所导致的。的确，登月飞行是人类宇航事业破天荒的壮举，但它绝不是人类宇航科学发展的终点，而仅仅是起点。退一步说，就人类登月活动的远景、就人类试图在月球建立生存的另一处基地这一点来说，埃德温·奥尔德林他们成功的尝试也远远没有结束。如果把登月飞行的成功既看做一项突破，又看做一项事业的开端，就不会产生这样无所适从的结果了。

一个人在功成名就之际，如果只是沉溺于现状，很容易就会觉得生活乏味空虚，就像有人说诺贝尔奖对许多作家是"死亡之吻"。既然得到诺贝尔奖的肯定，许多人就被压得再也难以创作，连日本著名作家川端康成在得奖之后都说："声誉也很容易成为使才能枯竭凝滞的根源……我希望从所有名誉中摆脱出来，让我自由。"

其实，暂时的成功只是对你目前成绩的一个肯定，它并不代表你的最终成就，真正伟大的人是绝对不会因此而停止进取的。

不要让眼前的"成功"成为你前进的包袱，没有任何成功是永恒的。只有前20年成功，后20年成功，甚至再过20年还能成功的人，才称得上是真正的成功。生命不息，奋斗不止。梦想无止境，成功无极限。

不做无谓的消耗

我们都知道这样一个常识：煤可以用来发电，但用煤发电时，一吨煤中大部分的能量不能到达电灯，而是耗费在机械和电力运输上，真正用来发光的能量不过是总能量的很小一部分。

人也是如此，一个年轻人在刚刚跨入社会的时候，以为自己有着取之不尽、用之不竭的能源。他相信能利用自己充沛的精力，做出惊人的事业来。他也希望把一切精力都变为促进成功的因素，他为自己年轻感到自豪，以为他的能量不会有用尽的一天，所以在各个地方、各个方面挥霍自己生命的储能。

花天酒地、饮食无度、不检点的生活、奢侈的习惯、工作的不认真等，这一切都严重摧残、减弱了他的生命储能。直到最后，他才开始反思过去、开始质问自己："我生命的储能所发出的光亮到底在哪里？难道我的能力竟然不能发出什么光亮来吗？"他会惊异地察觉到，他原本有着充沛的精力，但现在竟然连照耀自己的光亮都发不出来了，更不用说要照耀他人了。原来可以促成他成功的力量，就像用于发电的煤的能量一样，已在半路上消耗干净了。

一个青年在一夜之间将辛苦积蓄的千百元浪费掉，固然可惜，但如果他把精力消耗干净，岂不是更可惜吗？我们都知道，金钱损失以后，还有很多补救的方法。但精力一旦消耗就无法收回，而且随着精力的消耗，往往还附带着其他的损失，比如可能败坏人格，可能会在无形中埋没一个人生命中最宝贵的东西。

凡是一切足以消耗你生命储能和精力的活动，都应当设法排除。如果你发现自己遭遇到了不幸和错误，那么你应当设法及时补救和挽回。但在你竭尽全力后，你应该将那件事抛在脑后，不要再多加考虑。千万不要让过去的不幸与错误再来绊住你前进的脚步。永远不要允许过去的不幸和应该遗忘的东西再来搅乱你的心境，更不要让这些东西来消耗你的"生命资本"。

所以，凡是足以损伤你的精力、减弱你生命储能的事情，你都不应去做。要常常这样问自己："我所做的这件事情，对我的事业、我的能力，是否有所裨益？能否使我成为更有效率、精力更充沛的人呢？"

每一刻都是新生

如果一个人每天只是翻来覆去、没有目标地过日子，那他的人生就毫无意义了；倘若希望自己的人生幸福，生活就不应是如此单调反复。今天应该比昨天进步，明天比今天更进步，也就是每天生命要有所成长。而生命的成长到底是什么？对人生又有什么意义？

所谓"生命成长"，就是每日新鲜不断，每一刹那都是新的人生，每一时刻都有新的生命体验在跃动。换言之，旧的东西灭亡，新的东西诞生并取而代之。一切事物没有一刻是静止的，它不断地在动、不断地在变。这是不可动摇的宇宙哲理。

由生到死就是一种生命成长，一个又一个旧细胞死去，又有一个又一个新细胞诞生出来。为了实现人类的繁荣、和平与幸福，对死亡必须有从容不迫的态度，即所谓"生死由命"的人生观，不视"死"为可怕，而是把它当做一种完美的自然法则。

生命成长的原理告诉我们：死亡，既不可怕，也不可悲，因为这是生命成长必经的阶段之一，也是万物生生不息的象征。死亡合乎天地法则，其中包含着喜悦和耐心。

我们如果能看清死亡的真谛，自然会明白如何面对每天的现实生活，每天的生活也就会保持着无限活力。

"十年如一日"，是说十年的努力就好像一天的努力那样坚持，旨在强调勤劳、努力与毅力的精神，而不是说在这过程中不要有任何进步。这种十年如一日的努力，一定会产生非常新颖的创意和进步，但假如大家的工作十年来没有任何变化，千篇一律，那就真是违反了生命成长的原理。

日本明治维新时，功臣之一的坂本龙马常和西乡隆盛长谈，坂本的谈话内容和观念每次都有一点改变，使西乡隆盛每次的感受也都不一样。于是，西乡就对他说："前天，我遇到你的时候，你所讲的内容和今天又不一样，所以你说的话，我有所存疑。你既然是天下驰名的志士，受到大家的尊敬，应该有不变的信念才行。"坂本龙马就说："不，绝对不是这样。孔子说过'君子从时'，时间不停地流转，社会情势也天天在变化，昨天的'是'成为今天的'非'，乃是理所当然的。我们从'时'，便是行君子之道。"他接着又说："西乡先生，你对一个事物一旦认为是这样，就从头到尾遵守到底，将来你一定会变成时代的落伍者。"

人世万物始终在替换更新，珍惜每一刻，每一刻都是新生！

击好下一个球

有人问世界网球冠军海伦·威尔斯·穆迪："你的上一场温布尔登公开赛打得很艰难，当时，你与对手只有一分之差，你当时的感觉怎么样？你在想什么？"

"我在想什么？"她有点儿惊异，微笑着回答道，"我只有时间去想如何打好下一个球，击败对手！"

无疑，她不久又登上了英国网球的冠军宝座。在紧张的时刻保持冷静，发挥自己所有的潜能和技术，这才能造就出冠军。

这是一个镇静取胜的很好的例子。只有在别人激动或者用一张严肃的脸掩饰内心的不安，而你却保持冷静、调动自己的每一根神经时，你才

第一章　态度决定人生

能够取得胜利。

如果她失去了自控,她就会失去比赛。如果她想象着比赛结束,自己取得胜利的场景,如果她在击球的过程中有一秒钟的走神,她都会以失败而告终。

有些人可能因为过于自信而失掉比赛,有些人可能因为过于恐惧而满盘皆输。赢得比赛和赢得人生的唯一办法就是认真地击好下一个球,做好每一件事。

如果我们专心致志于打好下一个球,而不是随后的球,也不是最后一个球,那么,我们一定能赢得比赛。

生活的秘诀在于控制自己的情绪。如果没有这种能力,如果我们不能把自己的精神集中起来,我们就会输掉比赛,甚至在比赛开始之前就已经输了。

不管目前的情况有多糟,调整好情绪,认真地击下一个球,这样整个比赛都会改观,即使失败也会在转瞬之间变成胜利。

无限的潜力

一位音乐系的学生走进练习室。在钢琴上,摆着一份全新的乐谱。"超高难度……"他翻着乐谱,喃喃自语,感觉自己弹奏钢琴的信心似乎跌到谷底,消磨殆尽。已经3个月了!自从跟了这位新的指导教授之后,不知道为什么教授要以这种方式整人。勉强打起精神,他开始用自己的十指奋战、奋战、奋战……琴音盖住了教室外面教授走来的脚步声。

指导教授是个极其有名的音乐大师。授课的第一天,他给自己的学生一份新乐谱。"试试看吧!"他说。乐谱的难度颇高,学生弹得生涩僵滞、错误百出。"还不成熟,回去好好练习!"教授在下课时,如此叮嘱学生。

学生练习了一个星期,第二周上课时正准备让教授验收,没想到教授又给他一份难度更高的乐谱,"试试看吧!"上星期的课教授也没提。学生再次挣扎于更高难度的技巧挑战。第二周,更难的乐谱又出现了。同样的情形持续着,学生每次在课堂上都被一份新的乐谱所困扰,然后把它带回去练习,接着再回到课堂上,重新面临双倍难度的乐谱,却怎么样都追不上进度,一点也没有因为上周的练习而有驾轻就熟的感觉。学生感到越来越不安、沮丧和气馁。

教授走进练习室。学生再也忍不住了,他必须向钢琴大师提出这三个月来他何以不断折磨自己的质疑。教授没开门,他抽出最早的那份乐谱,交给了学生。"弹奏吧!"他以坚定的目光望着学生。

不可思议的事情发生了,连学生自己都惊讶万分,他居然可以将这首曲子弹奏得如此美妙、如此精湛!教授又让学生试了第二堂课的乐谱,学生依然呈现出超高水准的表现……演奏结束后,学生怔怔地望着老师,说不出话来。

"如果,我任由你表现最擅长的部分,可能你还在练习最早的那份乐谱,而不会有现在这样的程度……"钢琴大师缓缓地说。

人,往往习惯于表现自己所熟悉、擅长的领域,而对陌生领域却抱有一种恐惧的态度。如果我们愿意回首,细细检视,我们将会恍然大悟:看似应接不暇的工作挑战,永无歇止的环境压力,不也就在不知不觉间成就了今日的诸般能力吗?因为,人,确实有无限的潜力!勇于挑战自己的弱点和不足,我们就能把自己的潜力转化为前进的动力。

第二章 换个角度去发现世界

莫让贪婪之心遮住你的双眼

小鸟问它的父亲："世上最高级的生灵是什么？是我们鸟类吗？"

老鸟答道："不，是人类！"

小鸟又问："人类是什么样的生灵？人类优于我们吗？他们比我们生活得幸福吗？"

"他们或许优于我们，却远不如我们生活得幸福！"

"为什么他们不如我们幸福？"小鸟不解地问父亲。

老鸟答道："因为在人类心中生长着一根刺，这根刺无时不在刺痛和折磨着他们，他们自己为这根刺起了个名字，管它叫做贪婪！"

小鸟又问："贪婪？贪婪是什么意思？我想亲眼见识见识。"

"这很容易，若看见有人走过来，赶快告诉我。"

一会儿，小鸟便叫了起来："爸爸，有个人走过来啦！"

老鸟对小鸟说："听我说，孩子，待会儿我要自投罗网，主动落到他手中，你可以看到一场好戏。"

说罢，老鸟飞离小鸟，落在来人身边，那人伸手便抓住了它，乐不可支地叫道："我要把你宰掉，吃你的肉！"

老鸟说道："我的肉这么少，够填饱你的肚子吗？"

那人说："肉虽然少，味道却鲜美可口！"

老鸟说："我可以送你远比我的肉更有用的东西，那是三句名言，如果你学到手，便会发大财！"

那人急不可耐地说："快告诉我,这三句名言是什么?"

老鸟眼中闪过一丝狡黠的目光,款款说道:"我可以告诉你,但是有条件:我在你手中先告诉你第一句名言,待你放开我,我便告诉你第二句名言,等我飞到树上之后,才会告诉你第三句名言。"

那人一心想尽快得到三句名言,好去发大财,便马上答道:"我接受你的条件,快告诉我第一句名言吧!"

老鸟不疾不徐地说道:"这第一句名言便是:莫惋惜已经失去的东西。根据我们的条件,现在请你放开我!"于是那人便松手放开了它。老鸟落到离他不远的地面继续说道:"这第二句名言便是:莫相信不可能存在的事情!"说罢,它边叫着,边振翅飞上树梢:"你真是个大傻瓜,如果刚才把我杀了,你便会从我腹中取出一颗 30 克的大宝石。"

那人闻听,懊悔不已,把嘴唇都咬出了血。他望着树上的鸟儿,仍惦记着他们方才谈妥的条件,便又说道:"请你快把第三句名言告诉我!"

狡猾的老鸟讥笑他说:"贪婪的人啊,你的贪婪之心遮住了你的双眼。既然你忘记了前两句名言,告诉你第三句又有何益?难道我没告诉你,莫惋惜已经失去的东西,莫相信不可能存在的事情吗?你想想看,我浑身的骨肉羽翅加起来不足 20 克,腹中怎会有一颗重量超过 30 克的大宝石呢?"

是的,一个小小的鸟腹怎么会有超过 30 克的大宝石呢?人类之所以有很多烦恼,就是因为想要的东西太多、太贪婪。而鸟很容易知足,所以它们活得幸福而快乐。

追求豁达的心境

人生如歌,岁月如梦。在短暂的一生中,有人活得郁郁寡欢,有人活得洒脱不羁。造成不同人生的根本原因,就在于心境的豁达与否。

豁达是一种超脱的人生境界,有了豁达的心境,一个人就可以包容他人,就可以增强自信。古今中外,因为豁达的心境而赢得敬仰的人可以说是不胜枚举。

唐朝时,有一个吏部尚书,胸怀宽广,心境豁达,满朝大臣都对他敬重有加。他有一匹皇上赐给的好马和一个马鞍。有一次,他的部属没有告诉他,就骑着这马出去了。不巧的是,那个部属不小心把马鞍摔坏了。下属吓得不知所措,只能连夜出逃。吏部尚书了解了事情的经过后,马上让人把他找了回来。当然,所有的人都为那个部属捏了一把汗,但出人意料的是,吏部尚书笑着对他说:"皇上的赏赐只是对我的能力的认可,而并非是一个马鞍,而你又不是故意毁坏了马鞍,完全不必像犯了滔天大罪似的逃跑。"

不久,吏部尚书在一次战争中得到了许多稀世珍宝,回来后,他就拿出来与大家一起欣赏把玩,其中一个非常漂亮的玛瑙盘,被一个部属不小心摔了个粉碎。这个惹了大祸的部属吓得立马跪下赔罪,但吏部尚书却豁达地对他说:"你不是故意的,你没有错啊!"大家见吏部尚书一脸轻松的表情,一颗悬着的心,总算落了地,而且对他更加敬佩。

对一个人来说,豁达的心境不仅能够提升他的魅力,更能发掘出无穷的智能。在今天这个竞争日趋激烈的社会,拥有豁达的心境更为重要,它不仅可以让你拥有很多朋友,更会为你开启神奇的成功之门。

人生在世,既不要夸大自己的幸运,也不要夸大自己的厄运。实际上,幸福也好,不幸也罢,平淡乏味也好,富有情趣也罢;青春勃发也好,年老体衰也罢,无非都是一种自我感觉。如果你哭,你的确会伤心起来,好像你的一切都是一场悲剧;如果你笑,你也的确会高兴起来。这说明,我们在任何情况下可以选择痛苦,也可以选择快乐。因此,最关键的,全在自己的心境、自己的取向。

心是快乐之根

有一个人,在他53岁那年,他一直赖以生存和养家糊口的公司突然倒闭了,这给他的打击是难以形容的。于是,他逢人便讲述自己失业的事情,而且他翻来覆去就是那么一句话:"我这种年纪的人,肯定没人要啦!"这种情形好比是一个人孤独地面对着山谷高声大喊一嗓子,听到的就只有同样的声音。他天天咒骂政府只给他微薄的失业救济金。为了找工作,他在被解雇的一年之内磨坏了好几双鞋子,每增加一次被人拒绝的经历,他便自然而然地觉得自己关于年龄大就没人要的观点是绝对正确的。于是他也就慢慢地消极起来,对未来也不再抱有信心。

直到有一天,他的女儿硬是把他拖去听了一个关于积极人生思想的讲座。在听讲座的过程中,他悟出了一个道理:正是他的消极人生思想阻碍了他的思想和勇气,更对他的发展和自信心起到了严重的阻碍作用。

第二天,他依然翻开报纸阅读招聘广告,但令他的妻子感到吃惊的是,不光是有关他熟悉的钳工的招聘,其他的什么招聘广告他都看,对什么都有接触的信心和勇气。他非常乐观地告诉自己的妻子说:"我过去始终认为我只能干钳工,别的什么都做不了,因此我只在需要钳工的招聘中寻求工作机会。"

两个月以后,他在一个汽车站遇到一位多年不见的老朋友,这位朋友正在做邮票生意,干得非常红火。他问这位钳工朋友,是否有兴趣以股东的身份与自己一起合伙经营邮票生意。钳工觉得自己的机会可能来了,于是他毫不犹豫地答应了那位朋友的请求,将家中所有的储蓄全部拿出来,作为资本加入了这位朋友的公司。结果没过多久,这位钳工便在公司里找到了自己应有的位置,他们的生意也越来越兴隆,几年后,昔日失业的钳工已经是一位相当成功的商人了。

如今,已经接近70岁的他还在继续工作,每天都很忙碌,无论经济上还是精神上,他都得到了极大的满足和快乐。他自己后来说,如果没有当初那次讲座,可能至今他还在失业,还在悲叹自己的命苦。

心是快乐之根。在面临逆境与挫折之时,只有积极乐观地去对待,才能远离怨天尤人的沉沦,主动寻找机会发挥自己的全部能力,去实现自己的人生价值和人生意义。

拿出勇气改变淡漠的生活态度

有一位著名的数学家,曾在科研领域中做出过卓越的贡献,并以他的名字命名了一个数学定理。尽管他在科研事业上出类拔萃,然而他却是一个情绪障碍症患者。他性格孤僻内向,成天关在小房间里看书学习,演算公式,攻克难题,几乎谈不上有什么人际交往。他为人沉默寡言,兴味

第二章 换个角度去发现世界

索然,给人一种"古怪"的印象。在40岁左右他才在别人的催促下结了婚。但他结婚时不知如何操办婚礼,婚后不知道上街购买生活用品。由于过分内向离群,对外界反应不敏捷,社会适应力很差。后来他曾遭遇到车祸,身体也因此大受影响。

这位数学家所表现出来的情绪障碍症状,心理治疗学上称之为淡漠症。淡漠症患者往往表情淡漠,缺乏强烈或生动的情绪体验。他们对人冷淡,甚至对亲人也如此,缺少对他人的关怀与体贴。他们几乎总是单独活动,主动与人交往仅限于生活或工作中必需的接触,除一般亲属外无亲密朋友或知己,很难与别人建立深厚的情感联系。因此,他们的人际关系一般很差。

他们似乎超凡脱尘,不能享受人间的种种乐趣,如夫妻间的交融、家人团聚的天伦之乐等,同时也缺乏表达人类细腻情感的能力。故大多数淡漠症患者都独身,即使结了婚,也多以离婚告终。

一般说来,这类人对别人的意见漠不关心,无论是赞扬还是批评,均无动于衷,从而过着孤独寂寞的生活。其中有些人,可能会有些业余爱好,但多是阅读、欣赏音乐、思考之类安静、单独的活动,部分人还可能一生沉醉于某种专业,做出较高的成就。但从总体来说,这类人生活平淡、刻板,缺乏创造性和独立性,难以适应多变的现代社会。

淡漠症患者适合在人少的场所工作,如图书馆书库、山地农场林场等,他们更容易从事宗教事业和过隐居生活,不适合在人员众多的场合工作。

淡漠症的形成一般与人的早期心理发展有很大关系。人类个体出生以后,有很长一段时间不能独立,需要父母亲的照顾。儿童就是在与父母的关系中建立自己的早期情绪特征的。在成长过程中,尽管每个儿童不免要受到一些指责,但只要感觉到周围有人爱他,就不会产生心理上的偏差。如果终日不断被骂、被批评,得不到父母的爱,儿童就会觉得自己毫无价值。更进一步讲,如果父母对子女不公正,就会使儿童产生心理上的焦虑和敌对情绪,有些儿童因此而分离、独立,逃避与父母身体和情感的接触,这样就会出现淡漠症状。

由于淡漠症患者往往无法与他人建立正确的人际关系,难以适应生活的需要,因此必须对他们进行一定的心理治疗。治疗目标就是要纠正其孤独离群性、情感淡漠及与周围环境的分离性。具体可要求他本人有意识地分析自己，确定积极的人生理想、追求和目标，使其懂得一个道理：人生是一个奥妙无穷的愉快旅程，每一个人都应该像一位情趣盎然的旅行家，像欣赏天地万物那样，每时每刻都沉醉在赏玩的欢乐中，这样才能充满生活的乐趣和前进的活力。要尽力创造条件，有意识地接触社会实际生活，扩大社会信息接受量，促使兴趣多样化，并逐步尝试参加一些兴趣小组活动，增加与他人的交往，享受集体生活的乐趣。这样，情绪淡漠的冰山才会逐渐消融，世上也才会又多一个快乐的旅行者。

以下是少女们对"什么东西使她们幸福"的回答："倒映在河上的街灯；从树叶间隙能够看得到红色的屋顶；烟囱中冉冉升起的烟；红色的天鹅绒；从云间透出光亮的月儿……"

虽然这些答案并没有充分表现出幸福的完整性，但无疑却存有某些宇宙美的精华。想要成为幸福的人，重要的秘诀便是：改变淡漠的生活态度。

保持一种乐观的心态

乐观就像心灵的一片沃土，为人类所有的美德提供丰富的养分，使它们健康地成长，它使你的心灵更加纯净，意志更加富有弹性。它是道德和精神最好的滋补剂。

马歇尔·霍尔医生曾对自己的病人说过："乐观的态度是你最好的药。"

所罗门也曾说："乐观的心态就是最强劲的兴奋剂。"

成大事者都会选择乐观的生活态度，选择了乐观的生活态度你就选择了量力而行的睿智和远见，就学会了审时度势、扬长避短，就学会了把握时机。

有个大臣因智慧超群而深受国王宠幸。他有一个不同寻常的特点：对待任何事情，他都保持积极乐观的想法。也正是由于这种态度，他为国王解决了不少难题，因而深受国王的器重。

国王喜欢打猎，但在一次围捕猎物的时候，他不慎弄断了一截手指。

国王疼痛之余，马上叫来了智慧大臣，征询他对意外断指的看法。智慧大臣仍轻松自在地对国王说，这是一件好事，并劝国王不要为此事而烦恼。

国王听了很生气，认为智慧大臣是在取笑他，即命侍卫将他关进监狱。

待断指伤口愈合之后，国王又兴致勃勃地忙着四处打猎。不幸的事终于发生了，他带队误闯入邻国国境，被埋伏在丛林中的野人捉住了。

按照野人的惯例，必须将活捉的这队人马的首领敬献给他们的神，于是便将国王押上祭坛。正当祭奠仪式要开始时，主持的巫师突然惊叫起来。原来巫师发现国王断了一截手指，而按他们部族的律例，献祭不完整的祭品给天神，是要遭天谴的。野人赶忙将国王押下祭坛，把他驱逐出去，另外抓了一位大臣献祭。国王狼狈地逃回国，庆幸大难不死。忽然，他想起智慧大臣说断指也许是一件好事，便马上将他从牢中释放出来，并当面向他道歉。

智慧大臣和往常一样，仍然保持着积极乐观的态度，笑着原谅了国王，并说这一切都是好事。

"说我断指是好事，现在我能接受；但如果说因我误会你，而把你关在牢中，让你受苦，你认为这是好事吗？"国王不服气地质问。

"臣在牢狱中，当然是好事。陛下不妨想想，今天我若不是在牢中，陪陛下出猎的大臣会是谁呢？"智慧大臣笑着回答。

无论遇到多么难办的事，我们都要保持积极乐观的心态，相信一切问题都会解决的。

有一位虔诚的作家，在被人问到该如何抵抗诱惑时，他回答说："首先，要有乐观的态度；其次，要有乐观的态度；最后，还是要有乐观的态度。"

从众多的传记中，我们可以了解到，古往今来，那些具有天赋的伟人们，大多都具有乐观的生活态度——他们不为名利、金钱或权势所动——在平静中享受生活的乐趣，迸发自己的激情，如荷马、贺拉斯、维吉尔、蒙田、莎士比亚以及塞万提斯等，他们的作品都很好地反映出了这一点。在他们经久不衰的著作中，充分表现出了那种对平静和乐观的追求。乐观向上的人物，举不胜举，我们在这里要提到的还有路德、莫尔、培根、达·芬奇、拉斐尔以及麦克尔·安吉洛等。他们之所以快乐，是因为把毕生的精力都投入到了为之奋斗的事业中,享受着工作的乐趣——用他们的博学不断地创造美好的生活。

人世间,并非无烦恼就快乐,并非快乐就没有烦恼,所以,保持乐观的态度并不是件容易的事情。

那么,我们如何才能一生都保持愉快的生活呢?请阅读下面八条:

承认弱点。人无完人,金无足赤,要承认自己的弱点,乐意接受别人的建议、忠告,并有勇气承认自己需要帮助。

吸取教训。面对失败和挫折应该从中吸取教训,勇往直前。

有正义感。在生活中诚实和富有正义感,朋友们就会乐于帮助你。

能屈能伸。对待人生的态度应该是处之泰然,人的一生会遇到意想不到的打击或其他不幸,要客观对待、随遇而安。

乐于助人。帮助别人,与人关系融洽,自然就会受人尊敬。

宽恕他人。自己受到不平等待遇时,学会宽恕和同情他人。

坚守信念。当做任何事情时,都必须坚守个人的信念。

心境开朗。只要牢记实践,快乐就会永存心间。

不时幽默一下

幽默最能引发笑声和愉悦的氛围,在这样的环境中,烦恼变为欢畅,痛苦变成愉快,尴尬转为融洽。幽默是一块磁铁,能博得别人的好感,拉近彼此的距离,吸引人到自己的身边;幽默是润滑剂,它能不动声色地化解怒气,消除怨恨;幽默是甜蜜的糖衣,夹带批评和忠告也会含而不露,容易让人接受。

吉尔森经常迟到,上司忍无可忍地对他说:"吉尔森!要是你下次再迟到,你就自己收拾东西,不用我多说了!"

一连好几天,吉尔森都起得很早,但是这天又睡过了头,他心想上司这次肯定要解雇他了。

等到吉尔森到了办公室的时候,里面悄然无声,每个人都在埋头干活。一个同事冲他使个眼色,示意老板生气了。果然,老板一脸严肃地朝他走了过来。

吉尔森突然满面微笑地握住上司的手说："您好！我是吉尔森，我是来这里应聘工作的，我知道 35 分钟之前这里有一个空缺，我想我应该是最早来应聘的吧，希望我能捷足先登！"说完，吉尔森带着一脸自责的表情充满希望地看着上司。

办公室里突然哄堂大笑，上司也憋不住，笑着说："快点工作吧！"吉尔森保住了自己的工作。

真正懂得幽默的人往往有很多让人喜欢的性格和素质。

幽默的人往往很乐观，即使面对困境，他们也能苦中作乐；幽默的人很自信，即使自己的缺点暴露了，他们也能从容不迫地自我解嘲；幽默的人很宽容，即使别人怒发冲冠，指着自己的鼻尖，他们也能不紧不慢，一笑而过；幽默的人有智慧，即使遇到再大的尴尬，他们也能随机应变，从容应对；幽默的人善于缓解压力，即使工作、学习和生活再紧张，他们也懂得让自己的心灵放松放松。最重要的是，幽默的人能给人带来快乐和轻松。如果你不时地幽他一默，你就能获得更多人的喜爱，甚至是人见人爱。

很多时候，赔礼道歉或者温言软语可能对拉近彼此的距离和化解彼此的矛盾都无济于事，但是适时说一些笑话，幽别人一默，却能让别人展开会心的微笑，甚至一笑泯恩仇。因为幽默能调和彼此内心的情绪，释放出知性的欢乐，从而化解一时紧张的气氛。

人的一生本来已经承载了很多严肃的主题：爱恨情仇、生老病死，等等，人们又人为地添加了许多郑重的场合：会议、典礼、仪式、谈判……这种严肃、这种庄重、这种矜持禁锢了人们太多的笑容、太多的轻松、太多的欢乐。幽默吧！不时地幽你身边人一默，他们会更加乐于和你在一起。

健康、财富、成功、幸福等一切美好的东西都源于一颗美好与愉悦的心灵，在这个日趋浮躁和喧嚣的社会，一个人要想有一个幸福与成功的人生，更需要自觉地去除心灵的种种桎梏和枷锁，让它在自由的天空中翱翔，于幽默中徜徉，如此，你的人生才会在花枝烂漫的美景中一路欢声笑语地走过，于人于己，都会有别样的精彩与快乐。

拥有美好的心灵

健康、幸福和财富等一切美好的东西首先都是源自于一个人洁净的心灵。

如果要想有一个健康的身体,就得净化自己的心灵。心中的怨恨、嫉妒、失望、沮丧等情绪,会使身体的健康遭到损害,会使快乐消失。愁苦的面容并不是偶然出现的,而是思想焦躁忧虑导致的,满脸的皱纹都是因怨恨、暴怒与自大而生出的。

人的思想影响着肉体,无论是精心的思考,还是无意识的流露,身体都会一一作出回应。为满足不断膨胀的欲望,健康的身体很快就会被疾病困扰;而纯洁美好的思想,则会使人们的身体充满生命力。

疾病、健康和人的处境一样,被思想影响着,所以衰颓的思想,往往导致病弱的身体。众所周知,邪恶的思想和子弹一样,足以毁灭一个人,这种邪恶的思想持续不断地戕害着不计其数的人。

一个整天害怕得病、胡思乱想的人,很快就会患上疾病,焦虑能迅速地扰乱整个身体系统,疾病于是乘虚而入。当心中杂念纷繁,即使并没有在行动上伤害身体,神经系统仍然会受到损伤,精神将会委靡衰弱。

只要心里存在杂念,人们血管里就会流淌污秽的、有毒的血液。健康的生活和强健的身体,来自于纯净的心灵;龌龊的生活与衰弱的身体,则源于不洁的思想。所以思想是人们言行、外表乃至整个人生的源头。源头纯净,那么它所产生的一切也会是纯净的。

思想的纯洁可以使人养成洁净的习惯,被称为圣人却不能养成洁净的习惯算不得圣人,而能够经常净化自己思想的人则根本不会受疾病的侵害。

假如一个人克服了所有可能导致自己转向衰弱颓废的因素,内心就会产生一种坚不可摧的力量。凡是心灵纯洁、道德高尚的人,都具备这样一种力量,都有可能征服世界。现实生活中,富人们一旦不如意起来,比穷人更容易失去幸福。人们由此推断幸福的标准不取决于外在的条件,而是内心的丰富与否,亦即是不是一个思想纯洁的人。

富兰克林说过："金钱和权势算不得真正的财富,如果对它们形成依赖,无疑是站在滑溜溜的石头上。"是的,真正的财富乃是无私的美德和纯洁的思想,人必须掌握一种能力使自己的美德发扬光大。这就需要荡涤沉淀自己的心境,这样,人生也会随之改变。

自私、虚荣、狡诈、贪婪、仇恨、愤怒、骄傲、任性、顽固这些都是导致思想不纯洁的祸根;反之,慷慨、热情、友善、纯洁、无私、忍让、温和,这些都是有利于增长财富、净化心灵的智慧之水。

拔掉心灵的杂草

心灵世界里包藏有很多很多东西,美、丑、善、恶、贪婪……这些心里的影像看不到摸不着,但却左右着你的行动。心灵世界中美好的、坦诚的、善良的东西,我们称之为苗。只要心中有真、善、美,不论到哪里都能结出美丽的果实;而心灵中那些丑恶、贪婪的东西则是杂草。有人说小草在哪里都能生长,可心中有草却有碍于苗的成长,因为它们长势太旺,无论如何,都对苗是一种威胁和挤压。

比如嫉妒、贪婪就是这样的"草"。

嫉妒对美好的威胁就好像是深藏在人心中的炸弹,一旦人们发现在追求某个目标的过程中遭到比自己强的人的威胁,或有人捷足先登,自己便在自惭形秽的情况下产生叹息、痛苦,甚至是暴怒,更有甚者以歪曲的心性点燃心中的炸弹,不择手段地报复,这种心灵的污染不但使他得不到所追求的目标,反而离目标会越来越远,最终落入罪恶的深渊而不能自拔。

自责也是心灵的一种杂草。

有一个警察,在一次解救人质的行动中漏掉了一个应该搜查的房间,结果使一个孩子惨死在歹徒的枪下。这个警察从此一直处于悔恨之中,认为那是自己的错。于是,他辞去了工作,来到一家修道院,每天都要对这个失误进行忏悔,而这也成了他生活的主要内容。所以,陷入过度自责中的他,总是郁郁寡欢,一点儿也不快乐。

一个偶然的机会,那个孩子的姐姐知道了这件事。她找到这个警察,并把他带到一群玩得很高兴的人们中间,并告诉他这些人都是在当初那个事件中被救出来的,现在他们过得都很幸福。而且,这些人对他一直都怀着感激之情。当时,他的心情一下子好多了,因为在那一刻他发现自己并非毫无用处。从此,这个警察卸下了负罪的包袱,又投入到丰富多彩的生活中去了。

自我批评式的自责及由此引发的内疚感和负罪感的出现都是自然的,但如果超出了反省的限度,躲在自责中不努力做事,不积极生活,那就是对自己精神的折磨。这种略带自虐的心理是不健康的,只有将这些心灵的杂草彻头彻尾地清除,才能给人们留下一个纯洁如玉的美好的心灵空间。

给自己的心灵洗个澡

一个人怎样才能拥有心灵的家园?要用什么方式才能克服内心牢不可破、根深蒂固的不纯洁的思想?要经过什么样的过程才能驱散黑暗,见到光明?

大多数人的痛苦,都是因为自己看不开、放不下,一味的固执而造成的。痛苦就犹如人心灵中的垃圾,它是一种无形的烦恼,由怨、恨、恼、烦等组成。

清洁工每天把街道上的垃圾带走,街道便变得宽敞、干净。假如一个人也每天清洗一下内心的垃圾,那么他的心灵便会变得愉悦快乐了。

以前有个人在洗澡盆边写了九个字——"苟日新,日日新,又日新"。这个人在洗澡的时候,外洗身,内洗心,所以他在洗完澡后"身心舒畅"。就是说,他洗澡时外去身上污垢,内去内心渣滓,所以他洗完澡后身心都很舒畅。

现在一般人洗澡,只洗身,不洗心;在洗澡的时候,还怨这个恨那个,这样的洗澡,不洗也罢。真正的洗澡,应该是外洗身,内洗心,把身体里里外外都洗得干干净净。

一个人要学会净化心灵,首先要相信净化是令人向往的,正义是至高无上的,诚实具有永恒的力量。他必须一直秉持着神圣的美德,努力不懈并且绝不退缩地去完成它。这份信念就像一盏油灯,必须保持燃烧,并仔细修剪灯芯。因为只有火焰才能让黑暗得到光明。当火焰越来越强烈,燃起的光芒就越来越稳定,信心和精力也会同时增加,他的进展会随着前进的脚步而加快。最后,知识之光开始取代信心之灯,黑暗也开始在灿烂的光辉中消失。神圣的生活原则将会映入他的心灵,当他一旦接近了神圣的生活,登峰造极的美感就会令他大开眼界,让他的心灵感受到前所未有的喜悦。

所以,一个人一旦掌握了自己内心的某些力量,他便会对在那些力量领域中运作的一切法则有所认知,再看尽自己内心的因果循环,心中有了领悟后,他会明白这些力量甚至足以改善全人类。

而且,他看出人世间的所有法则都是人心需求的直接结果,如果将那些需求加以改造和转变,再以改善后的法则为依归,就能够控制和克服身体内自私的力量。

这是一个心灵简化的过程,这是一个清洗心灵的过程,它将一切多余的杂质除去,只留下性格中最纯的成分。经过这样的简化,表面看来深不可测、错综复杂的内心世界就会呈现出越来越简单的面貌,直到全部改变成几项永恒的原则,最终合而为一,打造出一个纯洁、高尚、无私的人。

保持轻松的心情

一个人健康的关键,全在于持之以恒的锻炼,保持轻松的心情。如果既抽烟,又喝酒,且不准时睡觉则应引以为训。

使心情轻松的第一要诀是"知止"。"知止"则心定,定而后能静,静而后能安。静而且安,心情还有什么不轻松的呢?

使心情轻松的第二要诀是"谋定后动"。做任何事情,要先有个周密的安排,安排既定,然后按部就班地去做,这样就能应付自如,不会既忙且乱了。在这瞬息万变的社会里,当然免不了也会出现偶发事件,此时更要沉住气,镇定而缜密地安排和应对。事事谋定而后动,就会像谢安那样在淝水之战最紧张时还气定神闲地下棋了。

使心情轻松的第三要诀是"拿得起,放得下"。对任何事都不可一天

24 小时地念念不忘,为之寝食不安;否则,不仅于身有害,且于事无补。

使心情轻松的第四要诀是调节好工作的压力。工作尽管紧张,但心情须轻松。在你肩负重担的时候,千万记住要哼几句轻松的歌曲;在你写文章写累了的时候,不妨高歌一曲。要知道心情越紧张,工作越做不好。

一个口吃的人,在他悠闲自在地唱歌时,绝不会口吃;一个上台演讲就脸红的人,在他与爱人谈心时一定会轻松自然。因此,要想身体好、工作好,就一定要保持这样一种心情。

很多医学家都告诉我们,在轻松的心情下吃东西容易消化,在紧张的心情下吃东西容易得胃病;一个心情经常紧张的人容易失眠,一个永远从容不迫的人准能长寿。所以,给心情放个假,你便会时时感到快乐,无忧无虑。

懂得去发现和欣赏生活中的美

喜欢在下雨的日子,撑一把小伞,在雨中穿行,踩着地上的小水洼,凉凉的感觉通过脚底透进心里,感觉特别惬意。不为别的,只为转换一下心境。

也时常在有雨的日子,端一杯香茗独坐窗前,听雨打芭蕉的声音,那滴滴答答的雨声敲击着心田,那思绪透过雨雾飘远,任沉睡的记忆在心底泛滥。每一个成长历程,都可以说像是一首诗、一首歌,里面透着酸甜,也有苦和咸。正因为如此,我们更应该好好地珍惜拥有的一切,好好享受生活。

也有时在有雨的日子,放下手头的工作,躺在床上美美地睡一觉,让疲惫的心享受片刻的清闲,梦中的笑容也分外灿烂。生命原本短暂,我们就应该时时让心灵小憩,停下匆匆的脚步,"清理"一下心灵的沉疴。生命本来就不应该背负沉重的行囊,因而我们应该及时把心灵中无用的垃圾扔掉,给心室腾出空间,让自己活得轻松点、快乐点,这才是最重要的。

"如果你叫山走过来,山不走过来,你就走过去。"我们都应当有走过去的思想,适当转换一下自己的情绪,给生活注入一点新鲜的血液,让紧张的神经得到放松。在清闲的时刻,我们可以去关注一下路边正在吐绿的垂柳,窗台上正在吐蕊的花朵,还有那清新的海风,山雨欲来的潮湿空气,草叶上的露珠,淡淡的薄雾。还可以在静谧的夜空下,悠闲地靠在临窗的床头,欣赏那璀璨的星光……如果你懂得去发现、去欣赏,所有的这些都会给你美的享受,你的人生也定将异彩纷呈。

其实,生活中的点点滴滴都是美丽的风景。

作家叶天蔚曾经这样说:"在我看来,最糟糕的境遇不是贫困,不是厄运,而是精神心境处于一种无知无觉的疲惫状态。感动过你的一切不再感动你,吸引过你的一切不再吸引你,甚至激怒过你的一切不能再激怒你,即便是饥饿与仇恨,也是一种强烈让人感到存在的东西,但那疲惫会让人止不住地滑向虚无。"如果生活真的变得如此,像一滩波澜不兴的死水,那么该值得我们好好反思一下了。

有这样一则故事:

一对夫妻非常恩爱,后来丈夫突遇车祸,为了治病,妻子变卖了家里所有的财产。出院后,丈夫高位截瘫被疑为终身残障。他们的生活也由小康一下子转入捉襟见肘的境地。巨大的打击让丈夫心灰意冷,只求速死,妻子一面辛苦地工作养家,一面悉心地照顾丈夫的生活。8平方米的小屋子只有黄昏时的一个小时会有几缕阳光透过小窗照进来。每当这个时候,妻子总会坐在丈夫的床头,给丈夫讲窗外的景色:那里有一汪明澈的小潭,有别致的野花,有婀娜的垂柳,间或有几只可爱的小鸭在水上轻盈地游过……日复一日,丈夫在妻子无微不至的照料和安抚下奇迹般地康复了,当他终于可以站在窗前时,愕然发现窗外是一片丛生的杂草和半面坍塌的砖墙。但,那又怎么样呢?他已经站起来了!

我们的一生,有多少未知的际遇?对美好生活的希望,才是我们幸福的源泉。

生活是多姿多彩的,我们一定要记得时常停下我们匆匆的脚步,改变心境,放松心灵,善于发现生活中的美,才能让我们享受到生活中的美。

生活在五彩缤纷、充满诱惑的世界上,我们不仅需要排除心中的杂念,更需要打造优质心灵,把坚强、纯洁与快乐的思想注入心田,把活力与优雅注入身体,这样,我们才能在人生的路上攀登崎岖、探寻坎坷,才能看到云烟飞渡、峭壁险峰的迷人风光。

打造谦虚的品性

自古以来，中华民族就有谦虚的美德，有许许多多这方面的格言警句启迪我们后人："满招损，谦受益""三人行，必有我师焉"……

所有这些都告诉我们要不断塑造谦虚的品格，只有像"海绵吸水"那样，才能拥有战胜一切的力量。

世界上有许多人才能平平，但却能够取得成功。关键靠的是他们谦逊的态度与习惯，从而能做到处处顺利，事业有成。

比尔·盖茨是当今世界上最成功的人之一。在人们的记忆中，世界上还没有哪个人如此年轻就凭自己的能力获得了如此巨大的财富。比尔·盖茨说，他的梦想是"让每个家庭，每张办公桌上都有一台电脑"。如今，他的这个典型的"美国梦"，几乎已经马上成为现实。电脑最终将成为人类生活中无所不在、无所不能的朋友。

然而，这位处于鼎盛时期的超成功者并没有因此而骄傲自满，他也有烦恼和忧虑，他也害怕失败。他曾经这样对记者说："我害怕失败。实际上，我每天来到办公室时，总要问自己：我是否在努力？是否有人已赶到我们的前列？我们的产品是否真的很好？还能不能进一步改进？"

这些话，出自比尔·盖茨这样一位超级成功者之口，出自一个世界上最富有的亿万富翁之口，你是否感到惊奇？

其实并不奇怪，比尔·盖茨害怕失败的例子，深刻地反映了成功者面临成功时居安思危的思想意识，同时，也深刻地表现出他向自己挑战，不断追求完美、追求卓越的强烈意愿。

聪明睿智的人要用大智若愚自守，多闻善辩的人要用大辩若讷自守，勇武刚强的人要用柔弱恬适自守，大富大贵的人以勤俭节约自守，仁德广施天下的人要用谦恭、谨慎自守。有如此处世之心，就能避免招致伤害。

坦然面对对手

坦然、宽容——体育竞技场是最能体现这种特殊情感的地方。随着比赛哨声的吹响,拳击台上走来两位选手,他们两位可以称得上是势均力敌。走在前面的那位叫阿森,笑容满面,礼貌地向全场观众挥手致意。后面那位叫约翰,显然他还没有消除对阿森的敌意,因为上一场比赛,阿森让他出尽了丑。约翰一上场就虎视眈眈地瞪着阿森,对全场热情的观众不理不睬,甚至连比赛的礼仪——双方握手拥抱也粗暴地拒绝,就那样瞪着血红的眼睛,看着阿森,单等裁判的哨声。

对约翰的无礼,阿森显得比较宽容,耸耸肩,一笑了之。

比赛一开始,约翰就以夺命招式企图先声夺人,置对方于死地。对此,不但阿森心里明白,连全场观众也知道约翰这是在报仇,是在发泄,而不是进行高质量、高水平的比赛。所有的目光都聚集在阿森身上,所有人都在为阿森加油。终于,比赛以阿森的胜利告终,这正是众望所归的结果。如果我们说,这场比赛的胜负取决于两人的态度和心态,似乎有些武断,甚至牵强。但不可否认,在这场势均力敌的比赛中,良好的心态绝对是阿森取胜的重要因素。

我们没有必要将对手视为敌人,应积极一点,把他们视为伙伴、交流对象或是学习的榜样。学会爱你的对手,那样你就有了高尚的人格魅力。

学会宽容

宽容是一种风度,是一种做人的风范。

一天早晨,格兰的礼品店依旧开门很早。格兰静静地坐在柜台后边,欣赏着礼品店里各式各样的礼品和鲜花。

忽然,礼品店的门被推开了,走进来一位年轻人。他的脸色显得很阴沉,眼睛浏览着店里的礼品和鲜花,最终将视线固定在一个精致的水晶乌龟上面。

"先生,请问您想买这件礼品吗?"格兰亲切地问。

可是,年轻人的眼光依旧很冰冷。

"这件礼品多少钱?"年轻人问。

"50 元。"格兰回答道。

年轻人听格兰说完后,伸手掏出 50 元钱甩在柜台上。

格兰很奇怪,自从礼品店开业以来,她还从没遇到过这样豪爽、慷慨的买主呢。

"先生,您想将这个礼品送给谁呢?"格兰试探地问了一句。

"送给我的新娘,我们明天就要结婚了。"年轻人依旧面色冰冷地回答着。

格兰心里咯噔一下:什么? 要送一只乌龟给自己的新娘,那岂不是给他们的婚姻安上了一颗定时炸弹?

格兰想了一会儿,对年轻人说:"先生,这件礼品一定要好好包装一下,才会给你的新娘带来更大的惊喜。可是今天这里没有包装盒了,请您明天早晨再来取好吗? 我一定会利用晚上的时间为您赶制一个新的、漂亮的礼品盒……"

"谢谢你!"年轻人说完转身走了。

第二天清晨,年轻人取走了格兰为他赶制的精致的礼品盒。

年轻人匆匆地来到了结婚礼堂——但新郎不是他,而是另外一个年轻人!

他快步跑到新娘跟前,双手将精致的礼品盒捧给新娘,尔后转身迅速地跑回自己的家中,焦急地等待着新娘愤怒与责怪的电话。在等待中,他的泪水扑簌簌地流了下来,有些后悔自己不该这样去做。

傍晚,婚礼刚刚结束的新娘便给他打来了电话:"谢谢你,谢谢你送我这样好的礼物,谢谢你终于能原谅我了……"

新娘高兴而感激地说着。年轻人万分疑惑,他什么也没说,便挂断了电话。忽然,他似乎明白了什么,迅速地跑到了格兰的礼品店。

推开门,他惊奇地发现,在礼品店的橱窗里,依旧静静地躺着那只精致的水晶乌龟!

一切都明白了! 年轻人静静地望着眼前的格兰;而格兰依旧静静地

坐在柜台后边,冲着年轻人轻轻地微笑了一下。年轻人冰冷的面孔终于在这一瞬间被改变成一种感激与尊敬:"谢谢你,谢谢你,你让我又找回了我自己。"

格兰将水晶乌龟这样一件定时炸弹似的礼品,换成了一对代表幸福和快乐的鸳鸯,竟在这短短的时间内,最大限度地改变了一个人冰冷的内心世界。

宽容,是一种无形的精神投资,愿不愿、能不能付出都在个人的心态。当然,如果付出的话,它能让人受益匪浅。学会宽容不仅有益于身心健康,且对赢得友谊、保持家庭和睦、婚姻美满,乃至事业的成功都是必要的。

退一步,路更宽

《菜根谭》中说:"路径窄处,留一步与人行。"这便是一种进退之道。

以前,有一条大河,河水波浪翻滚。河上有一座独桥,桥很窄,仅用一根圆木搭成。有一天,两只小山羊分别从河两岸走上桥,到了桥中间两只山羊相遇了。但因桥面太窄,谁也无法通过,而这两只山羊谁也不肯退让。结果,两只山羊在桥上用角顶撞起来。双方互不示弱,拼死相抵,最终双双跌落桥下并被河水吞没了。

这则寓言看起来很简单,但蕴涵着深刻的道理,这正是"径路窄处,留一步与人行"的道理。在狭窄的路口处,不妨让别人先行,自己退让一步。表面看来,自己吃亏,但实际上,如果彼此都不相让,势必会两败俱伤,倒不如稍作退让,免去麻烦。"人情反复,世路崎岖。行不去远,须知退一步之法,行得去处,务得让三分之功。"(《菜根谭》)这种做法明为退,实为进,是一种比较圆滑的处世方法。一条道路本就狭窄,再加上拥挤更是无处下脚,若是自己退一步让人先走,那么自己也就相当于有了两步的余地,可以轻松走路。两相对照,自然是应选择有利于自己的做法。

退一步便是进三步。同样的道理,一个人只有放下"身段",路才会越走越宽。

有这样一个故事,说的就是以退求进的道理。

有一位在美国留学的计算机博士,辛苦了好几年,总算毕业了。可是,虽说是拿到了响当当的博士文凭,却一时难以找到工作。没有工作,生计没有着落,这个滋味可是不好过。他苦思冥想,终于想到了一个绝妙的点子。

他决定收起所有的学位证明,以一个最低身份去求职。这个法子还真灵,一家公司老板录用他做程序输入员。这活,对他来说简直是高射炮打蚊子——大材小用。不过,他还是一丝不苟,勤勤恳恳地干着。

不多久,老板发现这个新来的程序输入员非同一般,他竟然能看出程序中的错误。这时,这位小伙子掏出了学士证书。老板二话没说,立刻给他换了个与大学毕业生相对口的职位。

又过了一段时间,老板发现他时常还能为公司提出许多独到而有价值的见解,这可不是一般大学生的水平呀!这时,这位小伙子又亮出了硕士学位证书,老板看了之后又提升了他。

他在新的岗位上做得很出色,老板觉得他还是与别人不一样,非同小可,于是,老板把他找到办公室,对他进行询问,这时,这位聪明人才拿出他的博士证书。

老板这时对他的水平有了全面的了解,便毫不犹豫地重用了他。这位博士终于获得了成功。

现代社会提倡"自我推销",既然是推销,就要有推销术,如果这位博士还是拿着自己的文凭,一家接一家地去亮相,或许他现在还没有工作。

这位博士的点子好就好在以退为进,看上去是自己降低了自己,也让别人看低了,但是身处低位,被人看轻不要紧,一旦有机会,就可以大放异彩,展露才华,让别人、让老板对你一次次刮目相看,你的形象便慢慢高大起来了。相反,一上来就亮个博士证书,容易被人看高。期望值过高,就容易引起失望。倒是别出心裁,以退求进更容易达到目的。

拥有一颗感恩的心

一个聋哑小女孩与妈妈相依为命。每天晚上六点的时候,妈妈会准时回家,给她带一些好吃的。可是这天,外面下起了大雨,到晚上六点了,妈妈还没回来，小女孩不禁为妈妈担心起来：是不是雨太大了，妈妈走得太慢了，还是……小女孩不敢想了，她在心里一遍一遍地祈祷，她等呀等，一直等到了晚上九点，妈妈还没有回来，于是便决定自己出去找妈妈。她在雨里走了很久，终于走到了马路的拐弯处，看见妈妈躺在地上，手里还拿着小女孩最爱吃的年糕。小女孩哭着跑到妈妈身边，她想妈妈一定是累坏了，便坐下来，把妈妈的头放在了自己的腿上，她要让妈妈好好睡一觉。然后，她用手语在雨中一遍遍地唱着那首《感恩的心》，泪水和雨水混合在了一起，但她小小的脸上却写满了坚强。"我来自偶然，像一颗尘土，有谁看出我的脆弱；我来自何方，我情归何处，谁在下一刻呼唤我；天地虽宽这条路却难走，我看遍这人间坎坷辛苦；我还有多少爱，我还有多少泪，要苍天知道我不认输。感恩的心，感谢有你，伴我一生，让我有勇气做我自己；感恩的心，感谢有你，花开花落，我一样会珍惜。"

看过之后，你的心被感动了吗？我们应该感恩于活在这个世上，感恩于父母给予我们的爱，感恩于这个世上有那么多的人对我们的关心。因为有了他们的存在而使我们不再孤单、不再无助，才会有快乐常在身边。这种爱心需要我们不断地传递下去，把自己的关怀和爱心给予别人，让每一个人都能怀着一颗感恩的心生活在这个世上。

如果你能对别人的恩情和帮助记得很清楚，反应很敏感，相信你的人缘会得到很大的提升。因为每个帮助过别人的人在内心深处都希望对方理解自己的好心，如果能收到别人的感谢，他是会很高兴的。从这一点来说，你感谢了他，他在内心深处还会因此而感谢你，至少你的礼貌已经博得了他的好感。

一个真正有自尊心的人一旦意识到自己接受了别人的帮助，并认为这些帮助值得自己感谢和回报时，他身上的傲气和不可一世的神情就会消失，而同时会增加另外一个美德——谦逊！

但是，传统让我们含蓄得太久了，以至很多感激的话语都停留在酝酿阶段，却一直没有启封。其实，带着一颗感恩的心向别人表示自己的感激更多的是一种习惯，只要你尝试着去做，就一定能养成这个习惯。

——立即当着对方的面表达自己的感激。

更多地使用"如果不是你，恐怕我……""真的要感谢你……我才能……"

——充分利用你的身体。

足球运动员热烈的拥抱与其说是相互鼓励、表示祝贺，不如说是对默契合作的感激；谈判结束后的握手除了表示友好，莫不传递着谢谢对方合作的意思；爱人之间情意绵绵的亲吻，也不能不说传达着他们对彼此的万分感谢……

——间接表达。

如果不好意思直接表达，信件、卡片、网络、广播、小礼物、鲜花等等无疑是最好的方式。教师节、母亲节、结婚纪念日……节日除了给人们放松自己一个光明正大的理由外，还有一个最大的用处就是可以借助节日表达你对他人的感激。

——实际行动。

投桃报李，礼尚往来，在投送和往来之间人情脉络就建立起来了。

感恩不但是一种礼节，更是一个人具有涵养的基本体现。因而，感恩与溜须拍马不同，感恩是自然的情感流露，是不求回报的。对于个人来说，感恩是一种深刻的感受，能够增强个人的魅力，开启神奇的力量之门，发掘出无穷的智能。感恩也像其他受人欢迎的品质一样，是一种美好的德行。

一个人如果被一些不良的心态左右，他人生的航船就会搁浅；一个人如果能一生都保持美好的心态，那么他人生的道路就会越走越宽广，他生命之旅沿途的景色就会异彩纷呈。

学会感恩，一切都将变得美好！

幸福就在你身边

当你身体疲惫时，躺在软软的床上，是幸福；当你伤心落泪时，有人真诚地递来一张纸巾，也是幸福。

天使时常到人间帮助那些遇到困难的人，希望他们能够感受到幸福的滋味。

一天，天使遇见一个农夫，农夫的样子非常苦恼，他向天使诉苦："正是农忙的季节，可我家的水牛却死了，没它帮忙，让我怎么下田耕作呢？"

于是天使赐给他一头健壮的水牛,农夫很高兴,天使在农夫身上感受到了幸福的滋味。

又一天,天使遇见一个男人,男人非常悲伤,他向天使诉说:"我的孩子病得很厉害,但却没有钱医治。"于是天使让孩子恢复了健康,男人很高兴,天使在男人身上感受到了幸福的滋味。

又一天,天使遇见一个诗人,诗人年轻、英俊、有才华且富有,妻子貌美而温柔,但他却过得并不快乐。天使问他:"你不快乐吗?我能帮你吗?"

诗人对天使说:"我什么都有,只缺一样东西,你能给我吗?"天使回答说:"可以!你要什么我都可以给你。"

诗人怔怔地望着天使:"我要的是幸福。"

天使想了想。说:"我明白了。"

天使随后破坏了诗人夫妻的感情,拿走了诗人的才华,毁去了诗人的容貌,夺去了诗人的财产。天使做完这些事后,便飘然离去了。当诗人饿得半死,衣衫褴褛地躺在地上时,天使把他曾经拥有的一切还给了他。

诗人搂着他的妻子,终于懂得,原来幸福一直就在自己身旁,只是自己忽视了它的存在,没有以一种积极的人生态度去感受它。可见,缺少积极的心态,人生将变得淡然无味。用心去体会,幸福就在你身边。

用美好的期盼加大幸福的内存

有一位名人说:"困苦人的日子都是愁苦;心中欢畅者,则常享丰宴。"这句话蕴涵着深刻的哲理:面对幸运与不幸,人们心中习惯性的想法往往占有决定性的地位。

星期一早晨,151路巴士行驶在寒冷的街道上。芝加哥的冬季,乘客都缩在厚厚的冬衣里,没有人对车窗外的街景感兴趣,单调的汽车马达声使车厢里显得十分沉闷,没有人说话,这似乎已经成为一条规矩。

当车驶到密歇根大街时,车厢里突然有人大叫了一声:"听着,大家都听着。"只听见报纸哗啦啦地响成一片,人们都吃惊地抬起了头。"我是司机,是我在对你们说话。"车厢里鸦雀无声,人人都看着司机的后脑勺,他是个年轻的黑人，说话时带着一种毋庸置疑的语气。

"把你们手中的报纸都收起来，统统放下！"他命令道，"来，放在自己的膝盖上。"

"现在，把脸转向你边上的人，大伙儿一起转！"

没有人吭声，所有的乘客都傻乎乎地按他的话做了。

司机这时犹如军事教官似的又下了一个指令："现在，大伙儿跟着我说，我很幸福！"

大伙儿像教室里的小学生一般，都跟着他向身边的陌生人说出了这句话，虽然颇为胆怯与羞涩，不过，这却让大家都露出了会心的微笑，人们都松了一口气。这普普通通的一句话，一下子让人们轻松愉快起来，车厢里的欢笑声此起彼伏——这是乘客在其他巴士上从未听到过的笑声，从未感受到的幸福。

在151路巴士上，司机每次都让乘客说自己很幸福。有一次有人问他为什么这样做，他说："这样做我很快乐。我认为幸福是一种积极的心态。如果我们每天都以一种积极的心态去生活，谁会觉得自己过得不快乐、不幸福呢？我希望我的乘客都能过得很幸福。"

感谢这个司机，他不仅给我们带来了奇迹，更给我们带来了一种启示：幸福其实很简单，只要我们以一种积极的心态去生活。

如果你在一天的开始即心存美好的期盼，这种想法将对你产生积极的作用，它会帮助你面对任何事，甚至能够将困难与不幸转化为幸福；相反，倘若你一再对自己说："事情不会进行得顺利。"那么，你便是在给自己制造不幸，而所有关于"不幸"的形成因素，不论大小都将围绕着你。

因此，培养愉快之心，并把幸福当成一种美好的期盼，不断地加大幸福的内存，你的生活将成为一场美酒与歌舞交织的欢宴。

把不幸当做幸福的起点

米契尔曾经是一个不幸的人，一次意外事故，使他身上65%以上的皮肤都烧坏了，为此他动了16次手术。手术后，他无法拿起叉子，无法拨电话，也无法一个人上厕所，但以前曾是海军陆战队员的米契尔并不认为自已被打败了。他说："我完全可以掌握我自己的人生之船。我可以选择把目前的状况看成倒退或是一个起点。"他选择了起点。6个月之后，他又能开飞机了！

后来，米契尔为自己在科罗拉多州买了一幢维多利亚式的房子，另外还买了一架飞机及一家酒吧，再后来他和两个朋友合资开了一家公司，专门生产以木材为燃料的炉子，这家公司后来变成了佛蒙特州第二大私人公司。

但在旁人看来，不幸总是与他如影随形。在米契尔开办公司的第四年，一次飞机起飞时发生意外。他的12条脊椎骨被压得粉碎，腰部以下永远瘫痪！但米契尔仍然选择不屈不挠，丝毫不放弃，并日夜努力使自己能达到最高限度的独立自主。他被选为科罗拉多州孤峰顶镇的镇长，以保护小镇的美景及环境，使之不因矿产的开采而遭受破坏。他后来也竞选国会议员，他用一句"不只是另一张小白脸"的口号，将自己难看的脸转化成一项有利的资产。

尽管面貌骇人、行动不便，米契尔却坠入爱河，且完成了终身大事，也拿到了公共行政硕士证书，并坚持他的飞行活动、环保运动及公共演说。

米契尔说："我瘫痪之前可以做一万件事，现在我只能做九千件，我可以把注意力放在我无法再做的一千件事上，或是把目光放在我还能做的九千件事上，告诉大家说我的人生曾遭受过两次重大的挫折，如果我能选择不把挫折拿来当成放弃努力的借口，那么，或许你们可以用一个新的角度来看待一些一直让你们裹足不前的经历。你可以退一步，想开一点，然后你就有机会说：'或许那也没什么大不了！'"

"或许那也没什么大不了"，正是因为有了这样的积极心态，很多人才会以惊人的毅力面对困境，最终寻求到了人生的光明。

伟大的女科学家居里夫人也曾经有过挫折。当她克服重重困难，通过努力学习、认真研究，攀登上了科学高峰时，丈夫皮埃尔·居里的去世却给她带来了巨大的打击，她为了完成丈夫的遗愿，继续钻研，将悲痛埋藏在心底，最终为人类做出了巨大的贡献。

对于既漫长又短暂的一生来说，挫折是必然的，但我们应该有信心去相信阳光总在风雨后。一个人要在激烈的竞争中制胜，要想有一个幸福的人生，就必须把不幸当做幸福的起点，培养坚韧的心态，从自己的内心深处激励自我,告诉自己:那没什么大不了的。

人生的美丽在于人性的美丽,人性的美丽在于令人愉快的个性。要将他人吸引到自己身边,首先要拥有一颗积极、乐观的心。面对幸福时,平静坦然;面对不幸时,则把它作为幸福的起点,无所畏惧地继续扬帆远航。

美丽心灵能够吸引幸福翩然而至

上帝经常把动物召集到一起开会。有一天,上帝对大家说:"各位听好,如果谁对自己的相貌、体形有意见的话,今天可以提出来。不过我只能满足一个动物的愿望,你们可要想好了。"

因为猴子的位置最靠近上帝,上帝把目光投向了猴子,示意他先说。猴子一点都不客气,振振有辞:"我既有聪明的大脑,又有灵活的四肢,所以我对自己的相貌非常满意。不过我倒有一个建议,如果可能的话,能否使熊的长相变得秀气些,熊的长相太粗笨了。"

所有动物都把目光投向了熊,大腹便便的熊不好意思地搔了搔头,说:"我也十分满意自己的相貌。我虽然比较胖,可是却很富态。当然,如果能改换面貌的话,我认为大象最应该改换面貌,你们瞧大象尾巴短短的,耳朵却大大的,身体非常笨拙,简直没有美感可言。所以您最好给大象做做美容。"

大象闻听此言,一点都不急,慢慢地说:"我虽然手大尾短,身壮腿粗,可是以我的审美观来看,海中的鲸要比我肥胖多了,您最好让他来改改面貌。"

上帝问了一圈,所有的动物都说自己是完美的,希望把机会留给别的动物。

其实,这个世界上没有一个完美的动物,也没有一个毫无缺点的人,只要拥有一颗无私的心灵,你就可以与别人和睦相处,这个世界也会因此而充满爱,而你也会因爱而幸福。所以,美好的内心比美好的外貌更重要。

小学一年级的美德课上,为了培养天真无邪的孩子们对美好事物的向往,培养他们善良高尚的品德,老师对学生说:"为善的人死后会升上天堂,作恶的人死后会坠入地狱。"

孩子们睁大眼睛问:"天堂在哪里?地狱又在哪里?"

老师并不急于回答,回身在黑板中间画了一条线,把黑板分成左右两半,右边写着"天堂",左边写着"地狱",然后对孩子们说:"我要求你们每一个人在'天堂'和'地狱'里各写一些东西。"

孩子心目中的天堂就这样呈现出来:树木、笑、美丽、花朵、天空、爱情、自由、水果、光、白云、星星、音乐、朋友、蛋糕、灯、书本……

在黑板的左边,孩子们也同时写出了他们心目中的地狱:黑暗、肮脏、哭泣、哀嚎、惊叫、残忍、恐怖、恨、流血、丑陋、臭、呕吐、毒气……

老师点点头,对孩子们说:"当我们画上一条线之后就会知道,天堂是具备了一切美好事物与美好心灵的地方,这个地方有人叫做天堂,有人称为天国,或者净土、极乐世界;而地狱呢?正好相反,是充斥一切丑恶事物与丑恶心灵的地方。"

老师接着问孩子们:"那么,有没有人知道人间在哪里呢?"

孩子们齐声回答说:"人间是介于天堂与地狱中间的地方。"老师说:"错了!"孩子们露出迷惑不解的神色。

老师告诉孩子:"人间不是介于天堂与地狱之间。人间既是天堂,也是地狱。因为,当我们心里充满爱的时候就是身处天堂,当我们心里怀着怨恨的时候就是住在地狱!"

让自己拥有一颗美丽的内心吧!只有拥有一颗美丽的内心,你才会身处幸福的天堂。

让心永远年轻

若要永远保有幸福,你就绝对不能让自己的精神变得衰老、迟钝或疲倦,不然,你就会失去纯真,从而失去幸福的感觉。

有一天,母亲问9岁的女儿伊丽莎白:"你幸福吗?"

"是的,我很幸福。"伊丽莎白回答。

"是什么使你感觉幸福呢?"母亲继续问道。

"是什么我并不知道。但是,我真的很幸福。"

"一定是有什么事情才使得你幸福的吧!"母亲继续追问着。

"是啊!我告诉你吧!我的玩伴们使我幸福,我喜欢他们。"

"学校使我幸福,我喜欢上学,我喜欢我的老师。还有,我喜欢上教堂。我爱姐姐和弟弟,我也爱爸爸和妈妈,因为爸妈在我生病时关心我。爸妈是爱我的,而且对我很亲切。"

这便是伊丽莎白幸福的理由与方式。在她的回答中,幸福的要素都已齐备了——和她玩耍的朋友(这是她的伙伴)、学校(这是她读书的地方)、姐弟和父母(这是她以爱为中心的家庭生活圈)。这是具有极单纯形态的幸福,而人们最高的生活幸福亦莫不与这些因素息息相关。

有人曾向一群少男少女提出过相同的问题,并且请他们把自认为最幸福的事儿一一写下来。他们的回答越发令人觉得感动,这是他们的回答:

"有一只雁子在飞,把头探入水中,水的清澈;船身前行,而分拨开来的水流;跑得飞快的列车;吊起重物的工程起重机;小狗的眼睛……"

事实上,幸福与快乐一样,都很简单,成年人之所以感觉不到幸福,不是因为幸福不存在,而是因为他们的心已老,而孩子们却因有一颗单纯的心,就能时时感觉到幸福的存在。

因此,我们要永远保持一颗年轻的心。

第三章　恭谦恪守的为人态度

做人谦虚才能受欢迎

自信本来是好事,但是有些人过于自信,就变成了自大,自大的人以为自己什么事情都懂,比别人都聪明,这也知道,那也知道,这我比你强,那我也比你强,结果使人反感,破坏了良好的人际关系。因为这种行为其实是在向人发起挑衅:看看,我比你强,不相信的话咱们可以比一比!

人们在与人交往中寻找的最重要的感觉是放松,那些为了炫耀自己的人会把别人搞得紧张不堪。试想,谁会喜欢这种交往对象,这种人在公司会有好人缘吗?

谦虚是一种美德。一般说来,谦逊平和,富有同情心和怜悯心的人较易受人欢迎和尊重;反之,狂妄傲慢,不尊重他人人格,对人缺乏感情,则很难受人喜欢和尊重。

越是优秀的员工就越谦虚,他们并不会因为自己的优秀而自大,他们懂得从别人身上吸取长处来充实自己,当遇到技术难题或有不明白的地方时,他们会谦虚地向同事请教。

在职场交往中,谦让而豁达的人总能赢得更多的支持和帮助;相反,那些妄自尊大,小看别人的人总会引起别人的反感,最终在公司里使自己走向孤立无援的境地。

在工作中与同事相处,懂得谦虚就是懂得人生无止境,事业无止境,知识无止境。千万不能为了突出自己一再地表现出炫耀的成分,更不能为了表现自己而把自己的长处挂在嘴边,在无形之中贬低别人抬高自己。

这样，不仅会让人生厌，还会被人看不起，更严重的是你可能会伤害到某一个人，而周围的人也会逐渐地疏离你，这样，在无形之中，你就为自己设置了许多障碍，开展工作就有了难度。

一个人即使本事通天，也不可能把所有的事业和技能都研究得十分透彻，达到精通一切的程度，而且，在我们的工作当中，有很多人甚至连一方面的"精"都达不到，还自以为自己什么都很"精"了，因此，凡事应该谦虚一点，先听听别人的想法和看法。下面是一个反面例子，足以说明傲慢的破坏作用。

在一个单位有几个同事关系很好，甚至吃喝不分，单位买了一辆小轿车，让其中一个同事考了驾驶证，当兼职司机，该同事便忘乎所以。领导用车，他从没有二话，开车便走；一般人员即便是公事用车，他总是磨磨蹭蹭的，一副瞧不起的架势，结果大家都与他疏远了。

对一般人来说，虽然并不是从心眼里有意那样做，但也同样存在着注意谦虚的问题。所以说，平等待人，不自恃高人一等，在一般情况下是不难做到的，但是如果要在任何时候做到谦虚谨慎，就需要注意以下两个方面：

（1）正确地评价自己。试着重新认识自我，不妨将优点和缺点各列一个清单，细加对照，恰如其分、客观公正地作一次评价，并认真地从内心问自己，我到底有几个知心朋友？这会使你翻然猛醒：一味地自高自大，会使得自己与周围人们的关系形成不和谐的音符。

（2）遇事从他人的观点、立场来思考问题。这样做有助于发现别人的长处，避开自己的短处，从对别人的认识里来形成自我形象。对人的认识越全面，自我形象就越清晰。这样，我们便可学会理解他人、关心他人、尊重他人、帮助他人的处世技巧，改变轻狂浅薄的心理和行为。

谦虚意味着你有自知之明，但是，在保持谦虚谨慎、戒骄戒躁的同时，应该避免故做姿态的谦虚。一个人如果故做谦虚姿态，以求得"谦虚"的美誉或假借谦虚来间接地表现自己的优越感，那么，这种"谦虚"就是虚伪的表现，更称不上是什么美德了。

远离不良情绪的"旋涡"

在竞争日趋激烈的今天,每个人都面临着不同的挑战,承受着不同的压力,因此人人也都会有心情烦躁的时候,都会遇到难言的苦衷,在这种情绪笼罩下,谁都会有一种强烈的想向人发泄的愿望。

一个情绪化的员工是难以与他人融洽合作的,而这将会直接影响公司的利益,一般情况下,上司是不会用一个情绪化的员工去做管理工作的。

任何情绪都有负面影响。沉不住气的人,随时随地都有可能让情绪"冒"出来,一个员工如把情绪的负面影响带到办公室,会使同事不知所措,无法理解,最终造成误解和隔阂。因此,我们应该有自控能力,遇事沉得住气,有效地控制情绪,才能保持同事关系的平稳发展,把自己的工作做好。在工作中一定要以积极的态度控制自己的情绪。

虽然我们的情绪和性格有很大的关系,但并不是不可改变的,只要我们常常提醒自己去注意、去克制,就完全可能让自己远离不良情绪的"旋涡",保持良好的心态,从而得当地处理好办公室里的事务和人际关系。以下几点建议可供你参考。

(1)不要带着情绪去上班

带着情绪上班,自己变得心烦气躁,对别人也成了一种负担。这样不仅工作效率不佳,而且把自己在别人心目中的形象破坏了,可谓是得不偿失。

所以,无论我们在生活中碰上了什么不如意的事,即使是身陷苦海,也不要把情绪带到办公室里去;而要将它掷于门外,及时调整好自己的心态,进入正常的工作状态,以公事公办为原则,做好自己的工作。

(2)学会冷却自己的情绪

假如你在上班时意识到自己情绪不好,就要宣泄甚至是要爆发出来时,一定要告诫自己千万不可失控,而要想法子冷却自己的情绪,暂时将它们放在一边,先去处理手头的公事。过几天等情绪冷静下来,然后再作分析,找出解决问题的办法。即使是遇到令人生气的事,也不要让自己当场发作,切勿向别人大发脾气。

在这些情况下,不妨用这么几种方式,比如命令自己脸上挂着微笑,因为笑脸可以将你的情绪隐藏起来,或者上洗手间或其他地方一趟,待理智占上风能平复自己的情绪时再返回。假如你没有这份涵养,或者是走不开,那就强迫自己坐下来,喝几杯水,也能起到控制情绪的作用。

(3)从积极思考的角度去看待问题

大凡我们有情绪,是因为觉得自己受了委屈或是被伤害,认为错在他人,所以要把怨气发泄出来。我们是不是能变换一下角度,从比较有益的方面去想呢?比如碰上一个性格暴躁、不明事理的人,你不妨心里想对方常常如此,整天让自己生活在不愉快之中,是多么不幸,让人同情,那你难道还像他一样闹情绪吗?

若是遇上了不顺利的事,想一想能不能以妥当的方式解决问题。有些一时失去的固然让人可惜,但你通过其他途径也许会得到更多的东西。俗话说:"条条道路通罗马。"要相信任何问题总能找到解决的办法,只不过要看时机,宣泄情绪只能是一条绝路。一旦从积极的角度去思考你所遇上的事情,你就会使自己重新振奋起来,也变得富有同情心,而这正是处理好办公室关系的良好基础。

(4)把焦点集中在解决问题的办法上

一旦遇到会让你生气、引发情绪波动的事情时,我们不要把焦点放在谁是谁非上面,也不要以为发发脾气就能了事,更没必要为此耿耿于怀,这样只会使自己的情绪变得更为糟糕,无济于事。

最好的办法是把焦点放在解决问题上面,就事论事,别的只是枝节问题。争取经过你的努力使问题得到妥善的解决,这样更有助于消除负面影响。在我们的工作过程中,引发情绪的事会有很多,所以有必要提醒自己多注意培养这方面的能力,从而远离不良情绪的"旋涡"。

(5)专心投入自己的工作

许多社会学专家一致认为,最好的办法就是专心投入自己的工作,并且喜欢自己做的事。试想当你全身心地投入工作时,只想着怎样做好,又哪有空闲滋生或去理睬情绪这东西呢!

所以,如果你不想让坏情绪纠缠住,影响了自己的形象以及与同事的关系,最好的办法无疑是增强自己的敬业精神与工作责任感。

宽容是谦虚温和的最好表现

宽容是一种涵养，而能严于律己、宽以待人，更是一件不简单的事。胸怀宽广的人，在为人处世中会游刃有余，既能成就大事，又能活得轻松。

宽容首先是一种坚强的精神，貌似是在退让，然而却并不是软弱的表现，宽容是一种"以退为进"的防御战术。宽容所体现出来的退让使你给人的感觉是谦恭忍让，有素质、有涵养，从长远来看，这种退让使主动权始终握在自己手中。

那么，在工作交往中，如何培养宽容待人的态度呢？

第一，与人交往要有较强的相容度。较强的相容度，要求一个人能够为人宽厚、心胸宽广、容忍别人、忍耐力强，相容度强的人能够接纳和团结更多的人，在顺境中并肩作战、共同奋斗，在困境中共患难，积蓄成功的力量，创造更多的成功机会；相容度低的人，别人往往不愿与其合作，最后导致自己常常被人疏远。

第二，要做到"己所不欲，勿施于人"。这是古人流传下来的处世原则。鉴于这一原则，我们不应提出别人难以接受的要求，由此可以避免尴尬的局面，从而建立良好的人际关系。要做到"己所不欲，勿施于人"，就要求我们将心比心，推己及人。

将心比心，要求我们站在别人的立场上，衡量自己的言行举止能否为他人认可和接受。你可以通过角色互换的方法，设身处地地站在别人的立场上，那时，看看你对自己的行为和言论会有什么样的反应。通过这样的方法，你就可以更好地理解他人、体谅他人。

第三，与人交往时，能够主动让人。世上没有两个完全相同的人，由于个性、爱好、要求的不同，或是由于价值观的差异，在与他人交往的过程中，人们常常会因为对某些事情见解的不同而产生矛盾和冲突。此时，我们应该尊重他人的意见，求同存异。

在工作中也是如此，由于每个人的工作习惯和工作方式不同，所以你不能苛求别人和你采取相同的方式来完成工作。你应该知道，只要能够完成工作，任何工作方式都是可取的。要记住，争执不但无益于问题的解决，而且于人于己都没有好处。

第四，要心胸宽广。相比心胸宽广的人，心胸狭隘的人往往活得比较累，对于那些在别人眼中鸡毛蒜皮的小事，心胸狭隘的人往往不能释怀；他们不但算计别人，更害怕被别人算计，始终提心吊胆、患得患失；他们很在意别人的眼神、话语、动作；他们往往很偏执，容不下与自己相左的意见，所以，心胸狭隘的人往往很难与别人沟通和合作，常常郁郁寡欢。其实，这些人的烦恼大多是自找的。因为他们太在意别人的批评，又害怕因为得罪他人而为同事、领导所不容，所以，他们整天看别人的眼色行事，生活压抑，缺乏生气。

对己严、对人宽，在这一严一宽中体现的都是追求卓越的工作精神，这二者相辅相成，是每一个优秀员工必须弹好的二重奏。

需要特别指出的是，这里的宽容不是对原则问题的妥协，而是指工作交往中的宽容和容忍。表面上看，这似乎与工作本身无关，但只有在这个问题上做好，才能成为最后的胜者。

老李有一个毛病就是不爱说赞美他人的话。对于别人的优点，即使是在心里肯定，也不会当面说出来；相反他只会给对方泼冷水，否定对方。一次，他与同事小乔闲聊，说："今天我在大街上看见一个人，长得比你还难看。"当时小乔听了这句话十分生气，心想，哪有像他这么说话的人呢？也不怕得罪人？真不知好歹。即使我真的长得那么难看，也不至于他这样贬低我呀。小乔忍无可忍，正要发作，可又一想，这样做又何必呢？都是一个单位的同事，抬头不见低头见，要是闹翻了，以后见面多难受啊！想到这，他忍住了怒火，一场战争在没有开始之前，就已经停火了。后来，老李好像是觉察到了自己的语失，有点不好意思了，由于小乔没有和他吵，他深受感动。从那以后，他处处帮助小乔，他们由此建立了深厚的感情。

对他人的宽容，是谦恭温和的最好表现，也是对他人尊重的体现。"水至清则无鱼，人至察则无徒"。不要因为一些小事而斤斤计较，锱铢必较不仅无益于问题的解决，反而会在你与同事的交往中笼罩上阴影。只要你宽大为怀，以大局为重，你的付出就必然会有回报。

周末下午，小王来到办公室刚要坐下，电灯灭了。小王跳了起来，奔到楼下锅炉房。管理员正若无其事地边吹口哨边铲煤添煤。小王破口大骂，一口气骂了六七分钟，最后实在找不到什么骂人的词句了，只好放慢了速度。这时候，管理员站直身体，转过头来，脸上露出开朗的微笑。他用一种充满镇静与自制力的声调说道："呀，你今天晚上有点激动吧？"

小王面前的这个人文化水平不高，有这样那样的缺点，但他却在这场战斗中打败了小王这样一位高层管理人员。

小王非常沮丧，甚至对这位管理员恨得咬牙切齿。但是没用，回到办公室后，他好好反省了一下，觉得唯一的办法就是向那个管理员道歉。小王又回到了锅炉旁。轮到那位管理员吃惊了："你有什么事？"小王说："我来向你道歉，不管怎么说，我不该开口骂你。"管理员说："刚才我并没有听见你的话。况且你这么做，只是泄泄私愤，对我个人，你其实并无恶感。"小王听了这话非常感动，两人就那么站着，一口气聊了一个多小时。从那以后，两人居然成了好朋友。

小王在被管理员的冷静话语说得无地自容的时候，他并不是毫无耐心，继续吵；相反，他反省了自己的行为，并向管理员道了歉，最终两个人竟成了好朋友。如果小王不及时反省，依然谩骂，那么两个人势必会反目成仇。这样对谁都没有好处。

"人非圣贤，孰能无过？"别人在工作上出现一个小的错误，完全没有必要一争到底。用温和友善的方式对待他人的小失误，你就充分做到了尊重他人，别人也自然不会对你冷漠无情。如此你的朋友越交越广，在职场也会走得更加顺利。

把"得理也饶人"作为处世原则

假如是重要的是非问题，自然应当不失原则地论个青红皂白，但在日常生活或工作中，往往为一些鸡毛蒜皮的非原则的问题争得不亦乐乎，以至非得决一雌雄才算罢休，就未免有些小题大做、得不偿失了。

举个例子，在工作过程中，难免会与客户发生争论。事实证明，这时候最好不要争论。即使你很有"理"，也不要得理不饶人，而应采用"理直气也和"的方法，使对方认识到错误源于自身。

"小姐！你过来！你过来！"顾客高声喊，指着面前的杯子，满面怒容地说，"看看！你们的牛奶是坏的，把我一杯红茶都糟蹋了！"

"真对不起！"服务小姐边赔不是边笑着说："我立刻给您换一杯。"

新红茶很快就准备好了，碟边跟前一杯一样，放着新鲜的柠檬和牛乳。小姐轻轻放在顾客面前，又轻声地说："我是不是能建议您，如果放柠檬，就不要加牛奶，因为有时候柠檬酸会造成牛奶结块。"

顾客的脸一下子红了，匆匆喝完茶，走出去。

有人笑问服务小姐："明明是他太老土，你为什么不直说呢？他那么粗鲁地叫你，你为什么不给他一点颜色？"

"正因为他粗鲁，所以要用温和的方法对待；正因为道理一说就明白，所以用不着大声。"服务小姐说，"理不直的人，常用气势来压人；理直的人，要用气和来交朋友。"

每个人都点头笑了，对这餐馆增加了许多好感。往后的日子，他们每次见到这位服务小姐，都想到她"理直气和"的理论，也用他们的眼睛，证明这小姐的话多么正确——他们常看到，那位曾经粗鲁的客人，和颜悦色，轻声细气地和服务小姐寒暄。

这位小姐是得理者，但她并没有仗着自己有理而与中年男子争吵。她的"得理也饶人"反衬出对方的无理和粗鲁，从而从容地制止了事态的扩大。如果我们能用这种得理饶人的方法去处理与同事或客户的关系的话，我们一定会更有人缘，做出更好的业绩。

由此可见，为了人际交往的顺利进行，我们需要把"得理也饶人"作为处世原则，下面介绍三条适时退让的方法，供大家参考：

（1）首先要冷静地思考

人也是动物，有最基本的生理反应，就是自卫。当一遇到对抗或者是攻击的时候，直觉就会让你首先要去自卫，要为自己找理由去辩护，这就是争论的开端了。因此，应该先冷静地听完对方所有的观点，客观地分析和思考，说不定就真的能从中获得极大的收益；不要急于作出第一反应，这时冷静是最好的。

（2）各退一步下台阶

日常工作和生活中，常有一些人固执己见，十分容易为些小事情同别人争论，而且火药味浓烈。这时候，得理的一方应当有饶人的雅量，他可以一面解释，一面折中调和，最好使用不带刺激性的语言，以避免冲突的扩大。

有一位主管公路修建的人,一次去一位老领导家吃饭,进餐时两人聊起了一条高速公路的修建问题。他强调:公路的进度一再推迟,是有关方面的一个严重错误;而老领导则不同意,认为公路本来就不该兴建。两人你一言我一语,争论渐趋激烈。后来那位老领导把问题扯到"年轻人自私心重,没有环保意识"上面,显然是在批评他。他怕再争下去伤和气,便开始缓和下来,他婉转地说:"可能我们的看法永远也不会合辙,可是,那没有什么,也许我们都是对的,也许我们都是错的,这也是不可知的事。"那先生的一席话,不仅给自己搭了台阶,也给争论双方打了圆场,避免了双方争论不休,矛盾扩大,影响感情。试想,如果他意气用事地与老领导争论下去,结果会如何呢?很可能惹火老领导,最后不欢而散,甚至还会影响自己的职业生涯。

(3)耐心解释别发火

不少时候,人和人之间的相互发火,是因为互不了解、有失沟通造成的。这时候得理的一方切不可因对方的错怪而发怒,最好的方式是多加解释,想办法沟通或者道歉、劝慰,与对方达成谅解或共识。

一所医院里,病人挤满了候诊室。一个病人排在队伍中,将手上的报纸都看完了也没有能挪动一步,于是他怒火万丈,敲着值班室的窗户对值班人员大喊:"你们这是什么医院?这么多人排队你们看不见吗?为什么不想办法解决?我下午还有急事呢!"值班员面对病人的怒火,耐心解释说:"很抱歉,让您等了这么久。是这样的,医生去开刀了,抢救一个危重病人,一时脱不了身。我再打电话问问,看看他还要多久才能出来。谢谢您的耐心等候。"患者排大队得不到及时诊治,责任并不在那个值班员身上,但是面对病人的错怪,他却沉住气一面解释、一面劝慰,这就比恶言相向、火上浇油的回答好多了。

理直气壮、有理走遍天下,并不是说有了理就一定要不依不饶,在得理的情况下退让一步,对方一定称道你的宽宏大量,对你感激备至,这样一来何愁别人不喜欢你呢?

做到谦恭温和，礼貌必不可少

中国是礼仪之邦，是否谦恭温和在很大程度上是以是否有礼貌来衡量的。在工作和生活中，只有注意自己的礼貌举止，才能避免与人产生摩擦，让自己更受欢迎。

每一个人都十分在意别人对自己的态度，即使是个无礼的人，他也不喜欢别人对他没有礼貌，因为礼貌本身就体现出一个人的谦虚和对他人的尊重。

所以，不管是在什么场合，不管所面对的是什么人，都应该做到说话做事时文明礼貌。做到这一点很简单，生活中的礼貌用语比比皆是。如果我们在平时不忘使用礼貌用语，同事之间定可形成亲切友好的气氛，避免许多可能发生的摩擦和口角。

美国人说话少不了"请"字。说话、写信、打电报都爱用"请"字，如"请坐"、"请转告"、"请及早复函"等。发电报时，美国人情愿花钱"买"个"请"字，宁可多付电报费，也绝不省掉"请"。因此，美国电话总局每年从这个"请"字上就可多收入一千万美元。

与美国人爱说"请"字一样，日本人爱说"谢谢"。据统计，一个在百货公司工作的日本职员，一天平均要说571次"谢谢"，否则他就不是一个好职员，就有被解雇的可能。"571"这个数字或许并不准确，你甚至可能认为这太过分，似乎有点"虚伪"。然而，如果有一家这样的公司，顾客买了东西，营业员对他说："谢谢，欢迎再来！"不买东西，营业员也对他说："谢谢！欢迎下次光临。"相信你我都愿意光顾这样的洋溢着亲切和尊重，视顾客为上帝的公司。

"对不起"是英国人最常说的一句话，凡是稍有打扰他人之事，他们总是先说一声"对不起"，比如："对不起，我要下车了"；"对不起，请给我一杯水"。即使没有打扰人，他们也习惯先说"对不起"。而在美国也是类似的情形，警察对违章司机按相关条例进行处罚时，先要说一声"对不起，先生，你的车速超过规定……"

在与别人见面时、有劳别人时、发生碰撞时、犯了错误时……说一句礼貌用语,是再容易不过的事情,但不要小瞧它,它传达的信息非常丰富:既表示尊重,又能显出你懂礼貌、有风度、有教养。多注意点礼貌对谁都是重要的,因为它既能反映出一个人的修养程度,又是一把打开同事、领导、客户心扉的钥匙。

做事要高标,做人须低调

要想在职场成为魅力员工,就得处处低调做人,高标做事。

第一,应该在业务上做到高调,这并不是说需要你处处显示自己,而是应该表现出你在业务上是一个"杂家"!现在的职场很青睐综合型的人才,知识丰富的杂家越来越吃香。不过,有的人只愿意做自己分内的工作,而且将分内分外用明确的界线划得很清楚,这是最令老板反感的。其实,在很多时候,分外的工作对于员工来说是一种考验,能够把它做好,也是能力的体现。具体表现就在于,你在自己的职业范围上,应该是一个低调的"专业人士",同时,你必须也是一个高调的"杂家"。有时还必须没事找事做,即使不是分内的工作,这样的人可以定义为"招之则来,挥之则去"的做事高调、做人低调的人。你不要把自己的业务或者工作定义得太狭隘,只有这样,你才能在办公室留下热情洋溢的美名。

第二,你应该在职权上表示低调,你要记住,你的领导永远是"最上的"。只要领导发令,你就应该行动。初入职场的年轻人如果不注意这一点,就容易遇到类似的麻烦。

小王刚上班那阵子,什么人情世故都不懂,谁叫他做事都立即干。几个月后,有人偷偷告诉他,老总对他有意见了:做事不够麻利,拖拖拉拉。自那以后,他一改往日的原则,将领导吩咐的重要的工作在其他工作之前完成,时间久了,他就赢得了领导的称赞。一般应这样:先做领导交代的工作,不管多忙,其他事务要暂放一放。其实,无论你做什么,都是为公司服务的。先帮领导处理工作确是上乘之选,使自己更受欢迎。

第三,你必须注意,不要乞求别人的认同。从表面上来看,让别人喜欢我们并没有什么害处。但是,为了得到别人认可,有时你不得不做一些违心的事情。当以得到别人的认可成为你任何行为的动力时,这种心态就将有害无益。

第四,学会适应,是一个人最基本的素质。适应意味着低调,因为这是要求自己首先去适应日益变化的环境,而不是一味要求环境来适应自己。

适应首先是一个自我定位的态度问题,因为适应要求将自己定位在弱势的地位,而不是强势地位。如果高调地定位,最终的结果只能是片面强调自己的优势,忽视环境的要求,最后的路只会越走越窄。

对于一个职场人士而言,如果首先没有低调的定位,就根本不会考虑适应环境的问题。生存是需要环境的,但作为个体不可能彻底改变环境,个体的生存需要对环境的适应。实际上,世界上没有最好的,只有最适合的。自然界"适者生存"的规律,对人类和所有组织来说都是适用的。

处事谨慎

一个人所处的环境和接触的朋友会对他的一生产生莫大的影响。可以不夸张地说,交上什么样的朋友就会有什么样的命运。尤其在一个人开始独立开创自己的事业、为成功而奋斗的时候,朋友尤其重要,不管是生意上的、业务上的,还是感情上的,你都需要注意避免和恶人交往。

避免和恶人交往就是避免灾难和祸患,就是避免自己"近墨者黑"。智者总是尽力避免同那些会阻碍他们成功的人打交道,其中也包括那些志趣庸俗无聊的人,那些缺乏幽默感和心态消沉、性格沉闷的人,那些总是苛刻挑剔的人,那些会浪费别人太多时间的人。同时,他们也拒绝那些不守承诺的人,那些猥琐、不诚实或自私自利的人,以及那些总是作威作福、不可一世的人。对于选择异性朋友和自己的人生伴侣,聪明的人则会更为小心。他们头脑清醒,从外表到内涵他们都会权衡利弊。因为他们知道,一个不好的女人或者男人会把家庭的幸福葬送,同时也会把自己的事业搭上,让自己过着永无安宁的日子。

枝头上果实累累、液汁甜蜜、色香精美,都是因为它们从树干上吸收了充足的营养。果实并不能单独生存,同样,一个独立的个体也需要从别人那里摄取尽可能多的养料,他的力量才会强大。所以,人必须发现身边

那些乐观、高尚、上进的人，并且多和他们来往，这样才能为自己创造良好的生存环境，提供丰富的精神养料，以利于自己的前程。

那些能成为好朋友的人，能让你有安全感的人往往是心态稳定、能和人愉快相处、理想高远、情绪高涨的人，他们能给你人格、精神、品行、学问和道德上有益的东西。在和一个人格伟大、意志坚强的人交往接触的时候，他会挖掘出你身上存在的许多潜能，让你拥有以前想都不敢想的能力。和这样的人在一起，你会发现你的理想升华了，你的力量和智慧突然增加了几倍，你的各部分机能会突然间锐利几分。以前所意想不到的隐藏在生命中的力量似乎都释放出来了，你可独自去说从不敢说的话，去做从不敢做的事。

所以，与人交往，首先要小心慎重，要谨慎择友，避免与恶人交往。

与人为善

孟子曾经说过："君子莫大乎与人为善。"善待他人是人们在寻求成功的过程中应该遵守的一条基本准则。

在遥远的波士尼亚，妇人费希玛和丈夫及两个儿子住在一个小村落里。

有一天，在奥地利工作的丈夫马尔科奇回来，送给儿子一个鱼缸和两条金鱼。第二年，波士尼亚爆发了战争，费希玛失去了丈夫及家园，不得不走上颠沛流离的逃难之路。

在弃家而逃之际，费希玛不知道等待她和两个孩子的是什么，一切是那么慌乱、仓促。但在这紧急时刻，费希玛仍没忘记那两条金鱼，它们不仅是已故丈夫对孩子的爱，更是两条活生生的生命啊！于是，她捧起金鱼缸从容地走向湖边，连鱼带缸一齐轻轻放进湖水里。

战火平息后，费希玛和孩子返回家乡。原本熟悉的故园如今成了废墟，一切都得从头做起。但他们却看到湖面泛着片片金光，仔细一瞧，竟然是一群美丽的金鱼，跟当初放生的两条金鱼长得一模一样，原来是它们的下一代。

最值得庆幸的是，她的两个儿子还从湖水中找回了金鱼缸，这可是父亲当年送给他们的礼物啊！费希玛和孩子们太高兴了，仿佛与自己的亲人在乱世后重逢一样。于是，费希玛每天都到湖边来喂养金鱼，平静的湖水中孕育着无限生机。

费希玛和金鱼的故事很快流传开来，人们纷纷前来观看，顺便买两条回家送人。于是，出售金鱼成为费希玛一家的致富之路，他们终于摆脱了战乱和贫穷，过起安宁富足的生活。

当年，费希玛捧着两条金鱼走向湖边时，她未必知道自己会得到怎样的回报。善念是一粒种子，你把它种下就会结出丰硕的果实。

由以上善待生命的故事我们不难引申出同样一个道理，与人为善是做人的一种积极和有意义的行为。它可以为自己创造一个宽松和谐的人际环境，使自己有一片可以发展个性和创造力的自由天地，并享受到一种施惠与人的快乐，从而有助于个人的身心健康。与人为善不仅可以给我们带来好心情，还可以给我们带来身体上的健康。研究表明，人的心理活动和人体的生理功能之间存在着内在联系。良好的情绪状态可以使生理功能处于最佳状态，反之则会降低或破坏某种功能，引发各种疾病。

鏖战商场，更需要用与人为善来开辟道路。尽管商业竞争残酷无情，但是有时也需要表现出一种真挚的温情。请你在别人遇到困境时，热情地伸出援助之手。在职场上，尽可能地做一个与人为善的好人，这样，当你在工作上不小心出现纰漏，或当你面临加薪或升职的关键时刻，就会减少被别人放冷箭的危险。在工作中，有的人常把他人为自己办的事和自己为他人所做的事记录下来，以便有机会"扯平"，其实这样做是很不明智的。如果为别人做好事，只是为了以后的偿还，那么反而会令他人觉得你不易相处。

与人为善并不是为了得到回报，而是为了让自己活得更快乐。与人为善其实极易做到，它并不需要你刻意做作，只要有一颗平常心就行了。

有这样一个故事：一个人做了一个试验，他早晨上班来到办公室的时候，对周围的同事笑了一下，没想到，却带来了意想不到的效果，他的上司看到他时也对他笑了一下，他的上司可是从来没笑过的人呀！这个人这一天的心情特别好。就因为他早晨的那个笑，感染了身边的其他人。

你在日常工作和生活中的行为，无非是想丰富你的生活，实现你的价值。而这所有的一切，归根结底，都来自于你是否善待他人。与人为善使你有一种充实感,那样很少有人会故意和你过不去。与人为善不仅能给你带来财富,还能使你拥有被他人喜爱的充实感。所以,与人为善能使你求得长远的财富。

尊重他人

尊重他人,别人才能尊重你,也才能因此而慢慢喜欢上你。

一般而言,人们对于自尊往往存有不容侵犯的保护意识。因此,一旦个人的自尊遭受侵犯或攻击时,即使彼此过后表示歉意,恐怕也已无法弥补双方的恶劣关系;相反,如果你能顾及对方的自尊,处处为对方的自尊着想,那么,对方必然会因此对你表示友好与感谢。

举例来说,当大伙正在围桌谈笑时,有一个人助兴地说了一个笑话,结果使得全场捧腹大笑,气氛十分欢乐。然而,在这些笑声还未平息之际,突然有另一个人说道:"这的确是一则有趣的笑话,不过我在上个月的某本杂志中早就看过了。"或许此人的目的在于表现其优越的意识感,但他所获得的真正评价是什么呢?而那个当初说笑话的人,此时的感受又如何呢?

大体而言,后者的行动仿佛掠夺者一般,因为他毫不顾及前者的立场,不留余地地夺走前者曾在众人心中建立的地位。而且此举对前者而言,无异使其意志消沉、颜面有损,甚至严重影响个人的自尊。至于那些在场的听众,相信既不会由于后者的优势作风而倾向后者,也不可能因此减损对前者的评价。

总之,顾及他人的心态及立场,尊重他人的自尊,乃是相当重要的为人之道,也是受人欢迎不可或缺的要素之一。

用心赞赏他人

我们全都渴求能够获得别人的赞同,然而刻意逢迎与用心赞赏,结果会大不相同。称赞股票经纪人买卖股票的才能,并没有多大的效用,他毫不费力地就可以想到你是在拍他的马屁,因为他是一个成功的股票经纪人,这是很明显的事实。但是如果你称赞他做牛排的手艺,他一定会觉得你不错。

恭维别人的时候,要记住下面这个规则:如果一个人具有魁伟的体格,他自己也知道这个事实,在他心里已毫无疑问,因此他不需要任何人的肯定,但是他也许有某些不明显的长处,把这些优点找出来赞赏一番,他就会乐不可支。

对别人的认可还有一些妙用,因为生活中有些人非常渴求被人赏识。

"赏识"这个词儿的真正意义是"重视别人",反之就是"不欣赏",意义是"不重视别人"。我们所寻求的人,经常是看重我们的人,绝不是瞧不起我们的人。

皮西·P. 布克斯博士说他的保险公司之所以成功,绝大部分是靠这句座右铭:"我们欣赏我们的代理商。"当请教他这样简易的座右铭如何造就如此宏大的奇迹(一家具有领导地位的保险杂志社,报道这家公司的成长时,把它称为"神奇不可思议的成就")时,他指出"欣赏"是"不欣赏"的反面这个事实。他说:"我们把代理商捧得高高的,我们让代理商知道,我们非常重视他们,要知道任何成功的公司,所依赖的是成功的代理商。他们对我们非常重要。我认为他们是一个事业中最优秀的一环——我们与他们拥有的一切,全奠基在这上面。当你赏识一个人的时候,你确实会使他更具有价值,更容易成功。"

赞同并欣赏别人,不仅会给你带来好的人缘,同时也会给你的事业带来更大的商机。职场中的人们更应该学会这一交际技巧,它远比你送一件昂贵礼物的作用大得多。

当朋友事业有成或者有什么高兴事时,在适当的场合和时间给予真心诚意的祝福和赞美,并与之共同分享快乐,彼此都会很愉悦,但是千万不要认为所有的好听话都会受到欢迎。其实,一个人真正想从朋友那里得到的是善意的忠告和警戒,而不是华而不实的恭维话。很多人就是从别人说的话来决定是否要和对方成为朋友的。

真诚地赞美别人,就要发现别人的优点,这样才能使赞美适得其所、恰到好处。通过赞扬别人的优点,可以在这个人的心中建立良好的印象,

也可以及时盘点自身的优势和不足。而且,或许别人也会在与你的交谈中仔细审视和欣赏你的优点。

学会赞美别人,有一种"三明治法"很有效。

所谓"三明治法"就是事先称赞对方,使对方的心情愉悦,然后再拜托对方做什么事或者是委婉地批评对方。对方在被人称赞、表扬的情况下,很容易接受你的要求。这样既能达到目的,又可以培养与对方的良好关系。人际关系专家哈维·麦凯说:"赞美比批评永远来得重要。"

美国20世纪30年代的总统克里吉有一位女秘书,很有才能,但她却不擅长整理文件。一次克里吉总统有事找她,便对她说:"艾丽丝,你对着装的品位很高,尤其今天穿的长裙真漂亮……如果能够再花多点心思整理文件,我就轻松多了!"因为是称赞之后拜托的事,所以秘书将克里吉的话谨记在心,同时心里也感到非常受用。"有你这样品位高、能力强的秘书,我实在很骄傲!"克里吉总统后来又多加一句赞美语,让艾丽丝整个人活跃了起来。从此以后,艾丽丝工作的热情度高了许多,而且做事更仔细了。

人际关系是创造财富的有效方法。全世界最成功的人都是人际关系较好的人。"多个朋友多条路",再顶天立地的英雄,离开别人的帮助也将一事无成。波斯文学家萨迪曾说:"蚊子一起冲锋,大象也会被征服。"所以想要拓展人生,就必须精心编织一张属于自己的社会关系网,而要拓展人际关系,首先应从培养积极、宽容的心态入手,用心去赞美别人。

学会分享

在西雅图,一个大约六七十岁的老人流浪街头。他的披肩长发灰白零乱,其间夹杂着头天晚上在纸窝棚里睡觉时沾带的杂草。他的衣服乌一块紫一块,浑身散发着酒精和尿臊味。他正站在市中心的人行道上向路人乞讨,面带微笑。他每天都这么站着。人们从他的身边来来往往,要么没意识到他的存在,要么就干脆躲得远远的。

这一天,来了一位小姑娘,大约六七岁的样子,穿着整洁合体的衣服,头上梳着小辫。她走近微笑着的老头,从后面轻轻拽了拽他的衣角,待他转过身,小姑娘伸手将一个东西放到老人的手心里。一刹那,老头喜笑颜开。只见他马上伸手从口袋中掏出什么放进小姑娘的手心里。小姑娘也兴奋不已,欢蹦乱跳地向不远处一直望着她的父母身边跑去。

路过的路人看了觉得很好奇,于是便上来问老头到底怎么回事。

"很简单,其实就是一枚硬币。她走过来,给了我一枚硬币,我反过来送给她两枚硬币。"老头解释道,"因为我想教会她:如果你慷慨大方。懂得与别人分享你的所得,那你所收获的总会比你付出的多。"

分享,是人类基本的生存之道,因为任何人都无法脱离团体独立生存,而身处团体之中,你就必须与人分享你的所有。作为员工,你必须与企业分享你的资源,而作为领导者,你必须学会与员工分享企业硕果。

本田宗一郎领导的本田公司,其成果有目共睹,这个成果当然不属于本田宗一郎一个人,或者单个的领导团体,而是属于公司全体成员。

在管理上,本田宗一郎一直力图用"慈爱主义"来对待他的下属,以激励他们大胆尝试。在本田公司,员工们的报酬在日本汽车业中是最高的,每年发两次奖金和许多物品,供给住宅,安排度假,提供收费低廉的医疗保健。全体员工拥有公司股权的10%以上。另外,大部分员工还拥有本公司生产的汽车或摩托车。

本田宗一郎还想方设法将自动机械工业界的年轻优秀人才笼络到他的周围。公司职工的平均年龄是24岁,远比34岁的"三菱"和30岁的"日产"要年轻得多。该公司的年轻人到35岁时,便大多被升任为主管,而在日本其他公司,一般要到45岁左右。

本田宗一郎关心员工的综合发展,对服务期满3年的新工人,就努力使他们的工作有所变换,以避免在同一岗位中重复同一操作。这样不但克服了他们单调厌烦的心理,引起他们新的工作兴趣,同时也扩大了他们技术方面的知识面。

本田公司同时还有一项提议制度,任何一名职员都可提建议,由本人填写一张专用表格,详细地阐述自己的构思、建议,并送到一个叫"部门委员会"的机构讨论、审核。这种专门委员会是由专家、营业人员、工程师、顾问组成的。一旦审查批准,认为可行,建议人就可按其建议的重要程度,得到一定数量的分数。一个职工,一旦积累了300分,便可以获得外出旅行的奖励,并结合工作的表现,逐级提升。

本田的成功就在于,对公司已有成果的分享使得员工能够积极地投入到工作中,公司也就在投入与产出间成了最大的收益者。事实也正是如此,没有员工会对一个吝啬的老板俯首,正如没有老板会喜欢一个患得患失、斤斤计较的员工。舍弃暗藏着另一种获得,分享意味着共同拥有。

如果你慷慨大方,懂得与别人分享你的所得,那你所收获的总会比你付出的多。懂得与别人分享,这是每一个人应该具有的优秀品质,也是一个人所应该知道的人生智慧。

金钱易得,但良友难求,尤其是知心朋友。真正的朋友能为你的事业带来向上的引力,能抚平你在人生路上跌倒时所留下的伤痕。对待朋友要出于真心、慷慨地给予,因为帮助别人的同时就是在充实自己,付出的同时就是在增加回报。因此,用真诚去对待朋友,必将得到人世间最美好的回馈。

朋友是最大的人生资本

朋友是你的依靠,也是你人生的资本。失去朋友,你就会陷于无助的境地。

美国作家杰克·伦敦的童年,贫穷而不幸。后来他去了阿拉斯加,加入到淘金者的队伍。在淘金者中,他结识了不少朋友,其中有一位叫坎里南的中年人,其辛酸历史简直可以写成一部厚厚的书。坎里南的经历坚定了杰克·伦敦心中的一个目标:写作,写淘金者的生活。在坎里南的帮助下,杰克·伦敦利用休息的时间看书、学习。1899 年,23 岁的杰克·伦敦写出了处女作《给猎人》,接着又出版了小说集《狼之子》。这些作品都是以淘金工人的辛酸生活为题材的,赢得了广大中下层人士的喜爱。

但是,随着成功和钱财的增加,他忘记了那些同甘苦共患难的淘金工人,同时也离开了曾给他灵感与素材的生活。

离开了朋友,离开了写作的源泉,杰克·伦敦的灵感渐渐枯竭,再也写不出一部像样的著作。他的金钱也已挥霍一空。于是,1916 年 11 月 22 日,处于精神和金钱危机中的杰克·伦敦在自己的寓所里用一把左轮手枪结束了一生。丧失了朋友,生命也在枯竭中葬送,岂不哀哉?

武侠小说家古龙说:"朋友是不分尊卑贵贱、职业高低的,朋友就是朋友。朋友就是你在天寒地冻的时候,想起来心中还有一丝丝暖意的人。"确实,朋友如此可贵,我们每个人都对"朋友"充满了向往。

"管鲍之交"是天下交友者推崇的楷模。正因为鲍叔牙对管仲知人、知心,"同忧相亲、同忧相救",才有管仲"生我者父母,知我者鲍子"的感叹。

当会听琴的钟子期去世之后,善鼓琴的俞伯牙心里究竟想些什么,便再也无人知晓其意了,于是,他毁琴以示纪念。难怪古人要唱道"不惜歌者苦,但伤知音稀"啊!

当今社会,物欲横流,传统的思想正慢慢地被激进的潮流所荡涤。有的人随着社会的不断变革而发生了心灵上的蜕变,有些人为了追求时尚而变得越来越市侩。但无论怎样,人还是万物之灵,各自的追求和爱好,不同的性格与人品,造就了这个世界的五彩缤纷。我们不期待十个手指都是一样长,更不希望这个世界是千人一面,但有一点是相通的,那就是人不是孤立地存在的,他生活在大千世界中,必须要与人交往,必须要有自己的同类。故此,谁拥有众多的知己和朋友,谁就拥有幸福和安宁。所以,我们要学会善待朋友,用真诚去换取真心。

用真诚去关爱朋友

善待朋友,就必须真诚地付出你的关怀。真诚地关怀别人,并不是一个新道理,早在耶稣基督诞生前100年,就曾有一名罗马诗人说过:"只有付出我们的关怀,别人才有可能反过来关怀我们。"

在一个夏日的午后,一阵暴风雨骤然而至,一位衣着朴实的老妇人狼狈地小跑着进了费城一家百货公司。

很多柜台员齐刷刷地从上到下打量这个老太太,没有人上前理她,但是有一位年轻人却轻轻地走了过来。

他微笑着问:"请问我能为您做些什么吗?"

"哦!谢谢!不过我现在什么都不需要,我只是进来等雨停!"老妇人略带抱歉地回答。

年轻人没有向老妇人推销任何她不需要的东西,也没有转身离开,反而给她送来一把椅子。

雨很快停了,老妇人对年轻人说了一声谢谢,并向他要了一张名片。几个月之后,这家店东收到一封信,信中要求派这位年轻人去苏格兰收取一份订单。

这封信是那个老妇人写的,而她就是美国钢铁大王卡内基的母亲。

当这个年轻人准备去苏格兰的时候,他已经被升格为这家百货公司的合伙人了。

知道报酬是如何增加的吗?不仅要比别人付出更多的劳动,还要比别人付出更多的关心和礼貌。实际上,只有在你自己付出了许多的同时才会获得许多。你越是慷慨大方、毫无保留地为别人付出,你获得的回报也就越多。

要得到多少,你就必须先付出多少。任何东西只有先从你这儿输出去,才会有其他收获流进来。总之,你从别人那儿获得的任何东西都是你原先付出的回报。你必须是出于真心、慷慨地给予,否则,也许你得到的回报本应是宽阔的大江,但最终只得到了一条浅浅的溪流。

真诚坦率的付出在任何时候都是令人愉悦的。那些愿意付出的人,尽管有时会有许多小错误或缺点,但人们总能原谅他们,因为他们从不掩饰自己的错误,并能积极地改正。他们用淳朴与直率换来别人的坦率与真诚。一旦有什么物质上的利益和好处,或者是说话办事中的方便,别人也愿意和这些人共享。

付出是追求个人成功最保险的方式。一个能够为别人付出时间和心力的人,才是真正富足的人。为别人付出,不仅利人,同时也提升了自身的价值和人格。而那些一味仰仗别人的救助,索取于他人的人,在丧失独立人格的同时,还面临着被唾弃的危险。

你回收的报酬可能是付出的好几倍,但到底能回收多少,关键要看你是否抱着正确的心态。如果你以心不甘情不愿的心态提供帮助和服务,那你很可能得不到任何报酬;如果你只是为谋取利益而付出,你很可能连希望的那点都得不到,更不要说意外的报酬了。帮助别人的同时就是在充实自己,因为付出的同时就是在增加报酬。

真诚付出你的关怀并不是很难。

1. 说话不要"拐弯抹角"

在和朋友交流的过程中，即使你和对方的意见和看法不一样，也不要隐瞒和矫饰，更不要随声附和，或者"拐弯抹角"，因为这样不仅不利于和对方顺畅地沟通，还会给人不诚实和生分的感觉。

纵然是在指出朋友缺点和批评朋友过失的时候，也应该真诚而明白地指出来，这样不仅不会伤害对方的感情，反而有助于友谊的加深。

2. 安慰并给予实际的帮助

当别人遇到困难的时候，给予亲切的安慰和实际的帮助更能体现一个人的真诚。当对方心情不好或者遇到麻烦的时候，如果你说的既不是安抚和宽慰对方的话，也不是帮助对方解决问题的建议，而是些不着边际或者无关紧要的话，那别人肯定会觉得你是一个"事不关己，高高挂起"的冷漠者。你怎么对别人，别人也会怎么对待你，从此以后，你就不要指望别人会掏心窝子真诚地对你了。

3. 站在别人的角度上思考

不要只想着从别人那里得到关怀，应该多为别人考虑，在你说一句话、下一个决定、做一件事情的时候，尽量站在别人的角度上思考一下，顾及一下别人的感受，衡量一下别人的得失，只有这样，你才不会伤害到别人，别人也会因此对你心怀感激，把你当做好朋友。已故的维也纳心理学家爱佛瑞·艾德纳在其《人生真义》一书中就曾说过："只有不懂得关怀别人的人，其生活才会面临真正的痛苦，甚至伤及他人。人类之所以充满失败，正是由这些人所造成的。"

用度量去包容朋友

俗话说："一样的米，养百样的人。"你周围和你发生联系的人在性格、爱好、学识、生活习惯、思维方式以及家庭环境等各个方面都不尽相同，要和不同的人保持正常的交往就不能用一个标准衡量人。但是，人们总是习惯于把自己置于关键地方，端着高标准的大尺子横着量、竖着测，并以此挑剔交往对象。这样不仅会对他人形成片面的认识，还容易忽视自身的缺陷。这样的人注定没有朋友。

有这样一则小故事：

办公室里丽贝卡最讲究。她的办公桌总是一尘不染，文件摆放得整整齐齐，抽屉里放的小杂物也各有其位。

上司和同事们都禁不住夸赞她。

"尼克真是好运气，以后娶了你，家里不知被布置得该有多么温馨！"女伴们也这样夸赞她。

丽贝卡更加高兴了，经常勤快地打扫办公室，她嘲笑同事说："看看瑞得的桌子，他似乎从来不擦，我甚至怀疑他每天洗不洗澡，早上刷不刷牙……"

"托马斯也真够懒散的，他几乎没有提过一次水！"

"谁动了我桌上的文件？我不是这样摆放的……"丽贝卡冲着同事们叫道。

不知从什么时候起，同事们很少找丽贝卡了，都远远地隔着她的办公桌。倒是被她认为脏兮兮的瑞得人气最旺，同事们经常和他凑到一起开玩笑、聊天。

尼克，她交往了两年的男友也没有珍惜自己的好运气，他主动提出和她分手："丽贝卡，你是个好姑娘，但是，你的那些标准让我紧张，我实在不知道什么东西应该放在哪里……这样的生活我不会快乐的……"

丽贝卡最终成为孤家寡人，并不是因为她讲卫生的好习惯，而是因为她的"精明善察"。

良好的洞察力本来是一个人的优点，但是如果精锐的双眼总是盯在别人的缺点上，发现这个不好，觉得那个也不行，横挑鼻子竖挑眼，如此"至察"，自然把朋友都"吓"跑了。古语说："水至清则无鱼，人至察则无徒。"一个人过于清醒明白、自命清高往往难以合群。发现了别人的缺点和失误，又挑三拣四地点评一番，以自己的标准苛求他人，这种人是不容易和别人成为好朋友的。

高调必然难以合拍，因为"曲高"往往"和寡"，这把大尺子坚硬而沉重，就像一堵围墙，外面的人要进来却总是碰壁，他自己要出去也找不到出路。更要命的是，这种处境往往会影响别人和自己的情绪，紧张、焦虑甚至愤怒的情绪会把你的人际关系搅得一塌糊涂。如果不合群，即使是再有能力的人，也难以得到别人的拥护。

至察者无朋，一味对别人苛刻、挑剔只能让别人和自己合不来。真正有修养的人会以宽容、豁达的胸襟对待周围的人，包括他们的失误和缺点。当那些不懂事、度量小、修养浅的人做了不利于自己的事时，也能宽容他们、谅解他们，不和他们一般见识。在融洽、平等、祥和的气氛中处理问题。千万不要因为自己掌握着标尺，而认为自己就是最正确的哲人或者圣者。以这样标准自居的人尚且令人讨厌，如果以这样的身份和高傲的口吻凌驾于对方之上，对其指手画脚则是愚蠢得不可饶恕。

用度量去包容朋友，也包括包容朋友的缺点。不同人的观点不可能一致，你如何接受和对待朋友的看法呢？如果对朋友的话不屑一顾，这会影响友谊。某些时候朋友的支持，不一定就是言论上与你唱和，他提出不同的看法，甚至是反对意见，对你也是一种巨大的帮助。所以，即使朋友的观点是错误的也无妨。

当事后证明朋友当初的观点是错的，而你正因为听了朋友的话造成了损失，发生这样的事，也不能认为朋友当初的建议和看法是不怀好意。这只能说明你对问题的判断欠思考，或者事情发生了变化，而怨不得朋友。不是朋友不尊重你，你如果埋怨朋友，反而是你不尊重朋友了。

对朋友的不同意见，要有度量接受，允许人家说话，哪怕是过头的话。有不同意见是好事，就是谁出言不逊甚至恶语相向也无所谓，不就是几句话嘛！他说说自己的看法，甚至有一句半句过头话，又有什么关系？你不接受，但也不要去辩解，更不要反唇相讥，因为朋友相处是自由的，又是平等的。既然一起相处，应该不分学问高低、年龄大小、职位高低，彼此谁都可以发表自己的意见。不论自己有多高的水平、多大的本事，都要注意对朋友人格的尊重、礼貌和谦虚。所以，当别人讲理不讲礼时，你以礼待之；别人讲礼不讲理时，你以理待之；别人不讲理也不讲礼时，你回避一下就是了。

人与人相处，真的需要自我约束，谁也没有理由和必要去让别人完全按自己的想法或要求做。在这个世界上还没有一个伟人或凡人是按着另一个伟人或凡人的教诲而成就自己的。不同意见特别是反对意见的价值常常高于赞同的意见，因为尽管不一定正确，可有时会使人茅塞顿开，获得一种与传统观念截然相反的观察事物的新视角。而且，反对意见、不同看法也许还会提供另一种解决问题的新途径。

社交是一种艺术，它的高妙之处更体现在与自己不喜欢的人交往上。那么，如何与不喜欢的人交往呢？首先，要对其进行品质的鉴定，看看他身上你所不喜欢的东西是不是本质问题，然后要避其要害，择善而从；其次，是要求同存异，以大局为重，有意忽略那些没必要的"枝节"问题；再次，就是要能够学会影响朋友。如果你的人格高尚，你就用高尚的人格影响他，这能够让一个人改变庸俗、惰性。最后，你还要懂得接受朋友的影响，倘若你发现你的"不喜欢"是因为自己的个性使然，你就应该尝试去适应朋友的个性，用度量与理智对待，在这样一种相互的影响中让自己的人生尽量完美。

用慷慨去款待朋友

有一个十分有趣的故事：

猴子死后要求面见上帝，它愤懑地说："下辈子我一定要做人！做猴子遭人戏弄，而且没有钱，看看那些游客吧，他们穿着那么鲜艳，使用的东西那么先进，而且有趣，世界上最美妙的事情莫过于做人了。"

上帝笑着说："既然你这么想做人，而且说得也很有道理，那我就给你一个机会，不过你必须做一件事情才有可能成为人！"

随着上帝的一声吩咐，一群可爱的天使向猴子走过来，他们手中都拿着一把镊子，接着按住猴子，飞快地拔它身上的毛。一时间，猴子痛得嗷嗷直叫，它不满地问上帝："刚才你不是说我的话很有道理吗？现在为什么要这样来折磨我？"

上帝依然温和地笑着说："你要变成人自然要先拔掉身上的毛！只有这样才能变成人。又想做人，又想一毛不拔怎么可能呢？"

是的，"又想做人，又想一毛不拔怎么可能呢？"这是上帝对人类祖先的教诲。

"一毛不拔"的人很少能结交到真正的朋友，没有人会喜欢小气的人。吝啬的人往往为人所不屑。一个凡事只想从别人身上索取，却吝惜付出的人是很难做人的，更不用说以此获得好人缘了。

古时候，中山国的君王有一次设宴款待士大夫，司马子期也在被邀之列。席上，中山君把羊肉羹分给各位士大夫，却没有分给司马子期。

司马子期心里非常不高兴。于是，他跑到楚国，怂恿楚王攻打中山国，楚王受其蛊惑，带兵向中山国猛击。

不久，中山国就被打败了。中山君仓皇逃命，后面只有两个人拿着长矛紧紧护卫他。他有点奇怪，就回头问那两个人："别人都逃跑了，为什么你们还乐意跟着我？"

两个人回答："大王，以前在我们的父亲即将饿死的时候，你曾经赐给他一箪食。家父临终时就要求我们，如果中山君遇上灾难，我们必须以死报答大王的恩德。我们遵从家父的教导，誓死也要保护您。"

中山君听了，仰天叹息道："给予不在于多少，在于别人是否正处于困厄之境；施怨不在于深浅，在于是否曾经伤了别人的心。我因为一杯羊肉羹而亡国，却因为一箪食而得到两位义士的生死相随。"

"一毛不拔"的人容易失去人心，甚至最终会众叛亲离；慷慨的人则易得人缘，处处受欢迎。

吝啬的人不能给自己也不能给任何人快乐，因为他们时刻不停地都在算计。"索取就能挣，付出将丢失"，他们总是在害怕、猜忌和忧虑中度过。他们害怕"朋友"借钱不还，忧虑亲人挥霍自己的钱财，担心员工损坏了器材，盘算自己的账号上还有多少钱。即使是朋友，他们也愿意用他们来获得好处，"使用"完后一不答谢，二不往来。亲情、友情、爱情对他们而言都是获取利益的源头而不是付出的对象。对于这样的人，人情关系恐怕会越用越淡，一旦别人知道他们的"个性"后便不会再倾力相助。

如果抛弃"慷他人之慨"，而选择"慷自己之慨"的处世方式，境况就会大不一样。

人际交往注重"礼尚往来"、"相互买账"。你需要慷慨地购买礼品，在必要的场合以物相送传情达意，今天别人买单请你一顿，你就不能把这当做理所当然或者天经地义，投桃需报李，下次你就要知趣地主动买单。只有互动才能沟通，才能加深和别人的感情，扩大自己的人际圈子。

慷慨者乐善好施，不斤斤计较，让人感觉仗义，什么事情都好说，这种甘愿慷自己之慨的人大多性格乐观，胸怀阔达，开朗大方。他们在慷慨的举动中体会到了快乐的情绪，别人也从中得到了方便和好处，也会被他的快乐所感染。这样一种宽松而祥和的氛围，还有谁会不喜欢呢？

时不时地"慷自己之慨",你一定会受到朋友的欢迎。

用坦诚化解友谊危机

即使再好的朋友,偶尔也会"拌嘴"。为了一点小事,或为了某个意见分歧而争论起来,这是常有的事,这时要注意处理问题的态度和方法,否则,很可能产生朋友间的隔阂甚或信任危机。

如果因为某事和朋友吵了架,要尽快地向对方道歉,这是解决问题的最好办法。这种情况下,不要再计较谁是谁非,因为有些事情,谁是谁非是很难分清的。这种时候,也不要太顾全面子。如果你真心实意地道歉了,一般对方也会痛痛快快地承认自己的过错:"不,我也不对。"

真心实意地认错、道歉,不必再推托其词,寻找客观原因,作过多辩解。即使的确有非解释不可的原因,也必须在诚恳道歉之后再解释一下,不应该一开始就为自己申辩。否则这种道歉不但不会弥合裂痕,反而会加深你们之间的隔阂。

诚心的道歉,还应该语气温和,坦诚而不谦卑,以友好的目光凝视对方,并多用"对不起"、"请多包涵"、"得罪了"、"打扰了"等礼貌用语。道歉的语言要简洁,简单明了地表明自己的态度。如果对方表示谅解时,可表示感谢,切忌啰唆、重复。

当对方正处在气头上,什么话都听不进去时,首先要通过第三人转达歉意。当对方"风平浪静"时,再当面道歉。如果僵持下去,常常会两败俱伤。

如果觉得道歉的话一时实在难以说出口,也可以用别的方式代替,如买个小礼物,附上一封简短的道歉信托人带过去。见面时,和对方握握手,用眼光传达一下歉意也能收到微妙的效果。

道歉不要拖延时间,扭扭捏捏、拖拖拉拉只会让对方因为与你有一道裂痕而疏远你,甚至会导致对方与你绝交。

要给对方时间,感情波动比较大时,对方往往要经过一段时间才能重新沉静下来。如果你请人原谅而没有被当场接受,稍后再过去表达你的内疚与不安。

有时候,对许多人来说,承认错误已是一件很痛苦的事,但要获得友谊,这还不够,你还必须迅速及时、真诚坦然地向别人道歉。

我们知道马克思与恩格斯之间的伟大友谊,却很少有人知道他们也曾经产生过误解,马克思向恩格斯的道歉方法也很值得我们效仿。

恩格斯的夫人玛丽·白恩士因病逝世,恩格斯怀着极其悲痛的心情,写信通知马克思。马克思当时正处于严重的家庭经济危机中,他在回信中除了开头的"关于玛丽的噩耗,使我感到极为意外,也极为震惊"外,没有表现出恩格斯所期待的同情与安慰,反而大念自己的苦经。恩格斯读完信,又气愤又伤心,几天后给马克思写了封信:

"你自然明白,这次我自己的不幸和你对此冷冰冰的态度,使我完全不可能早些给你回信。

"我的一些朋友,包括相识的人在内,在这种使我极其悲痛的时刻对我表示的同情和友谊,都超出了我的预料,而你却认为这正是表现你那冷静的思维方式的卓越性的时刻,那就悉听尊便吧!"

马克思收到这封措辞严厉的信后,心里像压了一块大石头那样沉重,眼看二十年的友谊将要发生裂痕,他深深感到自己写的那封信是大错特错,而现在又不是马上能解释清楚的时候,过了十天,他估计朋友已"冷静"下来了,就写信认错,解释情况,表明心迹:"在给你回信以前,我想还是稍微等一等为好。一方面是你的情况,另一方面是我的情况,都妨碍我们'冷静地'考虑问题。"

"从我这方面来说,给你写那封信是个大错,信一发出我就后悔了。而这绝不是出于冷酷无情。我的妻子和孩子都可以作证:我收到你的那封信(清晨收到的)时极其震惊,就像我最亲近的一个人去世一样。而到晚上给你写信的时候,则是处于完全绝望的状态之中。"

恩格斯接到这封信,气就消了,心头的疙瘩也解开了,他立刻深情地写信告诉马克思:

"你最近的这封信已经把前一封信所留下的印象消除了,而且我感到高兴的是,我没有在失去玛丽的同时再失去自己最老和最好的朋友。"

就这样,两位伟大人物的一次小小隔膜,就在相互开诚布公、坦率地交换意见之下清除了。所以,朋友与朋友之间,交往贵在知心、贵在袒露心扉,犹如打开一本书一样,不掩饰,不虚伪,相互谅解,坦诚相待,只有那样,友谊的道路上才不会出现绊脚石。

不做害羞的小小鸟

一个人有点害羞心理是正常的,只要不影响正常的交往就不过分。有些人的害羞是短时间的,比如未成年的孩子,他们在来到一个陌生环境时,总免不了"老实"或"安静"一会儿,待混熟以后,便会与其他人像老朋友一样相处了。有些青年女子,在异性面前总是会显出几分害羞的样子,低头不语,偶尔说几句话也面带羞涩之色,很招人喜爱。而有些在生人面前从不害羞的女子,有时反而让人接受不了。

但一些人在任何时间、任何场合都有害羞心理,他们过多地约束着自己的言行,不能充分表达自己的思想感情。他们不愿与人交往,不敢与人交往,这就属于不良的个性表现了,需要加以克服和改变。而要克服和改变害羞的心理,就要先看一下什么是造成害羞的原因。

先天原因。有些人生来性格内向,气质属于黏液质、抑郁质类型,他们说话低声细语,见到生人就脸红,甚至常怀有一种胆怯的心理,举手投足、寻路问津也思前想后。

教育不当。有些家长对儿童的胆小不加引导,孩子见到生人或到了陌生的地方,便习惯性地害羞、躲避,没有自信心。儿童进入青春期后,自我意识逐渐加强,敏感于别人对自己的评价,希望自己有一个"光辉形象"留在别人的心目中。为此,他们对自己的一言一行非常重视,唯恐有差错。这种心理状态导致了他们在与人交往中生怕被人耻笑,因此表现得不自然、心跳、腼腆。久而久之,便羞于与人接触,羞于在公开场合讲话。对此,家长和老师应给予正确指导,鼓励青少年大胆、真实、自然地表现自己,否则便会越演越烈。

缺乏自信。有些人总认为自己没有迷人的外表,没有过人的本领,属能力平平之辈,因此,他们在交往中没有信心,患得患失。长期的谨小慎微不仅使他们体验不到成功的喜悦,而且使他们更加不相信自己的能力。这种低估自己的认知偏差常常是导致害羞的最重要的原因。

挫折的经历。据统计,约有1/4害羞的成人在儿童时期并不害羞,但是在长大后却变得害羞了，这可能与他们遭受过挫折有关。这种人以前开朗大方，交往积极主动，但由于复杂的主客观原因，屡屡受挫而变得胆怯畏缩、消极被动。

一切不良心态都可以改变，害羞也同样如此，而且良策有很多。

丢下包袱。要抛弃一切顾虑，大胆前行，不要过多计较别人的评论。许多害羞者在行动前过于追求完美，担心失败，害怕别人的否定性评价，这样的自我否定和自我暗示肯定会影响能力的发挥。结果越担心、害怕，失败的可能性越大。

树立自信。要看到自己的力量，不要只看自己的短处。否定自己是对潜力的扼杀，是能力发挥的障碍。虽然我们不能盲目乐观，但起码要看到自己的长处。发现了自己的闪光点，在以后的人际交往中就可以扬长避短。要鼓起勇气，敢于迈出第一步。万事开头难，当害羞者迈出可喜的第一步后，伴随着从未有过的成功体验和对自己的重新评价，便会开始相信自己的能力。如果有第二次、第三次的成功，害羞者就会对自己形成一个比较稳定的自我肯定模式，害羞心理就会悄无声息地消失。

学会交往。交往可以帮助一个人慢慢地摆脱害羞。害羞者可以一边与人交往，一边观察别人是怎么交往的，在实践中学会交往的技巧。

意念控制。每当到一个陌生场合，可能会感到紧张、羞怯，这时候，就要暗示自己镇静下来，什么都不去想，把面前的陌生人当做自己的熟人。研究表明，一个非常怕羞的人，当他在陌生场合勇敢地讲出第一句话以后，随之而来的将不再是羞怯，而很可能会滔滔不绝起来。用自我暗示的意念控制方法来突破这开头的阻力，是一种有效的措施。

远离怯懦

具有怯懦倾向的人，胆小怕事，进取精神差，意志薄弱，关键时刻总是退缩，不敢面对困难压力，害怕挫折失败，害怕别人讥笑伤害。这类人比较保守，不求有功，但求无过，喜欢安稳，害怕创新和冒险，遇事顾虑重重，患得患失，精神压力大。时间一长或遇强刺激，他们可由焦虑、恐惧导致神经衰弱等身心疾病。

过分保护型与粗暴型的家庭教育方式都可造成子女怯懦的性格。前者，家长代替了子女的思想和行为，子女缺乏经验，生活、办事能力差，单纯幼稚，遇事便紧张、恐惧、焦虑；后者，家长剥夺了子女思维和行动的机会，子女时常担心遭批评和斥责，遇事便紧张、焦虑、消极、被动。

要远离怯懦，首先要增强自信和勇气，越是困难的工作，越勇于承担，硬着头皮，咬紧牙关，强迫自己深入进去。随着时间的推移，会由开始的生疏到后来的熟练，由开始的紧张到后来的轻松，慢慢体会到自己的力量，增强自信心和勇气。

此外，还可以接受心理辅导。青少年年龄小，经验少，心理比较脆弱，遇到困难和挫折，容易消沉。为此，心理辅导员要给予适当帮助和鼓励，使他们坚持下去，从中不断地体验成功的欢乐和奋斗的乐趣，从而增强自信心。

对人要主动热情

要讨别人喜欢，就要先喜欢别人。我们很容易凭第一印象去评判一个人，通常，我们会因为直觉的判断而选择亲近某人，或者疏远某人。当然，我们不会用言语来表示，但往往行动却泄露我们的秘密。

凭第一印象固然可以了解一个人，但却是不全面的，不管什么人，只要你以真诚的态度去对待他，他都会以相同的态度去回报你，所以要和别人交往，应该先相信别人，喜欢别人，不然，别人也不会喜欢你。

每个人都有缺点和优点，我们应多看到别人的优点，那样你就会发现对方并不如你所想的那么糟，你自然会从心里接受他、喜欢他。如此一来，别人自然也会喜欢你，觉得你是可以交谈的对象。

喜欢别人就要让他感觉到他是受欢迎的，所以，和他见第一次面的时候，就要表现出欢迎的态度，主动向他人热情地打招呼。如果双方都保持沉默，那你们永远只能是陌生人而已。

有一位女士最不喜欢安静地待在聚会的角落，因此，每次在聚会的场合，总会见到她忙碌地在人群之中穿梭，抓住素昧平生的人闲话家常，替他们拿吃的、找位置，等等。由于她主动向别人打招呼，使得别人对她产生一种亲切感,即使是较为害羞的人也会自然而然地找她聊天。

所以你对别人主动热情,别人也会喜欢你。很多人与别人初次见面时,总是不愿先开口,而是期待对方开口,如果你主动与他人打招呼,必定会使他人对你印象深刻。

同时应注意,一定要以愉悦的心情和他人打招呼,这样才能赢得好印象。

同样都是打招呼,亲切愉悦的招呼才会使人愉快。在我们日常生活中亦是如此,如果你拉长着脸,语气沉重地向他人打招呼,必定会让对方觉得你似乎是出于无奈才打招呼,心里必然很不舒服;相反,愉快而开朗的口气和表情能使对方对你产生好感,他会认为你很喜欢和他说话,所以他也乐于和你谈话。

养成换位思考的习惯

换位思考就是要经常站在对方的立场上思考问题。

美国玫琳凯化妆品公司创始人玫琳凯在谈论人事管理和人际交往时,讲述了她自己的一次亲身经历。

有一次,她参加了一堂销售课,讲课的是一位很有名望的销售经理。玫琳凯非常渴望和那位经理握握手。她排了一个多小时的队,好不容易轮到她和经理面对面了,但经理根本没有用正眼看她,而是从她的肩膀望过去,看看队伍到底还有多长,甚至他似乎没有察觉到自己正在和别人握手。一个多小时的守候等来的竟然是这种结果,玫琳凯觉得自己受到了莫大的侮辱和伤害。

后来玫琳凯有很多次机会公开演讲,也有很多次机会站在长长的队伍面前,和上百位人士不停地握手。

玫琳凯说:"每当我感到疲倦的时候,我总会想起那次令我感到受伤的情形,然后我马上会打起精神,面带微笑,直视握手者的眼睛,我还会说些比较亲近的话,我尽可能让对方感受到我的热情和真诚。只要是和我握手的人,我都会把他当做那个时候我最重要的人。"

既然是"人际关系",就不能只考虑自己的立场而忽视他人的立场和感受,否则你的所做所为就是"一相情愿"。任何事情你都应该这样想:"如果我是他,处在他的位置,我会怎么看待这个问题?我又该怎么处理这件事情?"

很多时候,父母和孩子之间的代沟、夫妻情侣之间的分歧、上司和下属之间的矛盾都是因为没有设身处地地为对方着想。因为不了解对方的立场、感受及想法,我们无法正确地理解和回应。然而遗憾的是,很少有人有这样的"好奇心",人们更多的是站在自己的位置上,认为别人应该怎样,或者站在"一般人"的立场上去界定别人"应该"有的想法和处理方式。

养成换位思考的习惯,你可以收获更多:

多一分理解,少一点矛盾。如果只从自己的角度来考虑问题,世界上那些不如意的事情都可能成为随时引发矛盾的导火线。为什么老板要求这么严格?为什么妈妈那么啰唆?为什么他会拒绝我的好心?如果你接下来的推理不再以自己为中心,你会发现原来别人有难言之隐,有良苦用心……所有的问题都将迎刃而解。

多一份博大,少一些怒气。也许你还会为一件事情而耿耿于怀,甚至大动肝火,但是因为站在别人的角度上思考问题,你将会更加善解人意,更加细心,更加宽容,更加和善,你也会因此而更加心平气和。一腔怒气消散了,而同时你的人格也得到了升华。

多一点信赖,少一点盲目。为别人着想给对方带来的是方便、利益和愉悦,别人自然会把你当做自己人来看待,无形之中就会信任你。而对你自己而言,先前那些盲目、困惑、恼怒……都会因此消除。

必要的时候把别人当成自己,或把自己当成别人。将心比心,进行一番换位思考后,你的心情自然会豁然开朗,从而在真诚和宽容下善待别人、善待自己。生活在集体中,应学会站在对方的立场上看问题,多给别人一些理解与关心,处理好各种人际关系。

在加利福尼亚州某电脑公司,卡内基-梅伦大学的商学教授罗伯特·凯利遇到一位程序设计员和他的上司就某一个软件的价值问题发生争执,凯利建议他们互相站在对方的立场来争辩,结果5分钟后,双方便发现了彼此的表现多么可笑,大家都笑了起来,很快找出了解决问题的办法。

在人与人沟通的过程中，心理因素起着重要的作用，人们都认为自己是对的，对方必须接受自己的意见才行。如果双方在交流意见时，能够进行换位思考，就能避免双方大动干戈，很快找到问题的症结所在。

当今社会经济飞速发展，人们的工作节奏明显加快，生活压力空前高涨，营造一个轻松快乐的社会交际圈可以对人们缓解压力、促进身心健康与提高工作效率起到一个调节的作用。所以在与人交往中，一定要养成换位思考的习惯，对他人多一些包容与理解，少一些怒气，这样对自己、对他人、对社会都是一件好事。

把微笑送给周围的人

微笑是上帝赐给人的专利，是一种令人愉悦的表情。面对一个微笑着的人，你会感到他的自信、友好，同时这种自信和友好也会感染你，使你也油然而生出自信和友好，让你和对方亲近起来。

微笑是一种含意深远的身体语言，微笑是在说："你好，朋友！我喜欢你，我愿意见到你，和你在一起我感到愉快。"微笑可以鼓起对方的信心，微笑可以融化人们之间的陌生和隔阂。当然，这种微笑必须是真诚的，发自内心的。

微笑，是最好的交流工具。微笑是友好的标志，是友谊的桥梁。微笑不仅可以化干戈为玉帛，协调人与人之间的关系，更可以创造快乐的气氛。那些不懂得使用微笑的人，实在是很不幸的，要知道，微笑在社交中是能发挥极大作用的。

无论在家里、在办公室，甚至在途中遇见朋友，只要你有微笑的习惯，肯定会收到意想不到的效果。难怪有许多专业推销员，每天清早洗漱时，总要花两三分钟时间，面对镜子训练自己的微笑，甚至将之视为每天的例行工作。正如英国谚语所说："一副好的表情就是一封介绍信。"微笑，能为你打开通向友谊的门，如果我们想要发展良好的人际关系，建立积极的心态，我们就必须养成微笑的习惯。

一对闹别扭的情侣在公园见面了。男的沉默了半天，终于开口说："你……能原谅我吗？"言语恳切，表情紧张。女的看着他，羞怯地笑了。

男的也笑了,笑得很开心。可见,微笑在难以用语言表达心境的情况下,的确能起到不小的作用。

人与人相处,微笑就是你美丽的外衣,你的笑容就是你如意的信差,能照亮所有看到它的人。要上班时,对大楼门口的电梯管理员微笑;跟大楼门口的警卫热情地打招呼;站在交易所里对着那些从未谋面的人微笑——你很快就能发现,每一个人同时也会对你报以微笑。拥有了微笑的习惯,你的世界里就会到处充满微笑。

如果以一种愉悦的态度,对待那些牢骚满腹的人,一面听他们的牢骚,一面微笑着,那么问题就容易解决了。

所有的人都希望别人用笑脸去迎接他,而不是横眉冷对,但是现代社会,人与人之间的冷漠阻碍了彼此心灵的沟通和思想的交流,微笑已经成了稀缺品。所以许多公司在招聘员工时,以面带微笑为第一条件,他们希望自己的职员脸上挂着笑容,因为微笑可以代表一个公司的形象。

由微笑开始,你就会学会赏识和赞美他人,不再蔑视他人。这一切将改变你的生活,使你变成一个更快乐的人。

第四章　精诚务实的工作态度

竭尽所能把自己的工作做完美

态度改变人生。每一个人，不管他的地位、现状如何，都应该拥有一颗追求完美和卓越的心，如果连这一点都做不到，那么想要有所成就是不可能的。

不论在做什么，我们都应认为自己的工作是一项神圣的使命；不论工作条件有多么困难，都应该始终用积极的态度去进行，并尽力把它做得完美一些。只要抱着这种态度，任何人都会成功。

有这么一个广为流传、耐人寻味的故事：

许多年前，在日本，一个年轻的姑娘来到一家著名的酒店当服务员。这是她涉世之初的第一份工作，她将在这里正式步入社会，迈出她人生关键的第一步。因此她意气风发，暗下决心：一定要好好干！不辜负老板的信任！谁知在新人受训期间，老板竟然安排她洗马桶，而且工作质量要求高得骇人：必须把马桶抹得光洁如新！她当然明白"光洁如新"的含义是什么，但她不明白为什么要洗得达到"光洁如新"这一高标准的质量要求，况且她根本就不喜欢这一工作。

说实话，她真无法忍受洗马桶。当她拿着抹布伸向马桶时，胃里立马"造反"，翻江倒海，恶心得想吐却又吐不出来。为此，她心灰意冷、一蹶不振，她面临着人生第一步应该怎样走下去的选择：是继续干下去，还是另谋职业？她不甘心就这样败下阵来。正在此关键时刻，同单位一位前辈及时地出现在她的面前，帮助她摆脱了困惑和苦恼，帮她迈好了这人生第一步,更重要的是帮她认清了人生的路应该如何走。

这位前辈并没有用空洞的理论去说教,而是言传身教,身体力行,亲自洗马桶给她看了一遍。首先,她一遍遍地抹洗着马桶,直到抹洗得光洁如新;然后,她从马桶里盛了一杯水,一饮而尽!丝毫没有勉强。

同时,前辈送给她一个含蓄的、富有深意的微笑,送给她一束关注的、鼓励的目光。这已经够用了,因为她早已激动得不能自持,从身体到灵魂都在震颤。她目瞪口呆,热泪盈眶,恍然大悟。这件事给她很大的启示,她明白自己的工作态度出了问题,于是她痛下决心:"就算一辈子洗马桶,也要做一个最出色的洗马桶的人!"

从此,她脱胎换骨成为一个全新的人,她的工作质量也达到了无可挑剔的高水准。为了检验自己的自信心,为了证实自己的工作质量,也为了强化自己的敬业心,她也多次喝过马桶里的水。她很漂亮地迈好了人生的第一步,踏上了她不断走向成功的人生之旅。

多年以后,这个当年洗马桶的姑娘成为日本政府的高官,她的一切成就都得益于她永不停顿、永不满足的创造与卓越的行动,她就是邮政大臣野田圣子!

她坚定不移的人生信念,表现为她强烈的自驱力:"就算一辈子洗马桶,也要做一个最出色的洗马桶的人。"这就是她成功的奥秘所在;这一点使她多年来一直奋进在成功之路上;这一点使她拥有了成功的人生,使她成为幸运的成功者。

不是非要每一个人都要喝马桶里的水。完美是工作和生活的态度,也许我们尽力了,却未必完美,也许机遇和境地无法让你完美,但这并不重要,真正可贵的并不是你所做工作的结果,而是你所形成和表现出的踏实的职业素养和敬业精神。

竭尽所能做好自己的工作,让别人无可挑剔,这是我们在职场中如鱼得水、游刃有余的重要法宝。如果付出更多的时间和汗水,一定会收获丰硕、甜美的果实。

机会往往蕴藏在平凡的工作里

许多浮躁的人也曾经有过梦想，但却没能实现，最后只剩下牢骚和抱怨，他们把这归因于缺少机会。他们往往对离自己最近的地方熟视无睹，也往往看不出日复一日琐碎的工作中有什么值得挖掘的机会。

初入社会的年轻人很容易将机会与运气混为一谈，其实，这是完全不同的两个概念。运气，不需要做任何准备，只要碰上了，不费吹灰之力便能够财运亨通或直上青云。运气具有非常大的偶然性，任何人都不能拿自己的一生做赌注。而机会，则常常把自己打扮成挑战或挫折，只有那些在平凡工作中善于用心并敢于接受挑战的人，才能发现并抓住机会。

在极其平凡的职业中，在极其低微的岗位上，也时常蕴藏着许多机会。只要调动自己全部的智慧，全力以赴；只要勤勤恳恳地把自己的工作做得比别人更完美，就能发现机遇，推开通往成功的大路。

千万不要小看公司内的各种小事，因为它可以让老板多认识你，而你对老板的影响力也不是一天两天、一件两件事就可以产生的，只有通过各种平凡无奇的小事才能实现。

珍妮是刚进入公司的职员，一天她发现公司客户资料非常乱，于是每天下班后都去整理。有时候老板也加班，但他经常找不到各种资料，老是忙得焦头烂额。自从珍妮开始整理资料以后，老板只要找资料就会叫珍妮。于是珍妮每天等其他员工下班后，她都坚持在公司整理资料。渐渐地，老板养成了有事找珍妮的习惯。偶尔老板也会把一些重要的事情让珍妮去办，每次珍妮都很出色地完成了自己的工作。

一年半后，珍妮已经成为公司的业务骨干，晋升速度之快让许多同事眼红。于是有人问她为什么能如此之快地得到晋升，珍妮笑着说："没什么，只是将一些工作中的小事做好罢了。"

脚踏实地的耕耘者在平凡的工作中创造了机会，抓住了机会，实现了自己的梦想；而眼光不愿俯视手中小事的人，在等待机会的焦虑中，度过了并不愉快的一生。

杰瑞是一家超市新来的员工，而且是最基层的员工，做包装工作。如

果说公司要裁员的话，他也许是第一个被考虑的对象。但杰瑞进入公司就告诉部门经理说："我有时间的时候可以来您这里帮忙，我希望多了解一下您部门的工作情况。"然后，他又到畜产品部对他们的负责人说："我有空时希望可以来向您学习学习。"

之后是安全部、管理部、清洁部……几个月下来，杰瑞走遍了公司的所有部门，以后当某个部门有人请假时，大家自然想到的就是杰瑞。

其实，生活和工作中到处充满着机会：学校中的每一堂课都是一个机会；每次考试都是生命中的一个机会；医生面对的每个患者都是一个机会；报纸中的每一篇文章都是一个机会；每个客户都是一个机会；每次训诫都是一个机会；每笔生意都是一个机会。这些机会增加修养，激发勇气，培养品德，带来朋友。可以说，人生中的每一次考验都是宝贵的机会，就看你以什么样的态度去对待。

敬业的人更容易走向成功

提到关于工作态度的问题，我们最常听到的一个词就是"敬业"。什么是"敬业"呢？

所谓"敬业"，就是要敬重你的工作。从低层次来讲，敬业是为了对老板有个交代；如果我们上升一个高度来讲，那就是把工作当成自己的事业，要具备一定的使命感和道德感。

很多年轻人初入社会时都有这样的感觉，自己做事都是为了老板，为他人赚钱。其实，这也并没有什么错，你出钱我出力，情理之中的事。再说，要是老板不赚钱，你怎么可能在这家公司好好待下去呢？但有些人认为，反正为人家干活，能混就混，公司亏了也不用我去承担，他们甚至还扯老板的后腿，背地做些不轨之事。细想想，这样做对你自己并没什么好处。工作敬业，表面上看是为了老板，其实是为了自己，因为敬业的人能从工作中学到更多的经验，而这些经验便是你向上发展的踏脚石。就算你以后换了地方、从事不同的行业，你的敬业精神也必会为你带来助力！因此，把敬重自己的工作当成习惯的人，从事任何行业都容易成功。

有的人具有高度的敬业精神，任何工作一接上手就废寝忘食，但有些

第四章 精诚务实的工作态度

人的敬业精神则需要培养和锻炼。如果你自认为敬业精神不够，那就应趁年轻的时候强迫自己敬业——以认真负责的态度做任何事！经过一段时间后，敬业就会变成一种习惯。

有了敬业精神之后，或许不能立即为你带来可观的好处，但可以肯定的是，如果你不敬业，你的成就就会相当有限，你的那种散漫、马虎、不负责任的做事态度就会深入你的意识与潜意识，做任何事都会"随便做一做"，结果不问也就可知了。如果到了中年还是如此，很容易就此蹉跎一生。

前面我们说过，工作本身并没有贵贱之分，但是对于工作的态度却有好坏之别。在老板看来，评价一个员工的优劣，看一个员工是否能做好工作，只要看他对待工作的态度足矣。一个人所做的工作，是他人生态度的表现，一生的事业，就是他志向的表示、理想的所在。所以，了解一个人的工作态度，在某种程度上就是了解了这个人。

所有的老板都认为，一个不敬重自己工作的员工，他绝不可能尊敬自己；一个不认真对待工作的员工，他的工作肯定做不好。与此相应，如果你轻视自己的工作，那么，老板也必然会因此而轻视你的工作业绩和品质。

作为员工，不要幼稚地认为，你对工作的轻视目光，会瞒得过老板的视线。老板们或许并不了解每个员工的表现、熟知每一份工作的细节，但是一位聪明而精明的老板很清楚，你不敬业带来的结果是什么，从而明智地根据你的认真程度来设定你的未来。可以肯定的是，老板赞许和赏识的目光，绝不会落在对工作耸肩撇嘴的员工身上。

当然，有的人会想，现在找工作也并不只有一条路，此处不留，自有他处。不如过一天算一日，如此混混先生，只能一年到头去找工作了。

不要时刻都想着报酬和待遇

有的人刚参加工作或者刚进入一个新公司，业务还没有熟悉，就开始盯着谁谁比自己的工资高两百元，谁谁这个月比自己多领了几十元奖金。在他们的眼中，薪水是自己身价的标志，绝不能低于别人。他们的"理想远大"，刚出校门就希望自己成为年薪几十万元的总经理，他们只知向老板索取高额薪酬，却不知自己能做些什么，更不懂得老实做事，实实在在地前进。这些想法无疑是错误的，你不妨看一下身边那些拿高薪的人，看看他们的经历是怎样的。

只为薪水而工作，让很多人缺乏更高的目标和更强劲的动力，他们认为公司付给自己的薪水太微薄，他们有权以敷衍塞责来报复。他们工作时缺乏激情，以应付的态度对待一切，能偷懒就偷懒，能逃避就逃避，以此来表示对老板的抱怨。他们工作是为了对得起这份工资，而从来没想过这会与自己的前途有何联系、老板会有什么想法。

一个人若只是专为薪金而工作，最终受损失的可能就是你自己。在斤斤计较薪水的同时，失去了宝贵的经验、难得的训练、能力的提高。这一切较之金钱事实上更有价值。而且相信谁都清楚，在公司提升员工的标准中，员工的能力及其所做出的努力，占很大的比例。没有一个老板不愿意得到一个能干的员工，只要你是一位努力尽职的员工，总会有提升的一日。

假如你想脱颖而出，对于自己的工作，最起码应该这样想：投入职业界，我是为了生活，更是为了自己的未来而工作。薪金的多少，永远不是你工作的终极目标，对你来说，那只是一个极微小的问题。大家应该看到的是，你可以因工作获得大量知识和经验，以及踏进成功者行列的各种机会，这才是有极大价值的报酬。

史密斯先生来到一家进出口公司工作后，晋升速度之快，让周围所有人都惊诧不已。一天，史密斯先生的一位知心好友怀着强烈的好奇心询问他这个问题。史密斯先生听后无所谓地耸了耸肩，用非常简短的话答道："这个嘛，很简单。当我刚开始来到这个公司工作时，我就发现，每天下班后，所有人都回家了，可是，总经理杜兰特先生依然留在办公室内工作，而且一直待到很晚。另外，我还注意到，这段时间内，杜兰特先生经常寻找一个人帮他把公文包拿来，或是替他做些重要的服务。于是，我下了决心，下班后，我也不回家，待在办公室内。虽然没有人要求我留下来，但我认为我应该这么做，如果需要，我可为杜兰特先生提供任何他所需要的帮助。就这样，时间久了，杜兰特先生就养成了有事叫我的习惯，这就是事情的经过。"

史密斯先生这样做是为了薪水吗？当然不是。事实上，他确实没有获得一点物质上的奖赏，但是由于他的付出，他得到了老板的赏识和一个成功的机会。

事实证明，如果你不计报酬、任劳任怨、踏实工作，付出远大于与你报酬相称的努力，那么，你不仅表现了你乐于提供服务的美德，还因此发展了一种不同寻常的技巧和能力，这将使你摆脱任何不利的环境，无往而不胜。

忠诚是职场中人的立身之本

人的一生归属于各种团体：国家、家庭、学校、企业以及各种组织。在这种归属中，个人才能得到保护，并发挥自己的才干以获得成功。因此，个人归属于团体是个人赖以生存的基本条件，而维护这种归属关系就是每个人的基本义务。所谓"忠诚"指的就是个人归属于团体的义务和道德。

忠诚不仅仅是人之为人最基本的美德，更是一种崇高的义务。忠于自己的国家，忠于自己的团队和企业，忠于自己的职责和使命，这一切都应该是一种十分自然不求任何回报的行为。

美国之父本杰明·富兰克林说过："如果说，生命力使人们前途光明，脚踏实地使人们去实现，那么深厚的忠诚感就会使人生正直而有意义。"忠诚的品质是世界上最重要的品格，是人类的一种凝聚力，是人类事业的灵魂。拿破仑曾经说过："不忠诚于统帅的士兵就没有资格当士兵。"麦克阿瑟将军也说过类似的话："士兵必须忠于统帅，这是义务。"其实，无论是在硝烟弥漫的战场还是在竞争激烈的公司，无论是在士兵和将军之间还是在员工和老板之间，忠诚是一面永不褪色的旗帜，每个团队、每个集体都要依靠它来生存和发展。

一些世界著名企业曾做过一项调查，其中，当问到"您认为员工应具备的品质是什么"时，他们无一例外地选择了"忠诚"。忠诚是职场中最应值得重视的美德，因为每个企业的发展和壮大都是靠员工的忠诚来维持的。

第四章 精诚务实的工作态度

对企业而言,除工作能力之外,忠诚是对员工考量的重要标准。能力可以培养,可以在工作的过程中得到提高。但是,缺乏忠诚,即使能力再高,本事再大,对企业来说也没有太大价值,并且潜在的危害还会一直存在。这样的员工想得到老板的重用几乎是不可能的。

因此,忠诚是职场中人的立身之本,是构成企业良性发展的重要因素。忠诚无价,在现今世界,不缺少有能力的人,但是那种既有能力又忠诚的人才是每一个企业寻求的最理想的人才。

但是不可回避的一个事实是,并不是所有的员工都拥有忠诚的精神。每个老板都希望自己所有的员工对公司忠诚,但同时他也清楚,做到这一点是很难的。所以,也就有了优秀员工和一般员工的区别。那些忠诚于老板、忠诚于公司的员工,在公司安排他们去做某一项工作时,他们首先想到的是如何把工作做好,而不是先提出一大堆的借口和条件。

优秀的员工之所以成为佼佼者,首先也是最重要的是,他在公司里表现出了自己的忠诚,让忠诚成为自己工作的一个准则,并在此基础上培养了正确的职业道德观,成就了真正的好品格。这种忠诚也是发自内心的,是经得起时间的考验的。

其实,做一个忠诚的员工并不难,也并不需要你做出多么大的牺牲才算是忠诚,相反,这种品格在一些细小的事情上就能体现得出来。比如随手捡起走廊里的纸团,帮老板把几箱货物放在该放的地方,随手记下几笔零碎的账目等。这都是一些很容易做到的事情,却也是最能体现一个人品格的地方,就像有人说的:"要检验一个人的品格修养,最好是看他在没有旁人在场时的所作所为。"

忠诚是企业员工应该具备的品质之一。学会忠诚于自己的公司,才能在平凡的岗位上有所成就,成为一个受老板器重的优秀员工。

老板与员工并不是对立的

在现代社会,谋求个人利益、自我实现是天经地义的。但是,遗憾的是,很多人没有意识到个人目标与老板的目标并不是对立的,而是相辅相成、缺一不可的。

也许你的老板是一个心胸狭隘的人，不能理解你的真诚，那么，即使如此，也不要产生抵触情绪，将自己与公司和老板对立起来。不要太在意老板对你的评价，他们也是有缺陷的普通人，也可能一时无法对你做出客观的判断。这个时候你应该学会自我肯定。只要你竭尽所能，做到问心无愧，你的能力一定会提高，你的经验一定会丰富起来，你的心胸就会变得更加开阔。

"老板是靠不住的！"这种说法也许并非没有道理，但是，这并不意味着老板和员工从本质上就是对立的，情感需要依靠理智才能保持稳定，老板和员工关系也只有建立在一种制度上才能和谐统一。

在一个管理制度健全的企业中，所有升迁都应该凭借个人努力得来。管理完善的公司升迁渠道通畅，有实力的人都有公平竞争的机会。如果你忠诚于你的职业，你的能力肯定会提高，自然机会就多了。

对于老板而言，公司的发展需要员工的努力；对于员工来说，需要的是职位的升迁和丰厚的报酬。从表面上看起来，彼此之间存在着对立性，但从更高的层面看，两者又是统一的——老板需要忠诚和有能力的员工，业务才能进行，目标才能达到；员工必须依赖一个平台才能发挥自己的聪明才智。

事实证明，老板与员工之间是一种共生关系。自然界中有许多共生现象。比如说豆科植物的根瘤菌，它本身具有固氮的功能，为豆科植物提供了丰富的营养，同时它又可以借助豆科植物获得生存的空间；非洲热带雨林中的大象、犀牛等，它们的身体表面往往会有小寄生虫，而一些鸟类等小动物也栖息在它们身体表面，以这些小寄生虫为食，这样，大象、犀牛也避免了寄生虫对它们的侵害，可谓是互惠互利。老板与员工的关系也一样，没有老板，员工就失去了赖以生存的就业机会；而没有了员工，老板想追求利润最大化也只能是一句空话。

在一个有着卓越企业文化和完善激励机制的企业中，员工在享受着老板提供的优厚待遇的同时，也会为老板着想，积极为企业未来的发展出谋献策，积极工作。即使企业一时遇到困难，也会与老板一起同舟共济，渡过难关。每个人都知道，只有上下齐心协力，才能使企业在激烈的竞争中立于不败之地，在老板赚取利润的同时，员工的利益才能得到保障。

现在的企业内部，竞争越来越激烈，如果雇员和老板之间彼此针锋相对,互不谅解,自然无暇抗拒来自外部的竞争。聪明、优秀的员工会不断调整自己的思路,与老板保持一致,因为他们已经开始意识到以下的变化趋势:

——个人利益与公司利益、老板利益正紧密地结合在一起,只有企业发展壮大了,员工的个人利益才能得到可靠的保证。

——员工个人才华的有效发挥越来越离不开老板。只有在企业中找到自己合适的工作平台,才能尽可能地施展出所学与专长。

——员工个人的事业发展也离不开老板。员工如果处处从老板的角度为其着想,在工作上竭尽所能,也就有可能在个人的事业发展上有所建树,有所成就。

所以,真正意义上的员工与老板的关系,绝不是天生的一对冤家,而应是互惠互利、创造双赢的共生者。作为一名员工,应该认识到员工与老板之间统一的一面。为老板的目标去努力,常常也是在为自己的目标而努力,有了这样的工作态度,工作起来就会更努力。这样,你迟早会脱颖而出,备受重用。

忠诚最能赢得老板的信任

做一个员工,除了要具有基本的专业技能外,还需要具有某种人格魅力,也就是需要具有能够赢得老板信赖的某种品质,而忠诚正是你最好的选择。

忠诚最能赢得老板的信任。一个员工如果能够忠诚于公司,忠诚于本职工作,那么他肯定会引起老板的注意,在老板心里,他的形象绝对是一个肯与公司共同进步的人才。一旦需要的时候,老板就会对他委以重任,而对于员工来说,老板的委任就是自己发展的机会。

初到深圳,孟凡并没有太多的奢望。她明白自己的专业不是什么紧缺和热门的专业,长相更是一般。在万花筒一般的南方都市里,能有自己的一方立足之地就不错了。

在一家房地产公司,她获得了电脑打字员的工作。她只是埋头努力工作,只为了挣够每天的一日三餐。她每天都有打不完的材料,工作认真刻苦是她唯一可以和别人一争短长的资本了，而且，在公司里，她也处处为公司打算，打印纸从来都不舍得浪费一张，如果不是要紧的文件，一张打印纸都是两面用。后来，一次吃饭的时候，老板告诉孟凡，他特别欣赏她这种节俭的作风。

一年之后，受环境影响，深圳的房地产市场大滑坡，在全深圳都很难找到一家生意景气、红火的房地产公司。老板在一项工程上投入的2000万元被牢牢套死。资金运作困难重重，员工的工资开始告急。"良禽择木而栖"——许多职员纷纷跳槽。到第二年5月底，公司总经理办公室的人员就只剩下孟凡一个了。人少了，她的工作量也陡然加重，除了打字，还要管接听电话、为老板整理文件等一些杂活儿，孟凡却无一句怨言。公司还没有彻底垮掉，那些人就纷纷背叛，孟凡从心里瞧不起这种不忠诚的人。

有一天，孟凡直截了当地问老板："您认为您的公司已经垮了吗？"

老板很惊讶，说："没有！"

"既然没有，您就不应该这样消沉。现在的情况确实不好，可许多公司都面临着同样的问题，并非只是我们一家。虽然您的2000万砸在了工程上，成了一笔死钱，可公司并没有全死呀！而且，在珠海，我们不是还有一个公寓项目吗？只要好好做，这个项目就可以成为公司重整旗鼓的开始。"她说完，拿出关于珠海项目的策划方案。老板埋头看了好一会儿，然后，抬起头，满脸都是惊讶："对不起，我真是没有想到。我太有眼无珠了！"

几天之后，孟凡被派往珠海。在珠海，她整整干了两个月。结果，那片位置并不算好的公寓全部先期售出。她带着3800万元的支票，回到深圳。公司终于有了起色。在以后的4年时间里，孟凡一直任公司副总。

孟凡本来只是一个很普通的员工，她虽然也具有应对市场的能力，但是在当时人才济济的环境中，她很难有展现自己才能的机会，那为什么她又能脱颖而出呢？不难看出她的成功完全是因为忠诚。

如果不是她在关键的时刻表现出了对老板、对企业的忠诚，老板又怎么会信任她，并将决定公司命脉的任务交给她？所以说，不是她的才能赢得了发展的机会，而是她的忠诚赢得了老板的信任，并获得了机会，这时她的才能才得以表现出来。也就是先有忠诚，后才有表现才能的机会。

多想想自己能为公司做些什么

在过去,我们很关心自己的利益,关心自己是否能够获得足够的支持。而现在我们发现,其他人也都一样的"精明",很少有人考虑自己能为别人做些什么,他们总认为人是自私的,索取是天经地义的,这使商场和职场的工作变得举步维艰。

约翰·肯尼迪在总统就职典礼上讲话时说:"不要问你的国家能为你做些什么,而应该问你能为国家做些什么。"

他这句话准确地说出了大多数人无法获得成功的原因。多想想自己能为别人做些什么,不仅是一个国家,同样也是职场乃至生活中获得成就的基本准则。

在职场,你要学会站在公司、主管、员工、同事的立场来看"我能为他们做什么",这会为你带来更愉快的合作和更高的工作效率。当你这样做时你会发现,给予他人的越多,你获得的就越多。

换一个角度来说,如果你是老板,你一定希望你的员工能和你一样,将工作视为自己的事业,加倍努力。因此,当你的老板向你提出这样的要求时,请你不要拒绝。

多想想自己能为公司做些什么,以主人翁的心态对待公司,你就会成为一个值得信赖的人、一个老板乐于聘用的人、一个可能成为老板得力助手的人。更重要的是,你就能完全清楚自己的目标,并全力以赴。

当更多地想着为公司做点什么时,公司也将会按比例付给你报酬。奖励时间可能不是今天,但明天或明年一定会兑现,只不过兑现的方式不同而已。

假设你是老板,试想一想你自己现在是那种你喜欢雇用的员工吗?当你正考虑一项困难的决策或者正思考如何避免一份讨厌的差事时,请反问自己:如果这是我自己的公司,我会如何处理? 当你所采取的行动与你身为一名员工所做的完全相同的话,你已经具有处理更重要事务的能力了,那么你的晋升也将指日可待了。

那些始终思考"我能为公司做些什么"的职业者根本不用担心没有机

会，更不用担心失业，因为他们想对了问题、做对了事。

不要问你的公司能为你做些什么，而应该问你能为公司做些什么。如果要说成功晋升有什么秘诀的话，这条策略将是其一。如果你真心真意想发展自己的事业，那么你就要学会多为公司做点事情。毕竟，任何老板都乐意重用一个乐于贡献的员工。也许你的举手之劳，可能就是对老板事业最有力的帮助，老板也会因此信任你，给你更多的发展自己的机会。

主人翁精神是忠诚的最好体现

主人翁精神，是员工对企业忠诚的全方位表现，也是忠诚的最好体现。具有主人翁精神的员工，是企业健康发展的栋梁，是企业的顶梁柱，是老板眼中的无价之宝。

同样，一个优秀的员工，应该是一个忠诚于企业的员工，是一个具有主人翁精神的员工。在公司里，不过多地计较自己的利益得失，将企业的利益看做是自己的利益，关心企业的发展就像关心自己的成长一样。这样的员工不仅会给企业带来利益，还会得到老板的重用。

吴刚大学毕业后就进了一家钢铁公司。在公司，他发现了一个奇怪的现象，很多炼铁的矿石并没有被充分冶炼就从炼钢炉里排出来了，一些矿石中还残留着没有冶炼好的铁。他想，这种情况如果继续下去，必定会给公司带来很大的损失。

于是，吴刚找到了负责的工人，跟他们讲明了自己的发现以及担忧，希望他们能够彻底检查一下，究竟出了什么问题。可是，那里的工人对他说："如果技术有了问题，工程师一定会跟我们说的，现在还没有哪一位工程师向我提起这个问题，说明现在没有问题。你就少管闲事吧！"

吴刚没有办法说服那些工人，他只好去找负责技术的工程师，对工程师说明了自己的发现和担忧。工程师自信地说，公司的技术是世界一流的，不会有问题的，并且让他不要大惊小怪，不懂就不要随便乱说。

吴刚虽然在工程师那里遭到了冷言，但是他始终认为这是一个很大的问题，因此，他又去拿了一些刚才见到的矿石去找了负责技术的总工程

第四章 精诚务实的工作态度

师。他对总工说："总工，我认为这块矿石并没有冶炼完全，你看呢？"总工程师看了一眼，说："没错，你从哪里捡来的？"吴刚发现这块矿石引起了总工的注意，就将发现矿石的地点以及自己的担忧一起向总工程师说明了。

总工程师听完，一脸诧异，最后他肯定了吴刚的担忧，对他说道："看来是出问题了，怎么没有人向我反映？"

总工程师立即召集负责技术的工程师来到车间，果然发现了一些冶炼并不充分的矿石。经过检查发现，原来是监测机器出了问题，才导致了冶炼的不充分。

公司总经理知道这件事后，不但从物资上奖励了吴刚，还提升他担任负责技术监督的工程师。总经理不无感慨地说："公司这么多工程师，却很少有人真正把公司当做自己的家，很少有人能够做到以主人翁的心态对待公司。对一个企业来讲，懂技术的人才固然重要，但是更重要的是要有忠诚于公司的心态，要将公司当做自己的家一样来爱护，这样的员工公司太需要了！"

优秀员工的主人翁精神，常常体现在日常的工作中，在工作中兢兢业业，时刻不忘自己是公司的一员，为公司工作就是为自己工作。这样的员工才会把工作当成一种乐趣，把完成好工作当成自己的一种需要，对工作充满热情。这样的员工会为企业创造更多的利润，是老板青睐的优秀员工。

李倩大专毕业后在一家公司当秘书。她的工作就是整理、撰写、打印一些材料。很多人都认为李倩的工作单调乏味，但李倩不觉得，她觉得自己的工作很有乐趣。她常说："充满激情地完成你的工作，即使是非常单调的工作也会变得有乐趣；相反，对工作没有热情，则再富有乐趣的工作也会变得平淡乏味。"

李倩做这些工作久了，她发现公司的文件存在很多问题，甚至公司的某些经营运作方面也存在一些问题。于是，李倩除了每天做完必做的工作外，她还留心收集一些有问题的材料，然后把它们整理分类，进行分析并写出建议。在这个过程中，她得出了一些对公司有用的信息。她把打印好的分析结果和有关证明材料一并交给了老板。

起初，她的那些建议并没有引起老板的注意，一次偶然的机会，老板读到了李倩写的那些建议，他非常吃惊，没想到一个小小的秘书，竟然会如此关心公司，而且她的分析细致入微，道理明确。后来，她的建议有不少得到了采用。如果公司的每个员工都能像李倩那样关心企业，那这个公司就不愁没有发展壮大的一天。李倩理所当然地受到了老板的重用。虽然她认为自己只是比平常多做了一点点，但是老板却觉得她做了很多，公司需要的就是这种具有主人翁精神的员工。

英特尔总裁格鲁夫应邀对加州大学伯克利分校毕业生发表演讲时，提出以下建议："不管你在哪里工作，都不要只把自己当成员工——应该把企业看做是自己开的一样。事业生涯除了你自己之外，全天下没有人可以掌控，这是你自己的事业。这样你才不会成为失业统计数据里的一分子。而且千万要记住：从星期一开始就要启动这样的程序。"

像格鲁夫说的那样，拥有主人翁精神，把自己当成这个家的主人，为这个"家"的利益着想，对你的所作所为负起责任，并且持续不断地寻找解决问题的方法。自然而然的，你的表现便能达到崭新的境界，你的工作品质及从工作所获得的满足感都掌握在你自己手中，不管薪水是谁发的，最后分析起来，其实你的老板就是你自己。

与所在的组织同甘苦共命运

现在的一些年轻人，将许多传统美德丢失得一干二净，他们总是抱怨、猜疑、争斗，认为"公司不是我的家"。但事实会奖赏那些与组织同甘苦、共命运的人，因为在他们身上，体现出一种忠诚于组织的品质，一种"主人"般的热情。

将公司看做自己的"家"一样的人，处处关心组织的利益，他们深知"一荣俱荣，一损俱损"的道理，给企业带来财富的同时也拓展了自己的发展空间。

每一个组织都需要与之共命运的忠诚员工，他们将自己的利益与集体的利益联系在一起，认为关注集体的命运就和关注自己的命运一样重要。这些员工在工作中，尤其是在公司面临困境的时候，他们那种强烈的使命感和责任感会得到充分的展现。只有拥有这样忠诚的员工，一个面临倒闭的企业才能渡过难关。

有一家生意不错的电子产品销售公司,老板出差期间,有人秘密地把公司几乎是全部的客户资料出卖给了竞争对手。销售旺季到来之前,这家公司以往的签约顾客居然很少有来购买产品了,公司逐渐陷入了前所未有的危机。没有人知道是谁干的。客户服务部的经理因此辞职,老板也觉得自己对不起公司的员工。"我很遗憾公司出现了这样的事情,"老板说,"现在,公司的资金周转出现了困难,这个月的薪水暂时无法发给大家。我知道,有的人想辞职,要是在平时我会挽留大家,这个时候大家想走,我会立刻批准,因为我已经没有挽留大家的理由了。"

"老板,您放心,我是不会走的,我不能在这个时候离开,我们一定会战胜困难的。"一个员工说。"是的,我也不会走的。"还有几个人说。尽管大部分员工选择了离开,但剩下几个员工所表现出来的那种忠诚,那种与公司共命运的决心,还是让老板感动不已,也让老板下定决心让公司走出低谷。

这家公司没有倒闭,而且比以前做得还要好。在危难中老板发现了一批具有同甘共苦精神的员工,依靠他们,公司的发展有了真正的支柱。与此同时,在危难中留下来的员工也都得到了重用,他们在公司的发展中也发展了自己,而那些临危而去的员工却失去了发展自己的机会。老板说:"我要感谢我的员工,在我要放弃的时候,是他们与公司共患难的精神感染了我,帮助公司战胜了困难,你们让我知道了什么样的员工才是企业真正需要的,什么样的员工才是企业的顶梁柱。"将自己的利益与组织的利益始终联系在一起,任何时候都与组织共命运的员工是每个组织都需要的。

严守公司和老板的所有秘密

现代企业的竞争越来越激烈,为了不给竞争对手以可乘之机,每家公司都很看重自己的商业机密。但是任何一个企业都难以保证每一位员工严守秘密。现实中,不可避免地会出现员工泄露自己公司商业秘密的情况。有的是因为粗心大意导致失密,有的是因为员工缺乏商业机密的相关知识而在无意中泄密,有的则是员工由于经不住各种诱惑而恶意出卖公司的机密。如果说前两种情况导致公司机密泄露还有情可原的话,那出于个人私利而恶意出卖公司的商业机密,则关系到员工的品德问题。哪个企业和老板也不希望看到这样的员工出现在自己的公司。

有些企业的老板为了达到打败对手的目的,可能会利用一些条件诱使对手公司的人背叛自己的公司,进行非正常的竞争。他们往往会许以重金,或者是高职位,但等到目的达到后,肯定不会将之前的许诺兑现,因为他也一样会怀疑你一旦进入公司,以后同样会做出出卖公司利益的事情。许多人容易被这样的诱惑打动,而失去做人的原则,他们以为自己能够因此而得到比原来更多的,但实际上他失去的会更多,而且永远也找不回来了。

在诱惑颇多的今天,人很容易背叛自己的忠诚而出卖别人或公司,因而能够守护忠诚的人就显得更加可贵。坚持自己的忠诚,需要鉴别力,也需要抵抗诱惑的能力,并能经得住考验。当你忠诚于你所在的企业时,你所得到的不仅仅是企业对你更大的信任,还会有更多的收益。

做一个有职业道德的人,最起码的一点,就是要保守公司的秘密,这是对每一个员工的要求,所以,这个行动从工作一开始就要付出。如果你思想松懈,说话随便,说了不该说的话,有意或无意地造成泄密,那么,轻则会使上司的工作处于被动,带来不必要的损失;重则会给企业造成极大的伤害,造成不可挽回的后果。这样的事,即使发生一桩,也会使上司难堪,对你留下不好的印象。所以,事关工作机密,员工一定要以企业利益为重,处处严格要求自己,做到慎之又慎。

每一个公司的办公室里都会有许多文件,除了对外发布的公告之外,任何文件都属于公司的机密,不可随意外传或泄露。公司里的员工对正在实施的秘密计划要提高警惕,不使机密外泄,避免走漏消息,给公司造成损失。对过期的文件或平常处理的普通文件,也不要掉以轻心。有时,很难判断出什么样的文件属于机密,是否要对外公开或保密,在这种情况下,作为职员,就要明确自己的身份,时刻注意。通常看似普通平常的文件,也容易泄露机密,毫不起眼的普通文件,有可能正是竞争对手想得到的珍贵资料。因此,只要是公司里流通性的文件,都应该严格管理、妥善保存或适当处理。例如,公司里的员工名单,虽然在企业内算不上是机密的，如果竞争对手一旦得到，却能从员工的配置情况，推断出公司的经营谋略或发展方向，有时还可能成为对方挖掘人才的依据，给公司带来损失和不利。

另外，很多朋友都有这样的苦恼，那就是他们一些关系非常要好的朋友会从他们那里打听公司的一些秘密。这往往让人很为难，处理不好就会陷入尴尬的境地。对于这种情况，朋友们不妨借鉴一下美国前总统罗斯福的处理技巧。

第26任美国总统罗斯福曾经就任美国海军助理部长。有一天，他的好朋友来拜访他。聊天时朋友问起海军在加勒比海一个岛屿建立基地的事。"我只要你告诉我……"这位朋友说，"我所听到的有关基地的传闻是否确有其事？"

朋友要打听的事在当时是不便公开的，可是，如何拒绝好呢？

罗斯福望了望四周，压低嗓音向朋友问道："你能对不便外传的事保守秘密吗？""能！"好友连忙答道。"那好！"罗斯福微笑着说，"我也能！"

你看罗斯福把这么棘手的事处理得多么巧妙而又得体。这样委婉含蓄的拒绝，轻松幽默的情趣，既坚持了保密原则，又不使朋友难堪，效果不可谓不好。

严守秘密，是身为员工的基本行为准则，是事业的需要。机密关系到企业的成败，关系到上司的声誉与威望。身为员工一定要牢记祸从口出的道理，对保密做到守口如瓶。

一言不慎，身败名裂；一语不慎，全军覆没。每一个员工都要严守公司和老板的秘密，不该知道的，不去打听；已经知道的，绝对守口如瓶。这是取信上司和安身立命的重要一环，我们应当时刻牢记在心。

千万不可做背叛公司的事情

忠诚不仅是获取利益和晋升的资本，它还是伴随一个人一生的品质。你选择了忠诚，那么利益和机会就会因忠诚而来。尤其是你取得了一定的成就，为老板所器重，掌握着公司重要信息的时候，面对诱惑，忠诚更是抵挡诱惑最坚实的盾牌，否则，败下阵来的结果会让你输得更惨。

汤姆是一家大公司的技术部经理,能说会道,且做事果断,有魄力,老板很倚重他。有一天,一位来自法国的商人请他到酒吧喝酒。几杯酒下肚,法国商人对汤姆说:"我想请你帮个忙。""帮什么忙?"汤姆很奇怪地看着这个并不是很熟悉的法国人问道。

法国商人说:"最近我和你们公司在洽谈一个合作项目。如果你能把相关的技术资料提供给我一份,这将会使我在谈判中占据主动地位。""这恐怕不太好办,毕竟这牵涉⋯⋯"汤姆皱着眉头,显然这对他来说有些为难。

法国商人压低声音说:"你帮我的忙,我是不会亏待你的。如果成功了,我给你15万美元报酬。还有,我会为这件事情保密,对你不会有一点儿影响。"说着,法国商人就把15万美元的支票递给了汤姆。他心动了。

在其后的谈判中,汤姆所在的公司非常被动,导致损失很大。事后,公司查明了真相,辞退了汤姆。本来可以大展宏图的汤姆因此不但失去了工作,就连那15万美元也被公司追回以赔偿损失。汤姆懊悔不已,但为时已晚。许多公司知道了这件事,谁也不愿意用他。

这是汤姆以前公司的老板讲述的。其实,他很欣赏汤姆出众的才华,还着力想培养他,但这件事情发生后,尽管他很为汤姆的才华惋惜,但显然公司不可能再让汤姆待下去了。为了一己私利,背叛公司,这种行为给自己造成的污点,将自己的职业生涯笼罩上一层难以抹去的阴影。

这样的事情在竞争激烈的今天是比较常见的。外界的种种诱惑,对职场中人来说,无异于定时炸弹、陷阱,而同时也是一个考验。能够在诱惑面前选择坚持忠诚而不是背叛的人,才是对企业、对自己负责的人,所得到的不仅仅是企业对你的更大信任,你的所作所为还会使对方感受到你的人格力量,你将征服更多的人。一个不为利益所动、选择忠诚的人,不仅不会失去机会,相反,还会得到更多的机会,因为每个企业都需要这样的员工。这样的人也一定能够取得事业的成功。

避免背叛式兼职与频繁盲目跳槽

不少人都想在工作之外做份兼职,来赚取更多的收入。设想这样一个情形,假如,你做兼职的公司碰巧是你们公司的竞争对手,他们自然非常愿意接受你,还可能会给你十分优厚的酬金。因为你太熟悉眼前的工作了,所以可以不用学习就能轻松地应付眼前的一切……直到有一天,公司发现,竞争对手的实力越来越强了,并且显示出明显的竞争优势,于是,老板决心要弄个水落石出。结果,没过几天,你被叫到了老板的办公室里……

也许你兼职赚到的钱只是公司损失的几万分之一。等公司查明真相之后,你肯定难逃被解雇的命运,对你来说,这是否得不偿失呢?

况且,出去做兼职还会减慢你"自我提升"的速度。一个不专心工作的人,业绩怎么可能突出呢? 如果因为经济状况,你不得不选择一份兼职,你可以去做,但千万不要为竞争对手做。你必须拒绝他们的邀请和优厚的薪酬。有时,在做兼职之前,你有必要向公司的管理层说明情况,一旦经济状况得到了缓解,最好尽快放弃兼职。别忘了,你的本职工作才是你发展的根源。

在当今的职场,跳槽也已经不是什么新鲜事了,人们为了追求个人价值和高薪高职,频繁地跳槽,这也正突显了人们对企业忠诚度的降低。这不仅给企业带来了伤害,有时候也会给自己的职业发展带来伤害。

在用人单位的眼里,频繁跳槽是浮躁的一种表现,也是一种不忠诚的表现。跳槽过于频繁的员工,会让人对他的工作能力产生怀疑,老板会觉得他缺乏忠诚度,工作不踏实,好高骛远,说不定哪天就会炒老板的鱿鱼。

个人职业生涯发展讲究连续性,更需要维持职业生涯的连续性,一个人对待个人职业生涯的发展,应该有个主线,同时要保持一种良好的心态,踏踏实实地做工作,相信是金子总会发光的。

人的一生中,实际工作时间只有 30 年左右,在这段时期内,谁都希望干成几件事。职业选择是为了寻找一个最适合自己的岗位,从而发挥自我价值,有所作为。所以职业选择一定要慎重、认真,本着对自我发展负责的态度,不高估,也不看低自我,确定自我努力的方向、领域、待遇要求。一旦确定了,工作就要认真干下去,争取早点干出成效来,以作为个人能力的证明。同时要有清醒的头脑,知道自己的能力,对自己不胜任、引不起兴趣的岗位即使待遇再诱人、再好也别去。如果自己没有个明确定位,能干什么,不能干什么都弄不清,长此下去,结果在哪里也扎不下根,还会毁掉自己的前程。

　　小胡大学毕业整三年了,已经换了六七份工作,个人不仅没有积蓄,还负债一万多元。他跳槽的主要原因有:工作地理位置不好,工资低,工作太累,休息时间少,人际关系复杂,工作环境不好等。

　　他说,最初的一份工作是分到一个偏远的山区工作,负责企业管理方面的事情,当地就是个农村,收音机的信号都不好,很少看到报纸,在大城市过惯了,真的感觉很憋得慌。后来跳槽回到省城了,省城这家单位的老总对他还不错,公司里的各项事务他都参与,只是薪水少,与同学相比,差了老大一截,这里不是他最满意的地方,于是他又去找工作。如此反复,后来又想到南方去闯荡,到广东转了一圈花了不少钱之后,两手空空地又回来了。路费和生活费花去了他的积蓄,还借了一些债。听说做业务能挣钱,于是又去做业务员,但发觉自己并不是做业务员的料,干了一个多月,没有拉到一个客户。后来,他在郊区一个农家院里租了一间每月30元的房子,每天的第一项工作就是去外面转,参加面试和人才市场的招聘,面试了不少单位,却很难找到合适的工作。

　　小胡在一家单位待得最长的时间是半年,最短的只有一个上午。做过企业管理、项目主管、文秘、业务员等工作,每份工作都没有深入下去。只是讲起来,在某单位做过某项工作,但具体经验说不太详细,能力层次与应届毕业生没有多大区别。他说体味失业的感觉好多次了,每次换份工作就要多次跑人才市场,各地的人才网上都有他的资料,有时找工作到了饥不择食的地步,也不再考虑什么环境和工种了,只要能给碗饭吃就行。

　　在不断的跳槽中,小胡养成了这样的坏习惯:工作稍不如意时就想跳槽;薪水低时就想跳槽;人际关系处理不好就想跳槽;看着别人跳槽时就也想跟着跳槽。结果,他找不到对所在企业的归属感,渐渐失去了对企业的忠诚感,也失去了对追求事业成功的勇气。最后,只能是葬送了自己美好的前程。

　　像小胡这样的人不在少数。调查表明:跳槽后75%有挫折感;对从前的跳槽经历,有超过半数的人感到不满意;另外12%的跳槽者在新公司未能通过试用期。一位曾经多次跳槽的人发出了由衷的感叹:除了品味自己把握命运的感觉外,更多的是后悔自己太冲动,到现在也没在哪家企

业真正站住脚,只怪自己太浮躁。

其实,盲目跳槽就是在浪费生命,特别是那些频繁跳槽的人,因为总是在适应新的工作、新的环境,把自己弄得很困倦,更是会给人一种心思不定的印象,久而久之,就会坏了名声。进入一家新公司,从熟悉业务、环境和规章制度,建立良好的人际关系,理解认同公司理念和文化,到磨炼出独当一面的才干和融入组织,至少需要几个月的时间,这样才能真正进入角色,才能得到提升职位的机会。心态浮躁,总想一步到位,不但会给公司带来损失,也浪费了自己的青春年华。因此,每个职场中人要有忠于所在企业的思想,这不仅可以获得老板的赏识,获得不断晋升的机会,于自己也是一种心灵上的归属和满足,是事业成功的保证。

自律能力强的人工作更出色

忠诚需要自律。员工拥有了自律能力,才能够对企业忠诚,尽力去完成大家"避之唯恐不及"的某些所谓的"苦差事"。这样一来,往往能够成功地完成许多有价值的事情。因此,每个老板都希望自己的员工拥有较强的自律能力。反之,如果员工没有较强的自律能力,对他本人也是有害无益的。

在这个世界上,诱惑实在太多了,没有自律能力的人往往不能把全部的精力投入到他该做的事情上,那么,对他来说,成功永远是遥遥无期的。

一个能够有所成就的人,必须是一个能自律的人。我们无法想象,一个做事马马虎虎、没有领导督促便会偷懒甚至消极怠工的员工能够把工作做好,再卓越的管理手段最终也要通过员工的自我管理来发挥作用。所以说,员工的自律可以大大提高整个团队的管理效率,更是使所有工作落实到位的根本保障。

一个人要成就大的事业,不能随心所欲、感情用事,要对自己的言行有所克制,这样才能使错误、缺点得到抑制,不致铸成大错。一位作家说:"哪怕是对自己的一点小的克制,也会使人变得强而有力。"德国诗人歌德说:"谁若游戏人生,他就一事无成,不能主宰自己,永远是一个奴隶。"要主宰自己,必须对自己有所约束、有所克制。

　　自律能力是在日常生活中和工作中善于控制自己情绪和约束自己言行的一种能力。一个意志坚强的人是能够自觉控制和调节自己言行的。一个想要有所成就的人如果缺乏自制力，就等于失去了方向盘和刹车，必然会"越轨"或"出格"，甚至"撞车"、"翻车"。

　　一个人在完成自己工作的过程中，必然要接触各种各样的人，处理各种各样复杂的事，其中有顺心的，也有不顺心的；有顺利的，也有不顺利的；有成功的，也有失败的，如缺乏自制能力，放任不止，势必搞坏关系，影响团结，挫伤积极性，甚至因小失大，铸成大错。这样，当然很难把工作做好了。因此，必须善于克制自己，不使自己的言行出轨。

　　自律是出色工作的前提，也是一个优秀的员工必须具备的素质。只有做到忠诚、自律，让领导相信你可以不用别人的督促就能把工作做好，他才能放心地把工作交给你；只有做到忠诚自律，你才能顶得住各种诱惑，一切以公司的工作为重心，一切为了公司。这样一来，你的工作想不出色都难。

严格遵守公司的规章制度

　　任何一个公司都有保证其正常运行的规章制度。这些制度的设立是为了约束组织成员的行为，以达到一个团队的通力合作、协调进步。作为公司中的一员，应该严格遵守各项规章制度，以保证公司日常工作的顺利进行。这对于一个自律能力很强的员工而言也许根本算不了什么，但对于一个自律能力差的员工来说，就有点受约束的感觉。不过，作为员工应该明白一点：自觉地遵守公司的规章制度是提高自己自律能力的有效途径，也是让自己更优秀的基本保证。

　　在工作中，公司的规章制度，首先体现在要求员工遵守工作时间的问题上。你如果不能严格遵守上下班的时间，必然会造成上司对你责任心不强的评价，特别是由于你的时间观念不强而影响到他人的工作时，那将是不可原谅的。

　　无论你的公司如何宽松，也不要忽视了自律、放任自己。可能没有人会因为你早下班15分钟而斥责你，但是，大模大样地离开只会令人觉得你对这份工作没有足够的热情，而习惯性的迟到、早退，更不能让人原谅。也许你认为稍稍迟到一下，没什么好大惊小怪的。但经常性的迟到不仅是上司，可能连同事都对你心生厌恶。

办事准时、守时是获得别人信任的手段，也是一个人有无素养的标志之一。如果一个人不守时就等于浪费自己和他人的生命，那么，别人会怎么评价他就可想而知了。

《商业周刊》曾经做过一次成功经理人的专访，对象全部是知名的企业家，其中有一个人谈到他成功的秘诀时说，他成功凭借的全是实践他祖母的一句话："要当那个早晨第一个到办公室，晚上最后一个离开的人。"这句话看起来毫无学问，但当你仔细琢磨后，才能体会到这句话的含意。你即便不能第一个到办公室，也不要当最后一个姗姗来迟的人。

在星期一早上，职员们总是不约而同地比平常来得晚，而且显得非常疲惫，好像让员工星期一工作是件不应该的事。如果你能比其他人都早到一些，并且打扮得神采奕奕，喝一杯浓缩咖啡，即使只是趁别人还没有进办公室之前查查自己的电子邮件，或者整理一下办公桌，都会让自己提早进入一周的工作状态，同时跟四周的人比起来，你的精神显得那么焕发，你绝对是当天最让上司眼睛一亮的员工。

你就算不能最后一个下班，也不要在所有人都还埋头工作时扬长而去。即便你的工作效率可能真的比别人高，你也应该注意到这样做会给其他员工带来很大的压力。这时的你最好能帮助那些工作比较吃力的员工完成工作任务，这样不仅会使你的帮助对他起到积极的效果，而且也锻炼了自己的业务能力。

不要经常请假，应考虑到自己的缺席给他人带来的影响，如果真的需要请假，一定要如实申报。

也许，公司里还会有一些其他的规定，比如上班时间严禁使用手机或者禁止互窜办公室等，如果是这样，你就该严格执行。如果公司要求保守机密，你就更须责无旁贷地遵照执行，只有这样，公司的工作才能更好地开展。

对于如何处理那些不遵守规章制度的员工，曾经有一位管理者这样说："遇到那些不遵守公司纪律的员工时，我的第一个行动，是同这个员工商量，采取哪些具体措施可以避免类似问题的再次发生，我提出建议并规定一个合情合理的期限。这样，也许会获得成功。不过，如果这种努力仍不能奏效，那我必须考虑采取对员工和公司可能都是最好的办法。当我发现一个员工不遵守纪律、工作老出差错时，就决定不要他！因为遵守纪律没商量。"

任何优秀企业的规章制度都不可能成为摆设，公司常常会以有效的手段保证其贯彻落实，一旦发现有人违规犯戒，就绝不姑息迁就。

因此，与其让自己去充当一个公司惩罚制度的实践者，倒不如自律、自制，严格遵守公司的各项规章制度，这不仅有利于公司，更有利于自身的提高和发展。

从现在开始培养自制力

年轻人喜欢随心所欲，凭一时的兴趣行事，而全部成功者的经历表明，他们所有的成功都源于自制。

人做事不能单凭意气用事和兴之所至，除非他有较强的自制力去正确把握自己。如果你能够在年轻力壮、精力充沛的时候，学会自制并使其伴随你的整个人生，才能使你自己不再像秋风中的落叶一样飘忽不定，你才会感到长久的幸福、愉快和欣慰。

自制能够体现出一个员工对自己的职责和使命的态度，体现出对自己企业的忠诚度。员工接受了任务也就意味着要受到制约。要完成上级或老板布置的任务，你必须依靠自身强有力的自制力坚决地去执行任务。行动取决于态度，态度取决于思想。一个具有很强自制力的员工，一定是一个能坚决地执行任务的员工。

那么，怎样才能培养自己出众的自制力呢？

（1）要培养坚强的意志。前苏联教育家马卡连柯说过："坚强的意志——这不但是想什么就获得什么的本事，也是迫使自己在必要的时候放弃什么的本事。……没有制动器就不可能有汽车，而没有克制也就不可能有任何意志。"因此，反过来也可以说，没有坚强的意志就没有自制能力。坚强的意志是自制能力的支柱。意志薄弱的人，就好像失灵的闸门，对自己的言行不可能起调节和控制作用。

（2）要用毅力控制自己的爱好。假如一个人过于沉迷于下棋、打牌、看电视等业余爱好，他的工作和学习肯定会因此受到影响。此时，毅力可以帮助你控制自己，并果断地做出取舍。毅力，是自制力的果断性和坚持性的表现。

（3）要保持理智。古希腊数学家毕达哥拉斯说："愤怒以愚蠢开始，以后悔告终。"人之所以会对自己的言行失去控制，最根本的原因就是对这种粗暴作风的危害性缺乏深刻的认识。人一旦对自己的感情和言行失去控制，就会造成不良的影响。

要唤醒自己心中的自制力，不要因为次要的计划或无关紧要的事情偏离正确的轨道。我们必须培养自我约束的能力，必须培养一种把那些对实现目标有害无益的杂念挡在大脑之外的习惯。也就是说，自我控制，专心致志，是通向成功的必经之路。

热情是取得成功的动力

与其说成功取决于人的才能，不如说取决于人的热情。这个世界为那些具有真正的使命感和自信心的人大开绿灯，到生命终结的时候，他们依然热情不减当年。无论出现什么困难，无论前途看起来是多么地暗淡，他们总是相信能够把心目中的理想图景变成现实。

各行各业，人类活动的每一个领域，都在呼唤着满怀热情的工作者。发明家、艺术家、音乐家、诗人、作家、英雄、人类文明的先行者、大企业的创造者——无论他们来自什么种族、什么地区，无论在什么时代——那些引导着人类从野蛮社会走向文明的人们，无不是充满热情的人。

一个人如果不能从每天的工作中找到乐趣，仅仅是因为要生存才不得不从事工作，仅仅是为了生存才不得不完成职责，他注定是要失败的。热情是战胜所有困难的强大力量，它使你保持清醒，使全身所有的神经都处于兴奋状态，去进行你内心渴望的事；它不能容忍任何有碍于实现既定目标的干扰。

著名音乐家亨德尔年幼时，家人不准他去碰乐器，不让他学习一个音符。但他却在半夜里悄悄地跑到秘密的阁楼里去弹钢琴。莫扎特孩提时，到了晚上就偷偷地去教堂聆听风琴演奏，将他的全部身心都融化在音乐之中。巴赫年幼时只能在月光底下抄写学习的东西，连点一支蜡烛的要求也被蛮横地拒绝了。当那些手抄的资料被没收后，他依然没有灰心丧气。同样地，皮鞭和责骂反而使在儿童时代就充满热忱的奥利·布尔更专注地投入到他的小提琴曲中去。

没有热情，音乐就不会如此动人，雕塑就不会栩栩如生，军队就不能打胜仗，人类就没有驾驭自然的力量，给人们留下深刻印象的雄伟建筑就不会拔地而起，诗歌就不能打动人的心灵，这个世界上也就不会有慷慨无私的爱。

热情使人们拔剑而起，为自由而战；热情使大胆的樵夫举起斧头，开拓出人类文明的道路；热情使弥尔顿和莎士比亚拿起了笔，记下他们燃烧着的思想。

"伟大的创造，"博伊尔说，"离开了热情是无法做出的。这也正是一切伟大事物激励人心之处。离开了热情，任何人都算不了什么；而有了热情，任何人都不可以小觑。"

热情，是所有伟大成就的取得过程中最具有活力的因素。它融入在每一项发明、每一幅书画、每一尊雕塑、每一首伟大的诗、每一部让世人惊叹的著作当中。它是一种精神的力量，它只有在更高级的力量中才会生发出来。在那些为个人的感官享受所支配的人身上，你是不会发现这种热情的。它的本质就是一种积极向上的力量。

热情，使我们的决心更坚定；热情，使我们的意志更坚强！它给思想以力量，促使我们主动行动、立刻行动，直到把可能变成现实。热忱可以借由分享来复制，而不影响原有的程度，它是一项分给别人之后反而会增加的资产。你付出的越多，得到的也会越多。

当你兴致勃勃地工作，在你的言行中加入热情，并努力使自己的老板和顾客满意时，你所获得的利益就会增加。热情是一种神奇的要素，吸引具有影响力的人，同时也是成功的基石。

如果有人愿意以半怜悯半轻视的语调把你称为狂热分子，那么就让他这么说吧。一件事情如果在你看来值得为它付出，如果那是对你的努力的一种挑战，那么，就把你能够发挥的全部热情都投入到其中去吧！至于那些指手画脚的议论，则大可不必理会。记住，笑到最后的人，才笑得

最好。成就最多的，从来不是那些半途而废、犹豫不决、胆小怕事的人。

一个人要是把他的精力高度集中于他所做的事情（他是如此虔诚地投入其中），是根本没有工夫去考虑别人对他的评价的，而世人也终究会承认他的价值。

用热情之火点燃自己的工作

在工作时，如果你能以火焰般的热情去工作，那么不论做什么样的工作，都不会觉得辛劳。热情是实现工作理想最有效的方式，用热情来点燃自己的工作，即便是最乏味的事情，也会变得富有生趣。很难想象，一个没有丝毫热情的人会很好地完成自己的工作。就算工作不尽如人意，你也不要愁眉不展、无所事事。要学会掌控自己的情绪，激发自己的热情，让一切都变得主动起来。现在就开始发掘你的热情吧！其实这并不是一件很难做的事，关键是你要行动。

既然要在工作中倾注热情，使工作成为有趣的事情，就要从小事开始做起。凡事比别人先行一步，彻底改掉总跟在别人后面、做事总比别人慢一拍的坏习惯。

充满热情地做事，以积极的态度全面想想自己工作的好处，坚信自己从事的事业，发掘那些积极的方面，就会促使自己主动起来。这有助于点燃你内心的热情之火，热情的火焰一旦点燃，你下一步该做的就是不断加柴，保持火苗越来越大。

当然，热情这种力量并不是一成不变的，而是不稳定的。不同的员工，热情程度与表达方式不一样；同一个员工，在不同情况下，热情程度与表达方式也不一样。但总的来说，热情是人人具有的，善加利用，可以使之转化为巨大的能量。

在工作中，要想比别的员工更突出，必须保持一种工作的热情，让你的热情加油站时刻充盈。当然，这并不是让你榨干热情，而是去补充热情，从而起到加油站的作用。像没有加油站，汽车就不能跑长途一样，热情不去补充，工作也不能维持长久。只有当热情发自内心，又表现成为一种强大的精神力量时，才能征服自身与环境，创造出日新月异的工作业绩,使你在激烈的竞争中立于不败之地。

把工作当成一项事业来看待

如果只把工作当做一件差事,那么你就很难倾注你的热情;而如果你把你的工作当做一项事业来看待,情况就会完全不同。

把工作当做一项事业来看待,把自己的职业生涯与工作联系起来,你就会觉得自己所从事的是一份有价值、有意义的工作,并且从中可以感受到其中的乐趣,感觉到使命感和成就感,从而彻底改变浑浑噩噩的工作态度。

对于职场中人而言,当你正确地认识了工作的价值时,当你对自己的工作有兴趣时,你就会产生一种肯定性的情感和积极态度,把自觉自愿承担的种种义务看作是"应该做的",并产生一种巨大的精神动力。即使在各种条件比较差的情况下,非但不会放松自己的要求,反而会更加积极主动地提高自己的各种能力,创造性地完成自己的工作。

我们的生命,几乎一半是给工作的,如果我们缺乏对工作的激情,工作就会变成无休无止的苦役,这是一件非常可怕的事情。正如加缪描写的古希腊神话中的西西弗的境遇:他不停地把一块巨石推上山顶,而石头由于自身的重量又滚下山去,再也没有比进行这种无效无望的劳动更严厉的惩罚了。然而,倘若我们真的处在这样的命运摆布之中,尽管可以找到怨天尤人的理由,但我们自己应对困境负主要的责任。

人们往往把工作当成赚钱的手段,却很少把它与快乐联系在一起,而对待工作的态度是以金钱的多少为转移的。其实,工作的成就感绝不只是靠金钱得到的。把收入看淡一点,从工作中发现兴趣,远比盲目地另找一份工作要更实际。

工作的乐趣,不在于工作类型本身,而在于我们有没有热情投入到工作中去。许多工作,正是因为我们没有全身心地投入,所以才发现不了其中的乐趣。不妨做个这样的试验,在两个时间段里,分别以积极的态度和消极的态度去做手头的工作,你会发现再枯燥的工作,只要你努力去做,也会变得有趣起来;而再有趣的工作,如果你兴味索然地去干,也会变得毫无乐趣。工作的价值,取决于我们的态度,这就是工作的哲学。

我们完全有可能在平凡的工作中发现我们工作的兴趣所在。如果把工作看做是创造力的表现,那么一个教师就会以导演的热情讲好他的每一堂课;一个记者就会以探索的视角去看待他报道的新闻事实;一个厨师就会以艺术家的执著去配制他一流的拼盘。学会从工作中寻找乐趣,而不是等待未来能给我们带来乐趣的事情发生;热爱工作,把工作当做事业来做,而不是过多地计较得失;不只把工作当做谋生的手段,更把它当成自己的事业,看成发展自己潜能与天赋的机会,看做可以让我们过得更快乐的方法,这就是我们充满活力的源泉,也是事业成功的秘诀。

即使你的处境不那么尽如人意,也不应该厌恶自己的工作。如果环境迫使你不得不做一些令人乏味的工作,你应该想方设法使之充满乐趣。用这种积极的态度投入工作,无论做什么,都很容易取得良好的效果。

不管你的工作是怎样的卑微,都当付之以艺术家的精神,以十二分的热情投入工作。这样,你就可以从平庸卑微的境况中解脱出来,不再有劳碌辛苦的感觉,厌恶感也自然会烟消云散。

永远能感受到幸福的人,是对自己的工作保持兴趣、永远在向更高层次努力迈进的那些人。人生最有意义的就是工作,与同事相处是一种缘分,与顾客、生意伙伴见面是一种乐趣。

人可以通过工作来学习,可以通过工作来获取经验、知识和信心。你对工作投入的热情越多,决心越大,工作效率就越高。当你抱有这样的热情时,上班就不再是一件苦差事,工作就会变成一种乐趣,就会有许多人愿意聘请你来做你所喜欢的事,而你也会在其中感受到无限的快乐与充实。

当你在乐趣中工作,当你如愿以偿的时候,就该爱你所选,不轻言变动。如果你开始觉得压力越来越大,情绪越来越紧张,在工作中感受不到乐趣,没有喜悦的满足感,就说明有些事情不对劲了。如果我们不从心理上调整自己,即使换一万份工作,也不会有所改观。

试着与自己的工作"谈恋爱"

人生成功的主要秘诀之一,是每天保持对工作的兴趣,就像谈恋爱一样,对工作抱有热忱,并能将每一天看得同样重要。

谈恋爱的时候,所有的人都会觉得时间像风一样嗖嗖地溜走了。究其原因,是因为你在面对一个自己十分喜欢的人,在做一件你内心十分喜欢做的事。试想,如果把工作视为谈恋爱,是不是会有同样的感觉呢?答案是肯定的,那我们就来一次"工作恋爱"吧!

松下幸之助说:"人生的最大生活价值,就是对工作有兴趣。"做同一件事,有人觉得做着很有趣,有人却觉得做着毫无意义,其中有天壤之别。做不感兴趣的事所感觉的痛苦,仿佛置身在地狱中;假使能把工作趣味化、艺术化,就可以把工作轻松愉快地做好,而且你也不会觉得辛苦。

爱迪生曾说:"在我的一生中,从未感觉在工作,一切都是对我的安慰……"

歌德说:"如果工作是一种乐趣,人生就是天堂!"

如果我们对工作、对事业高度热爱,就不仅能喜爱自己有兴趣的事,而且能喜爱自己不得不做的事,这就等于一辈子都生活在幸福的天堂中。一家报纸曾举办一次有奖征答,题目是:"在这个世界上谁最快乐?"获奖的答案是:"正从事着自己喜爱的工作的人,是最快乐的。"求乐与事业非但不矛盾,而且是和谐统一的。

与工作谈恋爱,就会对工作有乐趣,可以得到快乐。事业成功了,可以得到更大的快乐。正如埃及著名作家艾尼斯·曼苏尔所说:"事业成功本身,便是一种最大的快乐、最大的幸福、最大的力量。"因此,我们追求事业成功,就是追求最大的快乐。

工作的有趣与否,不在于工作本身是否有趣,而在于你有没有热诚,是否勤奋地去做你的工作。再枯燥无味的工作,专心去做,也会变得有趣;再有趣的工作,慢吞吞、兴味索然地做,都会变得无趣。不信你把自己装成慢吞吞、没有兴趣的样子,去玩游戏机看看。

正确的思想,会使任何工作都不再那么枯燥。如果你不能选择自己更喜欢的工作,就要尽力喜欢眼前的工作。不断提醒自己,对自己的工作感兴趣,可以将你的思想从忧虑上移开,而最后,还可能带来晋升和加薪。即使不这样,也可以把疲乏减至最少,并帮助你享受闲暇时光。因为你醒着的时候,约有一半时间要花在工作上,要是在工作中找不到快乐,那就等于你生命中的一半时间是不快乐的。与其如此,还不如以积极的心态去面对,这样的人生才会是真正享受的人生。

主动工作,而不是被动等待

许多人每天忙碌地奔波,为工作、为生活,但他们大多会很茫然。每天重复着上班、下班,到时领取属于自己的那份薪水,在那一刻高兴或者抱怨,然后,明天依旧上班、下班,重复地过着每一天。他们很少,或者从不去思索关于工作的问题,可以想象,他们都只是在被动地应付工作,为了工作而工作。而事实恰恰证明,这样的人虽然目前看起来似乎衣食无忧,但缺少对未来的规划和积极主动、进取的精神,他们的平静生活只会是暂时的。

"等我有空的时候再说吧。"这是很多员工常挂在嘴边的口头禅。到底有没有所谓的"空"的时间呢? 其实这句话的实质是在推托。对于任何一个人来说,他的每一分钟都是"一寸光阴一寸金"。如果一名员工在工作时说出类似的这句话,则都意味着:他不是主动、自发地去完成自己的本职工作,就是在老板交代了之后也不会立即行动去完成老板分配的任务。这种类型的员工,能否巩固自己的位置可想而知。

我们退一步来看,那些有"等我有空的时候再说吧"这一习惯的员工,等到他真的"有空"的时候,更确切地说是不能再拖的时候,他或许会证明这件事不值得去做,没有能力去做或者已经来不及做了,其中最好的那种是硬着头皮去做。此时他工作起来会有一种压抑感,备感工作的艰辛,而且极其烦闷,工作很难做好。不能做好本职工作的人往往处于被老板解雇的边缘。

那些成功者,无论事情多简单,还是多复杂;是自己感兴趣的,还是不感兴趣,甚至厌恶的,他们都会主动去寻求解决的办法,从来不会逃避。这也是他们能够成功的原因之一。一个人只有对自己的工作尽职尽责,并主动完成任务,才能在事业上取得成就。主动,就是不用别人告诉你,你就能自觉出色地完成任务。主动要求承担更多的工作或自动承担更多的工作是一个优秀员工必备的素质。你的主动也会给自己赢得更多的机会。

作为员工,你应当记住:公司所渴求的人才不只是一个具有专业知识的人,而更需要的是积极主动、充满热情、灵活自信的人。一个合格的员工不是被动地等待别人告诉他应该干什么,而更应该主动去了解自己要做什么,并且认真地规划它们,然后全力以赴地去完成,用自己的积极性、主动性、创造性推动企业的发展。

那些不论老板是否在办公室都会努力工作的人,永远不会被解雇,也永远不必为了要求加薪而消极怠工。这种人在每个城市,以及每个单位,都会受到欢迎。

改变自己的态度吧!从一些小事做起,试着主动去做,而不是靠别人的督促,或者是监督。如果你想巩固自己的位置,你就要永远保持主动率先的精神,主动找活干,而不是被动地等待。

不要成为"按钮"式的员工

每个老板都希望自己的员工能主动工作,带着思考工作。对于发个指令、按动按钮才会动一动的"按钮"式员工,没有人会欣赏,更没有老板愿意接受。职场中,这类只知机械守成工作的"应声虫",老板会毫不犹豫地排除在升职的考虑之外。对于老板来说,只有那些能够准确掌握自己的指令,并主动加上本身的智能和才干,把指令内容做得比预期还要好的人,才是他们真正要找的人。

一家机械公司的老板的体会是这样的,他说:"我们这一行最迫切需要的,就是想办法增加'能想又能做的人'。我们的生产与行销体系中,没有一件事是不能改进的,也就是说都可以做得更好。我可没有说目前大家做得不好,大家确实很努力。然而,像所有发展的大公司一样,我们也很需要新产品、新市场以及新的办事程序,这就要靠积极主动又能干的人来推进。"

优秀的员工,总能随时准备把握机会,展现超乎他人的工作表现;他们知道自己工作的意义和责任,并永远保持一种自动自发的工作态度,为自己的行为负责。这也正是那些脱颖而出的员工和凡事得过且过的员工最根本的区别。

在各种各样的工作中,当你发现那些需要做的事情——哪怕并不是分内的事的时候,也就意味着你发现了超越他人的机会。

有一位员工,偶尔一次与老板闲谈时,老板提到了他朋友的企业中已经实行了电脑管理,十分羡慕。在随后的一周内,这位员工突击学习电脑管理方面的知识,并与提供电脑管理软件的公司联系。

在充分准备之后,他向老板提交了一份在企业内全面启用电脑管理的计划书,并有详细的预算和实施方案。老板看完以后非常欣赏,就决定由这位员工来主持实施。公司启用电脑管理之后,与以前的作业方式有很大的改变,这位员工自然成了公司正常营运不可缺少的重要人员。

一个人最可怕的不是缺少知识、缺少优点,怕的是缺乏积极主动的工作态度。一个缺乏积极主动精神的人,只是在机械地完成任务,而不是在主动地、创造性地工作。

约翰和杰克从小到大都非常要好,并且一直都是同窗,他们毕业后进了同一家酒店。

在开始的半年里,他们一样努力,每天工作到很晚,最后都得到了董事长的表扬。可是一年后,杰克得到了提升,从普通职员一直升到部门经理,而约翰却似乎始终被冷落,到现在还是一个普通的职员。由于两个人的差别,酒店里有人在约翰背后指指点点……终于有一天,约翰忍不住了,到董事长办公室提出辞职。

董事长问他:"为什么要辞职呢?"

约翰:"因为我觉得在这一年领导给了杰克机会,而不给我机会。"

董事长:"好,你觉得酒店不给你机会,那我给你一次机会,现在中餐厅有顾客反映薯条不好吃,你去调查一下为什么。"

约翰很高兴地出去了,很快就回来说:"董事长,因为我们酒店番薯原来的供应商货源供应不上,所以现在酒店的薯条才出问题。"

董事长:"那我们能否找到另外一家供应商合作呢?"

约翰又出跑去,回来说:"董事长,我到采购部了解到,有甲地、乙地、丙地……几个供应商能为我们供货。"

"那哪一家番薯的质量比较适合我们酒店做成薯条呢?"

约翰再次跑出去,当他回来的时候,已经气喘吁吁的:"董事长,甲地的供应商番薯质量比较适合我们酒店做薯条。"

这时董事长对他说："休息一会吧，你可以看看杰克是怎么做的。"

杰克需要完成的是同样的事情，但结果却大不一样。他很快回来了，并且向董事长汇报说："董事长，因为我们中餐厅番薯源供应商供不上货，所以出现了问题。经过了解，现在有甲地、乙地、丙地……几家供应商能为我们供货。经对比，甲地的供应商番薯的质量比较适合我们酒店，他们的货源也很充足，可以为我们长期供货。"

听完杰克的汇报，董事长非常满意地点了点头："很好，就选这家吧，你这就去办。"而这时，站在一旁的约翰也已经明白了一切，他不由得低下了头……

可见，主动本身就是一种特殊的行动、一种美德，那些积极主动去对待工作的人，不管在哪一行都会很吃香。

工作情况要主动向老板汇报

向上司汇报工作一直被很多人认为是无足轻重的小事。有些人认为：如果我把一项任务完成得相当出色，谁还会在乎我是否向上司汇报过呢？还有一些人，常常因害怕问题曝光，不敢与上司交流工作方面的问题；还有的人总是幻想着自己的一举一动、所做的一切成绩都尽在老板掌握中，无须再向他作进一步的说明汇报了。实际上，正是这些想法使得他们无法跨越绩效瓶颈。

这并非夸大其词。主动汇报工作，随时告知上司任务的进展，不仅是一个员工的天职，更是职场做事的第一原则，也是提高你的工作绩效的关键手段。

在人才辈出的现代职场，只盲目"默默耕耘"早已不合时宜，工作效果往往只能让你维持现状。如果你想真正有所提高，就必须转变一下自己的工作态度，主动与老板沟通，让老板了解你的实际工作情况。一个员工，只有主动跟老板进行面对面的接触，才能令老板直觉地认识到你的工作才能，你才会有被赏识和升迁的机会。如果你只知埋头苦干，凡事不主动向老板汇报，你与老板的隔膜肯定会越来越深。

其实，老板也是人，他也希望手下员工有一些主动的表现，尤其是汇报工作；再者，老板常常有太多的事情要忙，他不会花太多的精力关注你，当然也无法确切知道你到底在做什么，说不定还认为你在偷懒呢。所以遇到问题不要怕老板知道，更不要假设他已经知道你在做什么、做了些什么，而一味等待老板来找你。正确的做法是：无论喜忧，你都要主动向老板报告工作，与老板沟通。

所以，下属们应该学会勤于向上司汇报工作，只有这样，才能最大限度地得到上司的信任与倚重，从而打开事业之门。

一些下属在对自己的工作进行汇报时，最令人头疼的事就是该什么时候汇报，该如何汇报。掌握合适的汇报方法是每个下属所期待的。下面我们来介绍四种常见的汇报方式：

（1）定期汇报

下属自己处理好的问题，如果不向上司报告，往往会使上司不了解实情，以致做出错误的判断，或是在会议上出洋相。虽然有些事情无须一一向上司报告，但是，原则上可称之为"问题"、"事件"的问题，还是要向上司提出报告。报告的时机因其重要程度的不同而各有差异。很重要的事，必须即刻提出报告。至于次要的，或属日常性事务，可以在一天的工作结束之时，提出扼要的报告。

（2）中途汇报

如果一件任务完成得很顺利或完成时间很短，就用不着中途报告，不过以下两种情况，就需要中途报告。

完成一件任务需要很长时间，在解决途中就需要向上司进行中途报告，汇报工作的进展情况，以便上司对你的工作有所了解；有意外事故发生时，也需要提出中途报告，分析原因，展示过程，并接受以后工作的指示。

（3）口头汇报

内容比较简单时，一般采用口头报告的形式，上司急着要知道情况时，一般也采用口头报告的方式。另外，上司分为"读者型"上司与"听众型"上司。"读者型"上司喜欢看书面报告；而"听众型"上司喜欢听口头报告。这样即使问题较复杂，内容较多，如果你的上司属"听众型"上司，你也应该进行口头报告。

（4）书面汇报

一般而言，内容较为复杂或很重要，需要归档或需转递报告时，都要采用书面报告的形式。对于"读者型"的上司，下属更要采用书面报告的形式。

主动向老板汇报工作，是你成功实现工作目标、有效获取老板信赖的重要途径，也是你与老板充分交流的重要途径。同时，也只有变被动汇报为主动汇报，你才能及早发现执行过程中的失误，尽快纠正错误，把任务完成得尽善尽美。

主动去做别人不愿做的"苦差事"

在日常工作中，有些事是每个人都不想做的"讨厌的工作"，大家对这样的"苦差事"都是唯恐避之不及的态度。但是工作总是要有人来做，于是，众人只好在心里暗自祈祷千万可别降临到自己的头上。

在这种情况下，如果你主动去做这些没有人愿意做的工作会如何呢？这不但能赢得同事的尊敬，更能够得到老板的认同和赏识。有时候甚至还会让老板对你心存感激："多亏了你的暗中帮忙！"

这是你展露才能、勇气和责任心的大好机会。有时候，即使你有这一份心，也未必有这样的差事让你做。所以，碰到这样自我表现的机会时，绝不要有一丝一毫的勉强，绝对要心存感谢才对。当然，这样做需要有相应的心理准备。因为这一类的工作，大都是非常辛苦而且吃力不讨好的，即使你付出了全部的努力，也不一定能达到效果。不过，即使如此，你还是应该拿出勇气默默耕耘。

事实上，这一类工作往往比那些表面看起来轰轰烈烈的工作更能激发人的斗志及潜藏的乐趣。能够从这样的工作中找到乐趣的人，大多是能够得到老板赏识的人。即使心中不满，表面上也从不抱怨，仍然默默地做事，而且他们并不在乎别人怎么看、怎么说，甚至对什么时候才能得到他人的认同，也不多说。因为他们坚信只要付出肯定会有回报，而且付出与回报是成正比的。如果你唯恐自己吃亏，也跟着大家一起推托，那就等于是自己把机会往外推。

当然，人生谁都难免会碰到徒劳无功的情形，然而，唯有经历过辛苦的人，才知道心存感激，也因而了解谦虚的必要性。我们每个人都有饿肚子的体会,越是饥肠辘辘的时候,越能够体会出食物的重要性。这就像是唯有经历过病痛折磨的人,才能够深刻地体会出健康的重要性。同样的道理,唯有经历过逆境的人,才知道苦尽甘来的乐趣。

古人讲,"塞翁失马,焉知非福"。人生路途是很漫长的,从眼前情况来看,或许所有的努力都是徒劳无功的,甚至是"瞎忙活",但日后说不定就会有意外的收获。相反地,眼前看起来很光鲜耀眼的事,或许很快就褪色而变成了食之无味、弃之可惜的"鸡肋"。

所以说,如果你认为做别人不愿做的事就会吃亏,因而与其他人一样地排斥这个工作,那你就和其他人一样,永远也不可能脱颖而出;如果你能够主动接受别人所不愿意接受的工作,并能够从中体会到无穷的乐趣,你就能够克服困难,达到他人所无法达到的境界,获得他人所永远得不到的丰厚回报。

主动站出来为老板分忧解难

当老板被公司事务缠得焦头烂额的时候,作为他的下属,应该想想"我能为老板做些什么",为其分忧解难。特别是老板在工作触礁、迫切需要帮助的时候,优秀的员工会像江湖豪杰那样主动站出来,挺身而出,施以援手,而不像平庸者那样袖手旁观。

任何工作都不可能是一帆风顺的,都可能会遇到这样那样的挫折与失败。作为老板,管理一个企业,责任重大,压力也最大,某些工作可以凭借自己的能力或以往的经验就能做好,而有些工作则需要下属的帮助才能解决。这时,如果下属除了干好本职工作外,还能及时伸出援助之手,帮老板出谋划策,共同渡过难关,那对老板是一个多么大的鼓励啊!他肯定会十分感动的。这样的帮助诸如:当产品出现积压,打不开销路时,利用自己的社会关系,联系销售渠道;当老板需要某一方面的人才时,帮助物色、推荐;利用自己的专业特长,为老板决策打开思路,提供方法;主动承担一部分工作,让老板处理特殊事件等。

某公司业务部副经理小高发现自己的老板这几天满面愁容,无精打采,本来很开朗的一个人,现在却变得意志消沉了。原来很快就能处理完的公事,现在到下班时还要剩下很多,一连几天,都是如此,公司工作目标也没能按时完成,客户对公司的表现已露出明显的不满。

　　小高看到这些,真是忧心如焚。对老板的表现,小高感到不可理解。他既不想看到公司遭受损失,也不愿看到本来很有才能的老板就这样失败。于是,他从侧面了解了一下情况。原来,老板的妻子得了重病,住进了医院,他白天上班,晚上去陪伴妻子。由于休息不好,再加上时刻担心着病人,因而连日来已经是筋疲力尽、心力交瘁,白天上班自然没有精神,工作效率也明显降低了。

　　了解到这些情况,小高对老板的遭遇深表同情,他找机会与老板谈话,请求暂且将老板的一部分工作交给他去做,好使老板能够腾出更多时间照顾病人。

　　接手工作后,小高一丝不苟,力求将每一项工作都做得圆满,遇到不明白或不熟悉的问题,他就主动向老板或同事们请教。在他的努力下,公司的工作有了明显起色,客户满意了,老板也露出了会心的微笑,小高本人也在工作中得到了更多的锻炼。

　　后来,老板的妻子病愈出院,老板又开始安心工作了。每每谈起这一段经历,老板总是很感激地对小高说:"那时多亏有你鼎力相助,不然的话,公司遭受的损失将不可估量。"

　　通过这件事,小高得到了公司上下人的尊敬和赞誉,更是成了老板的好"搭档",生活中的"密友"。是啊,像这样能在关键时刻主动替老板分忧、顾全大局的员工,有哪个老板会不喜欢呢?

比老板更积极主动地去工作

　　很多人认为,公司是老板的,我只是替老板工作而已。工作得再多、再出色,得好处的还是老板,于我何益?

　　存有这种想法的人,天天按部就班地工作,缺乏活力,有的甚至趁老板不在,没完没了地打私人电话,或无所事事地遐想。这种工作态度无异于在浪费自己的生命,自毁前程。

　　怎样才能够把自己当做公司老板的想法表现于行动呢?那就是要比老板更积极主动地工作,对自己所作所为的结果负起责任,并且持续不断地寻找解决问题的办法。照这样坚持下去,你的表现便能呈现出崭新的面貌,为此你必须全力以赴。

（1）付出更多的时间

不要认为老板整天只是打打电话、喝喝咖啡而已。实际上,他们只要清醒着,头脑中就会思考着公司的发展方向。一天工作十几小时并不少见,所以不要吝惜自己的私人时间。一到下班时间就率先冲出去的员工得不到老板喜欢,即使你的付出得不到什么回报,也不要斤斤计较。除了自己分内的工作之外,尽量找机会为公司做出更大的贡献,让公司觉得你"物超所值"。

（2）在老板提出问题前就思考解决办法

工作总是存在问题的,任何工作都与解决问题有关。抢先在老板解决问题之前,就已经把问题圆满解决掉的员工肯定是老板最赏识的员工,肯定是优秀的员工。而且,任何工作都存在改进的可能,抢先在老板提出问题之前,已经把答案奉上了,这才是最深得老板之心的,因为只有这样的职员才真正能减轻老板的精神负担。工作交到老板手上后,他就不用再为此占用大脑空间,可以腾出来思考别的事情了。

事实上,能够做到这一点的人并不多。也许可以说,能长期主动为老板发现问题并解决问题的员工,他的晋升也就指日可待了。

（3）不要满足于自己的成就

老板的成功在于一步步地积累,从不满足。如果你想比他工作效率更高、更出色,就应该时刻警告自己不要躺在床上睡懒觉,让自己每天都站在别人无法企及的位置上,这样机会很快就会垂青于你。

能够做到比老板更积极主动工作的人太少了,但是如果你能成为其中一员,就一定会有很大的收获。

第五章　勇于取舍的生活态度

做人做事，刚柔并济

　　刘卓是一所名牌大学的毕业生，她活泼、热情、大方、干练，毕业后，她挑选了一家知名度较高的合资企业，并如愿做了公司的文员。

　　刘卓挑选合资企业是因为这样更容易实现自己的抱负——当个领导。她要在这里学习外国人先进的管理经验，同时也积攒点钱，为日后自己的发展打基础。因此，从底层做起的思想准备很充分。

　　她所在的办公室连她才5个人，一个是四十多岁的查理，一个是与她年龄差不多的张超。查理是头，经常与领导外出谈生意，张超忙着永远也不见少的文件资料，每当电话铃声一响，张超总是朝刘卓努努嘴，示意要她听电话，她手头的活再忙也得放下。要是有客户来，端茶递水也总是刘卓干的活。至于业务上的事，任刘卓怎样态度谦恭地请教，查理和张超都挺会装聋作哑，除了是或不是，绝不多说半个字。

　　同事间的冷漠是刘卓最不理解的。如何适应一个冷漠的环境成了刘卓的心病，这样的事情是每一个踏入新环境，特别是初入新职位的人都会碰到的，所以尽量放低姿态，用自己的诚恳打动别人，是你应有的心态。刘卓的行为体现了这个原则。

　　做事做人，刚柔并济。为了更好地开展工作，一个人必须辛勤地做事；为了成长和发展，必须努力克服挑战，设法解决许多难题。所以，做事做人要刚柔并济，肯吃苦的人，不但精神生活充沛，得到的物质回报也多。这种人健康有活力，前程乐观；反之，好逸恶劳的人，终究会逐渐消沉、堕落。

做事做人,刚柔并济,代表一个人肯为自己的生活负责,是一位肯担当、不敷衍塞责的务实者,他们肯在失败中总结经验,吸取教训,肯在顺境中居安思危、磨炼自身,更重要的是他们有一种锲而不舍的乐观和冲劲。当别人笑他们不懂得享受时,他们却暗暗地告诉自己:劳动本身就是一种享受。依我们观察,这些人的干劲是多方面的,他们不但事做得好,做家务和教育子女也都很成功。

幸福是由劳动产生的,事业的成功是幸福最主要的源泉。很多朴素的民间道理形象生动地说明了幸福来自做事做人、刚柔并济的真理。有歌词唱道,生活就像爬大山,生活就像蹚大河。不管你是否愿意,生活总是不以人的意志为转移地将难题、困窘推到你的面前,让你时常领略到爬山、蹚河的滋味。所以,做事做人,必须刚柔并济。

第五章 勇于取舍的生活态度

以德服人

中村是日本德川幕府第三代将军德川家光的大臣,他生性温和、思虑缜密,为人处世极谙收买人心之道。

当时,德川家族中有一位名叫德川秀忠的将军,此人手握兵权,非常讨厌别人抽烟,于是,他在军中下了一道命令:凡是士兵抽烟者,一律斩首。

有一天晚上,几个负责守卫城门的士兵在站岗时,发觉天气寒冷,又无事可干,想到深更半夜的肯定没人前来巡查,便躲在阴暗处每人点了一根烟。

哪知这一天,中村正好闲来无事,出来巡视。当士兵们发现中村时,掐灭烟头已经来不及了。士兵们心想:这下人赃俱获,看来性命难保。一个个惊恐不安,不知所措地站在那里。

中村若无其事地走上前去,先问了一下守卫的情况,然后对他们说:"你们刚才抽的烟让我也抽一口,怎么样?"

士兵们谁也没想到中村会有这样的要求,疑惑不解地望着中村,但还是乖乖地拿出香烟交给中村。中村接过来,津津有味地抽了几口,便把香烟退还给他们。

"没想到烟这么可口,谢谢!"

说罢,便转身走了。刚走了几步,他又转回来对士兵们说:

"今天的事,我也有份,希望今后别再有这种事情发生了。要知道,你们的将军可是最讨厌抽烟的。"

据说,自此之后,士兵们抽烟的现象居然完全杜绝。

想使一个人臣服,财色诱惑和武力征服都不是最好的办法,以德服人才是上策,以高尚的品德收服人心是最好的选择。

把微笑挂在脸上

有一个成功人士在谈到笑的好处时说:

"我已经结婚18年了,在这段时间里,从我早上起来,到要上班的时候,我很少对太太微笑,或对她说上几句话。我是最闷闷不乐的人。

"既然你要我对微笑也发表一段谈话,我就决定试一个礼拜看看。因此,第二天早上梳头的时候,我就看着镜子对自己说:'威尔森,你今天要把脸上的愁容一扫而空。你要微笑起来,现在就开始微笑。'当我坐下来吃早餐的时候,我以'早安,亲爱的'跟太太打招呼,同时对她微笑。

"你曾说,她可能大吃一惊,你低估了她的反应,她被搞糊涂了,她惊愕不已!我对她说,她从此以后可以把我这种态度看成惯常的事情。而我每天早晨这样做,已经有两个月了。

"这种做法改变了我的态度,在这两个月中,我们家所得到的幸福比去年一年还多。

"现在,我要去上班的时候,就会对大楼的电梯管理员微笑着说一声'早安';我以微笑跟大楼门口的警卫打招呼;我对地铁的出纳小姐微笑,当我跟她换零钱的时候;当我到达公司,我对那些以前从没见过我微笑的人微笑。

"我很快就发现,每一个人也对我报以微笑。我以一种愉悦的态度,来对待那些满腹牢骚的人。我一面听着他们的牢骚,一面微笑着,于是问题就更容易解决了。我发现微笑带给我更多的收入,每天都赚来更多的钞票。"

卡耐基说过："笑是人类的特权。"微笑是人的宝贵财富，微笑是自信的标志，也是礼貌的象征。人们往往依据你的微笑来获取对你的印象，从而决定对你所要办的事的态度。只要人人都献出一份微笑，办事将不再感到为难，人与人之间的沟通将变得十分容易。

现实的工作、生活中，一个人对你满面冰霜、横眉冷对，另一个人对你面带笑容、温暖如春，他们同时向你请教一个工作上的问题，你更欢迎哪一个？显然是后者，你会毫不犹豫地对他知无不言，言无不尽；而对前者，恐怕就恰恰相反了。

一个人面带微笑，远比他穿着一套高档、华丽的衣服更引人注意，也更容易受人欢迎。因为微笑是一种宽容、一种接纳，它缩短了彼此的距离，使人与人之间心心相通。喜欢微笑着面对他人的人，往往更容易走入对方的天地。难怪学者们强调："微笑是成功者的先锋。"

的确，如果说行动比语言更具有力量，那么微笑就是无声的行动，它所表示的是"你使我快乐，我很高兴见到你"。笑容是结束说话的最佳"句号"，这话一点不假。

有微笑面孔的人，就会有希望。因为一个人的笑容就是他传递好意的信使，他的笑容可以照亮所有看到它的人。没有人喜欢帮助那些整天愁容满面的人，更不会信任他们；很多人在社会上站稳脚是从微笑开始的，还有很多人在社会上获得了极好的人缘也是从微笑开始的。

任何一个人都希望自己能给别人留下好感，这种好感可以营造出一种轻松愉快的气氛，可以使彼此成为朋友。一个人在社会上就是要靠这种关系才可立足，而微笑正是打开愉快之门的金钥匙。

有人做了一个有趣的实验，以证明微笑的魅力。

他给两个人分别戴上一模一样的面具，上面没有任何表情，然后，他问观众最喜欢哪一个人，答案几乎一样：一个也不喜欢，因为那两个面具都没有表情，他们无从选择。

然后，他要求两个模特儿把面具拿开，现在舞台上有两张不同的脸，他要求其中一个人把手盘在胸前，愁眉不展并且一句话也不说，另一个人则面带微笑。

他再问每一位观众："现在，你们对哪一个人最有兴趣？"答案也是一样的,他们选择了那个面带微笑的人。

如果微笑能够真正地伴随着你生命的整个过程,这会使你超越很多自身的局限,使你的生命自始至终生机勃勃。

用你的笑脸去欢迎每一个人,那么你会成为最受欢迎的人。

善心勿滥

爱莎和丽娜已经相识二十多年了。丽娜是一位离过婚的女人,孤身生活了十几年。最近,爱莎的丈夫通知丽娜,他要跟爱莎离婚。爱莎搬到丽娜的家中居住,因为她自己的房子被卖了。

丽娜同情爱莎,想竭尽全力帮助她。为了减少爱莎的生活开支,她让爱莎跟她住在一起,分文不收。丽娜用尽了自己所有的积蓄来满足爱莎的一切需要。六个月过后,爱莎却因为丽娜不能满足自己的生活需要而搬走了,而且从此她们俩人再也没有说过话。这一事件使丽娜感到自己受到了伤害。她告诉朋友说:"我太快而且毫无保留地敞开自己的胸怀和钱包,慷慨地给予一切。我难以抑制自己的表现,可是爱莎的胃口越来越大。"

做人要做善良的人,这是公理,但如果放在特殊的具体场合中考察,则不可简单为之,而是要把握好善良的分寸。

每个人都渴望慷慨解囊、无私奉献,包括爱、同情、尊敬和物质财富。在我们的心灵深处,我们就像孩子似的,都希望自己的劳动不需要报偿,纯粹是为了表示爱。与此同时,我们希望给予别人丰厚的报酬,这种报酬比他们期待得到的还要多。然而,真正的涉世较深者都认识到适当的节制是必要的,对人切不可过分地表示同情。同情是一种良好的心态,而不是盲目地去为别人做多少好事。为了做到与人为善,务必抑制自己过分行善的欲望。同样的道理,聪明的父母都知道,控制自己过度娇纵和溺爱孩子的迫切心情,是促使孩子成长的一个重要方法。他们十分明白:只有把自己的爱心控制在一个范围内,才能使善心得到应有的回报。

贫困但不潦倒

一位富甲一方的企业家到西南某省的一个贫困地区考察。当他目睹当地一户贫困人家吃饭的情形时，禁不住落泪。原来这户人家全家老小吃饭、装饭的碗，竟是几只破得不能再破的陶罐，更让他吃惊的是，全家连一双筷子也没有，吃饭时都是直接用手抓。

菩萨心肠的企业家无比同情，便许诺给这户人家物质的帮助。可是，当他走出他们的家门后，又马上改变了主意。他看到这户人家的房前屋后都长着极适合做筷子的竹子。

一位记者到一位生活在贫困线以下的女工家里"送温暖"。这位女工的男人早几年病逝，欠下了好多债，有两个孩子，其中一个还有残疾。女工微薄的薪水养3个人，还要还债。但记者在见到这位女工时，却发现她脸上的笑容就像她的房间一样明朗：漂亮的门帘是自己用纸做的，灶间的调味品尽管只有油、盐两种，但油瓶和盐罐却擦得干干净净。记者进门时，女工递给她的拖鞋，鞋底竟是用旧解放鞋的鞋底做的，再用旧毛线织出带有美丽图案的鞋帮，穿着既好看又暖和。女工说，家里的冰箱、洗衣机都是邻居淘汰下来送给她的，用得蛮好；孩子很懂事，做完功课还帮她干活……

同样是贫穷，一种是不思进取的懒惰，一种是直面生活的勤勉；一种是人格的泯灭，一种是不屈的抗争，两种境遇确实让人欷歔不已。

贫困是一种物质状态，潦倒是一种精神状态；贫困是物质上的潦倒，潦倒却是精神上的贫困。贫困潦倒经常被联系在一起，就是因为人的精神被贫困击垮了。如果你的精神不被外界左右，那么即使贫困，你也可以振作，做一个快乐的人。

尊重所有的人

小枫曾经在美国的一家快餐店打工，有一天，她错把一小包糖当做咖啡伴侣给了一个女顾客。女顾客非常恼火，因为她很胖，正在减肥，必须禁食糖和一切甜点心。她大声嚷嚷，简直把那包糖当成了毒药："哼，她竟然给我糖！难道她还嫌我不够胖？"

那时，小枫完全不懂减肥对美国人有多么重要，她愣在那里，不知所措。

这时，黑人女经理闻声而来，她在小枫耳边轻轻地说："如果我是你，马上道歉，把她要的快给她，并且把钱退还给她。"

小枫照着做了，再三道歉，那女顾客哼哼几下就不出声了。这件事是快餐店的一次小事故，小枫等着经理来批评自己，可经理只是过来对小枫说："如果我是你，下班后我会把这些东西认认真真熟悉一下，以后就不会拿错了。"

不知为什么，这一句"如果我是你"，竟令小枫十分感动。后来，她在学校上课，在其他地方打工，才发现，老师也好，老板也好，明明是对你提出不同意见，明明是批评你，但是他们很少有人会直截了当地说"你怎么做成这样？""你以后不能这么干！"而常常是委婉地说："如果我是你，我大概会这样做……"这使人不感到难堪、不感到沮丧，反而让你感到有那么点温暖、那么点鼓励。仔细分析，他们说的话只是多了那么几个字"如果我是你……"就一下子站到了对方的立场。大家一平等，情绪自然不会对立，沟通就更容易进行。

那时小枫反复想，奇怪，美国人怎么就这么会做人？他们真会说话。后来碰到一件事，使小枫有了新的认识。有一次，她去好莱坞一个美国演员家做杂工。女主人给她布置完工作，突然问她："我能够吸烟吗？"小枫吃了一惊，说："你是在问我？"她说："是啊，我想抽支烟。"小枫说："这是你的家呀，怎么还要问我？"她说："吸烟会妨碍你，当然应该得到你允许。"小枫赶忙说："你以后不用问，尽管吸好啦！"

她这才拿起烟把它点燃。那天，小枫愣了许久，也想了许久。怎么这么奇怪？一个人在自己家里抽烟，还要温文尔雅地来征求一个清洁工的同意，真是匪夷所思！然而，小枫不得不承认，那一刻，她非常高兴、非常感动，因为，自己被当做一个真正的人来尊重。

人类行为有一条重要的法则，那就是："尊重他人，满足对方的自我成就感，对方也会尊重你，并满足你的要求。"就像实用主义哲学家杜威所说:"人类最迫切的愿望,就是希望自己能受到别人的重视。"如果你遵循了这一法则,就会给自己创造出和谐、快乐的人生;如果你违反了这条法则,就会陷入无止境的挫折和沮丧中。

实际上,每个人都有优点和长处,每个人也都应当获得他人的尊重。承认对方的重要性,并由衷地给对方以尊重,就能化解许多冲突和紧张。只要你能随时随地尊重他人,就会给自己的人际交往带来神奇的效果。

欣赏对手

乔治和马克是一对十分要好的朋友,在一家公司的同一部门工作。因为部门主管升迁,公司准备在部门里选拔一个新的主管。消息传开后,大家都闻风而动,都希望自己入选。后来,传来内部消息,老板主要在考察乔治和马克,因为他们俩的能力都很突出,尤其是乔治,办事能力强,为人也不错。

马克得知乔治就是自己的竞争对手,便暗下决心,想着一定要把乔治挤掉。但他也明白,如果堂堂正正地竞争,自己不是乔治的对手。于是,他四处活动,在上司面前极尽献媚之能事,除夸大自己的能力外,还时时给老板一个暗示——乔治有许多缺点,他不适合这个职位。在马克的阴谋活动下,他终于把乔治挤了下去。但是,当他坐到那个梦寐以求的位子上时,他才发现,他根本就不是胜利者,多数人对他嗤之以鼻,他的工作无法顺利开展,而且每次面对乔治,他都心怀愧疚。仅仅过了半年,由于工作没有成效,他就被免职了。

现代社会中,不可避免地存在竞争。生活中几乎每个人都有对手。对手可能是你的同学、你的朋友、你的敌人。采用什么样的态度去对待你的竞争对手,看起来是一件小事,但却决定一个人的成败。换句话说,适当的竞争能够促进一个人快速成长,并促进一个人在各方面不断成熟起来。这一切的关键是你对竞争对手持什么样的态度。

有了竞争对手,不是整天盘算着要如何打击对方,而是从欣赏的角度,处处向对手学习,并以对手的标准来要求自己,你才能成为真正的胜者。事实上,欣赏对方比打击对方更有效。

友善比强硬更有力量

一天,太阳和风争论究竟谁比谁强大。风说:"我比你更强大,你看,下面那个穿着外套的老人,我打赌可以比你更快让他把外衣脱下来。"风说完后,便使劲地向着老人吹去,想把老人的外套吹下来,但是他越吹,老人越把外套紧紧地裹在身上。

后来,风吹累了,没力气再吹了。这时太阳才从云的背后走了出来,温暖的阳光洒在老人身上,没有多久,老人就开始擦汗了,并把外套脱了下来。

太阳对风说:"友善比强硬更有力量!"

太阳能比风更快让老人脱下外套,温和、友善和赞赏的态度更能使人改变心意,这是咆哮和猛烈攻击所望尘莫及的。用斗争的方法,你会一无所获,甚至损失惨重;而用让步的方法,结果也许会让你喜出望外。

1915 年,美国发生了工业史上最激烈的罢工,持续达 2 年之久。愤怒的矿工要求小洛克菲勒管理的科罗拉多燃料钢铁公司提高工资。由于群情激愤失去了理智,公司的财产遭受损坏,以致军队前来镇压,酿成流血事件,最后,工人伤亡惨重。

令人意想不到的是:在这民怨沸腾、局面几乎失控的情况下,小洛克菲勒后来却赢得了罢工者的信服,慢慢稳定了局势。他花了大量的时间走访工人,尝试与他们结为朋友,及时向罢工代表发表演讲。这次演讲不但平息了众怒,还为他自己赢得了不少赞赏。

下面是他演讲的内容:

"这是我一生当中最值得纪念的日子。这是我第一次有幸能和这家大公司的职工代表、公司行政人员和管理人员见面。我可以告诉你们,我很高兴站在这里,有生之年都不会忘记这次聚会。如果这次聚会提前两个星期举行,那么对你们来说,我只是个陌生人,我也只认得少数几张熟悉的面孔。从上个星期以来,我有机会拜访附近整个南区矿场的营地,私下和大部分代表谈话。我拜访过你们的家庭,与你们的家人见了面,所以现在我不算是陌生人,可以说是大家的朋友了。基于这份互助的友谊,能

有这个机会和大家讨论我们的共同利益，我很高兴。

"因为这个会议是由资方和劳工代表所组成，承蒙你们的好意，我得以坐在这里。虽然我并非股东或劳工，但我深感与你们关系密切。从某种意义上说，也代表了资方和劳工……"

小洛克菲勒处理得如此恰当得体，以致工人的愤怒渐渐平息下来，劳资双方都开始理智地处理问题；如果他采取强硬的方式，无异于火上浇油，只会把局势弄得更加不可收拾。

曾经有一句格言：一滴蜜汁比一加仑毒药能捕到更多的苍蝇。如果你想让一个人接受你和你的意见，首先你要让他认为你对他是非常友善的，是全心为他着想的。你不能强迫别人同意你的意见，但却可以用引导的方式，温和而友善地使他在不知不觉中被同化。选择友善永远比选择强硬更有力量。

善意的谎言

从前，两个盲艺人靠说书、弹三弦糊口，老者是师父，70 多岁，幼者是徒弟，20 岁不到。师父已经弹断了 999 根弦了，离 1000 根弦只差一根了。师父的师父临死的时候对师父说："我这里有一张复明的药方，我将它封进你的琴槽中，当你弹断了第 1000 根弦的时候，你才可以取出药方。记住，你弹断每一根弦时都必须是尽心尽力的。否则，再灵的药方也会失去效用。"那时，师父还是 20 岁的小青年，可如今已须发皆白。50 年来，他一直相信那复明的梦想，他知道，那是一张祖传的秘方。

一声脆响，师父终于弹断了最后一根琴弦，徒弟直奔城中的药铺，当他把师传秘方交给药铺掌柜，充满虔诚、满怀期待地等着取草药时，掌柜的告诉他："那是一张白纸。"他的头嗡地响了一下，他晃了晃，几乎要摔倒，结果是如此不可思议。

平静下来以后，他明白了师父的良苦用心：原来师父欺骗他说弹断 1000 根琴弦，就能得到复明的药方，只是真诚、善意的谎言，目的是为了让自己抱有生活下去的希望。自己就是靠着这善意的谎言才有了生存的勇气。

回家后,他郑重地对小徒弟说:"我这里有一个复明的药方,我将它封入你的琴槽,当你弹断第 1200 根琴弦的时候,你才能去打开它。记住,必须用心去弹,师父将这个数错记为 1000 根了……"

小徒弟虔诚地允诺着,他也跟他的师父一样,活在这个善意的谎言里。这个谎言给了他生活的希望和动力,引发他去追求生命中最美丽的时刻。

一般大家都认为,说谎是一种与道德背离的行为,但人与人之间的相处,偶尔还是需要些善意的谎言。

"撇开道德的标准,谎言就是一种智慧。"的确,说谎有时也是一种智慧。美丽的谎言出于善良和真诚,它无悖于道德。善意的谎言不是以利己为目的,这种时候说出的谎言,饱含真诚,散发出温暖的光辉,能让说谎者与被"骗"者共享欢愉。而说实话有时反倒比说谎言更易伤人,因此,我们要学会在适当的时候说些谎言。很多时候,真诚的谎言反而更有力量。

真诚是人人必备的美德,它不排除善意的谎言,只要你掌握一定的原则,你所制造的谎言会与你的真诚一样能赢得别人的心。

多做事,少抱怨

"烦死了,烦死了!"一大早就听佳玉不停地抱怨,一位同事皱皱眉头,不高兴地嘀咕着:"本来心情好好的,被你一吵也烦了。"

佳玉现在是公司的行政助理,事务繁杂,是有些烦,可谁叫她是公司的管家呢,事无巨细,不找她找谁?

其实,佳玉性格开朗,工作起来认真负责。虽说牢骚满腹,该做的事情,一点也不曾怠慢。设备维护、办公用品购买、交通信费、买机票、订客房……佳玉整天忙得晕头转向,恨不得长出八只手来。再加上对人热情,中午懒得下楼吃饭的人还请她帮忙叫外卖。

刚交完电话费,财务部的小李来领胶水,佳玉不高兴地说:"昨天不是刚来过吗?怎么就你事情多,今儿这个、明儿那个的?"抽屉开得噼里啪啦,她翻出一个胶棒,往桌子上一扔,"以后凑齐东西一起领!"小李有些尴尬，又不好说什么，只好赔笑脸："你看你，每次你找人家报销都叫亲爱的，这么点事求你，脸马上就长了。"

大家正笑着呢，销售部的王娜风风火火地冲进来，原来复印机卡纸了。佳玉脸上立刻晴转多云，不耐烦地挥挥手："知道了。烦死了！和你说一百遍了，先填保修单。"单子一甩，"填一下，我去看看。"佳玉边往外走边嘟囔："综合部的人都死光了，什么事情都找我？"对桌的小张气坏了："这叫什么话啊？我招你惹你了？"

态度虽然不好，可整个公司的正常运转还真离不开佳玉。虽然有时候被她抢白得下不来台，但没有人说什么。怎么说呢？应该做的她都尽心尽力做好了。可是，那些"讨厌"、"烦死了"、"不是说过了吗"等等，实在是让人不舒服。特别是同办公室的人，佳玉一叫，他们的头都大了。"拜托，你不知道什么叫情绪污染吗？"这是大家的一致意见。

年末的时候公司民主选举先进工作者，大家虽然都觉得这种活动老套可笑，暗地里却都希望自己能榜上有名。奖金倒是小事，更重要的是一种认同感，谁不希望自己的工作得到肯定呢？领导们认为先进非佳玉莫属，可一看投票结果，50多份选票，佳玉只得12张。

有人私下说："佳玉是不错，就是嘴巴太厉害了。"

佳玉很委屈："我累死累活的，却没有人体谅……"

什么叫费力不讨好？像佳玉这样，工作都替别人做到家了，嘴上为逞一时之快，抱怨上几句，结果前功尽弃。冷语伤人，说者无心，听者有意。所以，既然做了，就心甘情愿些吧，抱怨是无济于事的，相反还会使你的功劳被埋没。

少发牢骚，多做实事吧，这样才最有益你的成长进步：

1. 抱怨不解决任何问题

分内的事情你可以逃过不做吗？既然不管心情如何，工作迟早还是要做，那何苦叫别人心存芥蒂呢？你太不聪明了。有发牢骚的工夫，还不如动动脑筋想想办法：事情为什么会这样？我所面对的现实与我所预期的愉快工作有多大的差距？怎样才能如愿以偿？

2. 发牢骚的人没人缘

没有人喜欢和一个絮絮叨叨、满腹牢骚的人在一起相处。再说，太多的牢骚只能证明你缺乏能力，无法解决问题，才会把一切不顺利归咎于种种客观因素。若是你的上司见你整日哼哼唧唧,他恐怕会认为你做事太被动,不足以托付重任。

3.冷语伤人

同事只是你的工作伙伴,而不是你的兄弟姐妹,就算你说得句句有理,谁愿意洗耳恭听你的指责?每个人都有貌似坚强实则脆弱的自尊心,凭什么对你的冷言冷语一再宽容?很多人会介意你的态度:"你以为你是谁?"更何况很多人不一定会把你的优点放在心上,一件事造成的摩擦就可能记你一辈子。

4.重要的是行动

把所有不满意的事情罗列一下,看看是制度不够完善,还是管理存在漏洞。公司在运转过程中,不可能完全没有问题,但总出问题也是不正常的。怎么会有那么多叫你心烦的事?一定是哪个环节出了问题。那么,快找出来,解决它;如果是职权范围之外的,最好与其他部门协调,或是上报公司领导。请相信,只要你有诚意并立即理智地采取行动,没有解决不了的问题。

欲速则不达

生活的快节奏,导致人心态上的一个重大变化,就是人们都太急于求名、急于求利、急于求成。殊不知,任何事情都是有它发展的规律,欲速则不达。

何谓急功近利?急切地追求短期效应而不顾长远影响;追求眼前利益,而不顾根本道理,这,就是急功近利。

你如果急功近利,那说明你目光短浅,只看到眼前的境况,盲从世俗,胸无大志,心胸狭窄,认为吃穿好、玩乐好便是好。而为了吃穿好玩乐好,你可以不择手段、不顾廉耻,成天绞尽脑汁、投机取巧,什么人格、尊严、德行、操守通通抛到九霄云外。你整天大汗淋漓、忙忙碌碌、辛辛苦苦,可最后什么也没捞到。

作家因为功利而写不出好作品,艺术家因为功利而忽视了艺术和功底,运动员因为功利而会有违规行为。因为急功近利,多少人过早地败下阵来,为了摆脱眼前的困境,可以不顾未来的利益;为了求得一时的痛快,可以以长远的痛苦作为代价。难道我们都是功利的近视眼,难道我们的瞳孔里只有名和利?你也许一时得利,可是你付出的太多,得到的终归少得可怜。期望越大,失望也越大。过度失望,又会让你觉得活着真累,毫无幸福可言。

力戒急于求成,就要抱有一种平和的心态,能举重若轻、举轻若重。既能举重若轻,又能举轻若重,才可以避免过分自信或自暴自弃。

力戒急于求成,要求我们学会等待,知道如何等待的人具有深沉的耐力和宽广的胸怀。行事绝不要过分仓促,也不要受情绪左右。能制己者方能制人。在到达机会的中心地带之前,不妨先在时光的太空中漫游一番。明智的踌躇不定可使成功更牢靠,使机密之事能最后开花结果。时光的拐杖比大力士赫克利斯的铁棒还要管用。上帝惩罚人不是用钢铁般的手,而是用拖拖拉拉的腿(意谓不是不报,时候未到)。俗话说得好:"留得青山在,不怕没柴烧。"命运会对有耐心等待的人给予双倍的奖赏。

给人台阶下

中午放学后,中学物理老师杨老师路过学校后操场时,发现前两天帮助搬运实验器材的那几位同学正拿着一枚实验室特有的凸透镜在阳光下做"聚焦"实验。杨老师想:他们哪来的凸透镜?难道是在搬迁时趁人不备拿了一枚?实验室正丢了一枚。是上去问个究竟,还是视而不见地绕道而去?为难之时,同学们发觉了他,从他们慌忙的神情中杨老师肯定了自己的判断。当时的空气就像凝固了似的,一分一秒也不容拖延。

杨老师快速地构思一番后,笑着说:"哟,这凸透镜找到了!谢谢你们!昨天我到实验室准备实验,发现少了一枚,我想大概是搬迁过程中丢失了,我沿途找了好几遍都未能找到,谢谢你们帮我找到了这枚凸透镜。这样吧,你们继续实验,下午还给我也不迟。"同学们轻松地点了点头,空气依旧是那么温暖、那么清新。

这位老师采用了故意曲解的方法,装做不懂学生的真实意图的样子,故意以为他们帮助自己找到了凸透镜,将责怪化为感激,故意给对方找一个善意的行为动机，给对方搭一个台阶下，自然令学生在摆脱尴尬的同时又羞愧不已。

人人都有下不来台的时候，学会给人台阶下，既可以缓解紧张难堪的气氛，使事情得以正常进行，又能够帮助尴尬者挽回面子，增进彼此的关系。无论是做人还是做事，都应该明白这个道理。

给人台阶下也要讲究技巧。除上面我们提到的找一个善意的行为动机给对方一个台阶下外，还有一种方式也能顺利地给人台阶下。这种方式为"顺势而下"，即你根据当时的势态，对对方的尴尬之举加以巧妙解释，使原本只有消极意味的事件转而具有积极的含义。

全校语文老师都来听高老师讲课，想不到校长也光临"指导"，这下可使小高犯难了。他既怕课讲得不好，又担心有的学生回答不出问题，有失面子。

课上，他重点讲解了词语的感情色彩问题。在提问了两位同学取得了良好效果后，接着提问校长"公子"："请你说出一个形容×××的美丽的词语或句子。"

或许是课堂气氛紧张，或许是严父在场，也可能兼而有之，这位公子一时为难，只是站着。

空气凝固，高老师和校长都现出了尴尬的脸色。瞬间，这位老师便恢复正常，随机应变地讲道："好，请你坐下，同学们，这位同学的答案是最完美的，他的意思是说这个人的美丽是无法用文字和语言来形容的。"

听课者都露出了会心的微笑。

高老师的这一妙解既为校长公子尴尬的"呆立"赋予了积极的意义，使他顺利地下了台阶，也使高老师和校长摆脱了难堪的局面。

会干更要会说

理发师傅带了个徒弟。徒弟学艺3个月后，这天正式上岗，他给第一位顾客理完发，顾客照照镜子说："头发留得太长。"徒弟不语。

师傅在一旁笑着解释："头发长，使您显得含蓄，这叫藏而不露，很符合您的身份。"顾客听罢，高兴而去。

徒弟给第二位顾客理完发，顾客照照镜子说："头发剪得太短。"徒弟无语。

师傅笑着解释："头发短，使您显得精神、朴实、厚道，让人感到亲切。"顾客听了，欣喜而去。

徒弟给第三位顾客理完发，顾客一边交钱一边笑道："花时间挺长的。"徒弟无言。

师傅笑着解释："为'首脑'多花点时间很有必要，您没听说'进门苍头秀士，出门白面书生'？"顾客听罢，大笑而去。

徒弟给第四位顾客理完发，顾客一边付款一边笑道："动作挺利索，20分钟就解决问题。"徒弟不知所措，沉默不语。

师傅笑着回答："如今，时间就是金钱，顶上功夫，速战速决，为您赢得了时间和金钱，您何乐而不为？"顾客听了，欢笑告辞。

晚上打烊，徒弟怯怯地问师傅："您为什么处处替我说话？反过来，我没一次做对过。"

师傅宽厚地笑道："不错，每一件事都包含着两重性，有对有错，有利有弊。我之所以在顾客面前鼓励你，作用有二：对顾客来说，是讨人家喜欢，因为谁都爱听吉言；对你而言，既是鼓励又是鞭策，因为万事开头难，我希望你以后把活做得更加漂亮。"

徒弟很受感动，从此，他越发刻苦学艺。日复一日，徒弟不仅技艺日益精湛，而且逐渐学会了怎样应酬各类客人。

有句话说："会说话，当钱花"，还有一句叫"会干的不如会说的"，都是强调会说话的重要性。

做人不仅要会干，也要会说，哪怕是一件极普通的日常小事，由于说话水平不同，所获得的效果和回报也会大不相同。

一招鲜，吃遍天

《庄子》一书中记载有这样两个技艺超群的人：一个是厨房伙计；一个是匠人。厨房伙计即那位宰牛的庖丁，匠人即那位楚国郢人的朋友，叫匠石。他们的共同之处，就是技艺超群，简直到了出神入化的境界。

先看庖丁，他为梁惠王宰牛。他那把刀似有神助，刷刷刷几下，一个庞然大物，便肉是肉、骨是骨、皮是皮地分解得清清爽爽。他解牛时，手触、肩依、脚踏、进刀，就像是和着音乐的节拍在表演。更奇的是，庖丁的刀已用了十九年，所宰的牛已经几千头，而那刀仍像刚在磨石上磨过一样锋利。

再看匠石，他的技艺也十分了得。郢人把白灰抹在鼻尖上，让匠石削掉。那白灰薄如蝉翼，匠石挥斧生风，削灰而不伤郢人的鼻子。

古人讲，凡是掌握了一门技艺，无论是做什么的，都可以成名。只要有一技之长，就可以自立。过去老人总对年轻人说："纵有家产万贯，不如薄技在身。"这是最平凡、最实在的生存真理。

一个人的一生往往因一事而成功。发明家因一项发明而成名，科学家因一项科研成果而誉满全球，艺术家因一件艺术品而流芳百世，运动员因打破一项世界纪录而享誉世界，电影明星常常以一部影片走红，武林高手常常以一剑封喉……

譬如，一个作家往往以一部作品成名：一传世，代表作往往也是成名作，而代表作往往只有一部甚至一篇。如曹雪芹以一部《红楼梦》传世，罗贯中以一部《三国演义》传世，施耐庵以一部《水浒传》传世，吴承恩以一部《西游记》传世，司汤达以一部《红与黑》传世，哈代以一部《德伯家的苔丝》传世，徐迟甚至以一篇《哥德巴赫猜想》的报告文学传世。他们当然不是只做了这一件事，他们都做了很多事，也写了不止一部作品，但是，最能体现他们价值的就是这一件事、这一部作品。很多作家成名之后就很难写出超过其成名作的作品来了。但这一部作品足以使他被世人记住，成为文化名流。

又如，一名歌手往往以一首歌出名。如香港歌手张明敏在1984年的春节联欢晚会以一首《我的中国心》一炮打响，此后尽管他再未露面，从公众视野中消失了二十多年，但是2005年他在美国再次登台，再次唱响那首《我的中国心》时，依然受到中国歌迷狂热的欢迎。费翔也是在春节联欢晚会上以一首《冬天里的一把火》一炮打响的。换句话说，在某种程度上，张明敏和费翔只需要做一件事——在那个年代的春节晚会上唱好一首歌，而且只需唱一遍，这一辈子就成功了。

任何事情和行业都有自己的绝招，我们只需要比别人做得快一点、多

一点、好一点就可以了。所以，一个人要想取得成功，不必去做面面俱到的努力，你要寻找自己最容易成功的突破口，在这个突破口上努力才是成功的关键。

掌握变数

这个世界什么都在变，身处变化之中就要学会掌握变数。

当年小提琴家克莱斯勒，兴致勃勃地准备在伦敦举办一场演奏会。

他十分期待这场盛大的伦敦公演，夜以继日地苦练，想要在这场演奏会之中有最出色的表现。不论是宣传、造势，一切都进行得十分顺利，随着演出日期接近，克莱斯勒气定神闲地做着最后的演练。

没有想到就在演出的当天早上，克莱斯勒竟然看到伦敦一家大报报道："如果读者准备去欣赏克莱斯勒的表演，那么各位欣赏到的不会是一个名音乐家的表演，而只是听听有名的盖里留斯小提琴的音响罢了。"

这一条尖酸刻薄的评论可让克莱斯勒气炸了，就像是突然遭到一个敌人扔掷过来的手榴弹袭击，一切都被炸得支离破碎。

演出当天，当克莱斯勒的第一个节目表演完毕时，观众席上响起了如雷般的掌声，久久不息。

只见这位小提琴家突然拿起琴弓，放在膝盖上用力一折，一代名琴的琴弓竟然被折成了两截，全场观众哗然。

只见克莱斯勒慢条斯理、不慌不忙地对着麦克风说："这把断了琴弓的琴是我今天早上在一家百货公司，用4英镑6便士买的，接下来，我要用自己的小提琴演出。"

这场演奏会非常成功，但是如果克莱斯勒无法掌控突然发生的变数，那么演奏会之后即使有许多好评，可能也会被刻薄的评论家归之于那把名琴吧！

各种突发性状况，或是一种不确定因素，或是某一个转折点，我们都可以将其称之为变数。

我们必须设法掌控变数的原因，主要是因为它的每一种变化，都会牵动整个情势的走向，关系到成败。有很多的变数都是因人而起，因为每个人都有自己的思想和立场,所以人才是最不易掌控的变数。

变数的多寡,影响到风险的高低。变数越多,风险越高,成功的几率就会下降。聪明人都懂得掌握变数之道。在制造新的变数之前,很多人都会丢出试风球先行试探,借以了解别人有何反应,然后再从这些反应当中试探虚实,从而对症下药地部署自己的计划。最后再想办法制造新的变数,让变数一直牵引着对方,朝着对自己最有利的方向发展。

遇变则变。采取打蛇随棍的方法,刚柔并济,随着变数的产生,再增添新变数将主动权夺回。这是一种遇强则强,进可攻、退可守的应变之道。可以随着局势的变化,来影响整个局势的发展,并让自己随时占据有利的地位。

最笨的方法最有效

常言道:"最危险的地方往往最安全。"同样的道理,最笨的做法通常也最有效。

明洪武年间,朱元璋手下的郭德成就是用一种最笨的做法达到了自己的目的。

当时的郭德成任骁骑指挥,一天,他应诏到宫中,临出来时,明太祖拿出两锭黄金塞到他的袖中,并对他说:"回去以后不要告诉别人。"面对皇上的恩宠,郭德成恭敬地连连谢恩,并将黄金装在靴筒里。

但是,当郭德成走到宫门时,却又是另一副神态,只见他东倒西歪,俨然是一副醉态,快出门时,他又一屁股坐在门槛上,脱下了靴子——靴子里的黄金自然也就露了出来。

守门人一见郭德成的靴子里藏有黄金,立即向朱元璋报告。朱元璋见守门人如此大惊小怪,不以为然地摆摆手:"那是我赏赐给他的。"

有人因此责备郭德成道:"皇上对你偏爱,赏你黄金,并让你不要跟别人讲,可你倒好,反而故意露出来闹得满城风雨。"对此,郭德成自有高见:"要想人不知,除非己莫为,你们想想,宫廷之内如此严密,藏着金子出去,岂有别人不知之理?别人既知岂不说是我从宫中偷的?到那时,我怕浑身长满了嘴也说不清了。再说我妹妹在宫中服侍皇上,怎么知道皇上是否以此来试探我呢?"

现在看来,郭德成临出宫门时故意露出黄金,确实是聪明之举。恰如郭德成所言,如果就这么隐瞒,到时的确有口难辩,而且从朱元璋的为人看,这类试探的事也不是不可能发生。郭德成的这种做法,与一般意义上的大智若愚又有所不同,他不只是装傻,而是预料到可能出现的麻烦,防患于未然。

郭德成猜不透朱元璋的真实意图,于是采取了最简单的办法——把黄金露出来,一切难题就都迎刃而解了。方法很简单,简单得甚至有些笨,但非常有效。所以,当我们为一个难题百思而不解的时候不妨试试笨方法,也许难题就会顺利得到解决。

换个角度看人生

有一位少妇投河自尽,被正在河中划船的船夫救起。船夫问:"你年纪轻轻,为何自寻短见?""我结婚才两年,丈夫就抛弃了我,接着孩子又病死了。您说我活着还有什么意思?"船夫听了,想了一会儿,说:"两年前,你是怎样过日子的?"少妇说:"那时的我自由自在,没有任何烦恼……""那时你有丈夫和孩子吗?""没有。""那么你不过是被命运之船送回到两年前去了。现在你又自由自在,没有任何烦恼了,你还有什么想不开的? 请上岸去吧……"听了船夫的话,少妇如梦初醒,感觉心中豁然开朗,便离岸走了。从此,她没有再寻短见。她从另一个角度看到了希望的曙光。

记得有位哲人曾说:"我们的痛苦不是问题的本身带来的,而是因我们对这些问题的看法而产生的。"这句话很经典,它引导我们学会解脱,而解脱的最好方式是面对不同的情况,用不同的思路多角度地分析问题。因为事物都是多面性的,视角不同,所得的结果就不同。

相信一句话:要解决一切困难是一个美丽的梦想,但面对任何一个困难的时候,又都是可能甚至可以解决的。一个问题就是一个矛盾的存在,而每一个矛盾只要找到了合适的介点,就可以把矛盾的双方统一。这个介点在不停地变幻,它总是喜欢与那些处在痛苦中的人玩游戏。转换看

问题的视角,就不能用一种方式去看所有的问题及问题的所有方面。如果那样,你肯定会钻进一个死胡同,离那个介点越来越远,处于混乱的矛盾困惑之中而不能自拔,就像之前的那个少妇,遇到了困难就有了轻生的打算一样。

活着是需要睿智的,如果你不够睿智,那至少可以豁达。以乐观、豁达、宽容的心态看问题,就会看出事物美好的一面;以悲观、狭隘、苛刻的心态去看问题,你会觉得世界一片灰暗。两个被关在同一间牢房里的人,透过铁栏看外面的世界,一个看到的是美丽而神秘的星空,一个看到的是地上的垃圾和烂泥,这就是区别。

换个视角看人生,你就会从容坦然地面对生活。当痛苦向你袭来的时候,不要悲观气馁,而要寻找痛苦的原因、教训及战胜痛苦的方法,勇敢地面对这多舛的人生。

换个视角看人生,你就不会为战场失败、商场失手、情场失意而颓废,也不会为名利加身、赞誉四起而得意忘形。

换个视角看人生,是一种突破、一种解脱、一种超越、一种高层次的淡泊宁静,可以获得自由自在的乐趣。转一个视角看待世界,世界无限宽大;换一种立场对待人世,人世无不安宁。

不受偏激观念左右

无论做任何事情,都要三思。譬如,自始至终爱一个人就需要很大的勇气,特别是当对方移情别恋时。这种选择,充满了温暖和力量,亘古不变。

有这样一个男人,他非常爱他的老婆。但男人有些粗心,当察觉老婆移情别恋时,老婆已决心要嫁给别人,只等与他摊牌离婚了。

男人有点儿措手不及,想听听别人的意见。

一起长大的那帮小兄弟得知此事全都愤愤不平。少年时代,男人是小兄弟中威信最高的一个。他们看着他恋爱、结婚,当初他们还嫌那黄毛丫头配不上他呢,没料到她现在反倒过来要蹬了他,这口气哪能咽得下。"离婚?有那么容易吗?这不便宜了她?""这样的女人,要好好教训她!"

"她竟敢背叛你,凭你的条件,也找个女人气气她。"

相比之下,大学同学和现在的同事要通情达理沉稳理智些,观念当然也新得多。他们公认他的老婆是个聪慧的女人。"你要是真爱她,不妨成全她,她一定会在心里感激你,珍藏你们曾有的感情,说不定还会后悔与你分手。""天涯何处无芳草,凭你的条件,一定会找到更好的伴侣的。"

他是个明白人。他知道儿时朋友的观念和建议无非是要他为自己争个面子,而那样做了只会让妻子恨透他,而自己什么都得不到;他还知道大学同学的观念是时下流行的新观念,以自己一贯的处世方式应该这样做,潇洒地挥一挥手道一声再见,生活重新展开。那么他最后究竟是怎么做的呢?他没有教训妻子,而是对她说:"我希望你再多考虑一下,考虑好了,你说怎么办咱就怎么办,无论你作出什么决定,我都不会怪你的。"

谁知一心决定和他离婚的妻子听了他温情款款的话,顿时感到内疚。她经过几天的认真考虑,想到了丈夫平日对自己的诸多好处,想到了自己的任性,想到了夫妻昔日的恩爱……她最后告诉他:她不走了!令他欣喜万分。

爱就是爱,不爱就是不爱,它是自由的,千万不能被偏激观念左右而做出后悔终身的事情。

另眼看美丑

有一对母女,母亲长得很漂亮,女儿却很丑。倒不是她的五官有什么问题,而是搭配有点偏离正常比例。为此,女儿十分自卑,常常怨天尤人。母亲当然了解女儿的心事,为了帮助她摆脱心理困境,她把女儿带到照相馆去照相。

母亲对照相师的要求很奇怪,她不让照相师拍她女儿的整张脸,而是逐一对眼睛、鼻子、耳朵、嘴等五官单独拍一些特写。帮女儿拍完照后,她又拿出美国著名女星玛丽莲·梦露的头像,让照相师翻拍,并把五官的照片一一分割开。

照片一冲出来,母亲就把女儿的五官照片和著名女星玛丽莲·梦露的五官照片一一对照贴到女儿卧室的墙上。

　　每当女儿自卑的时候,母亲就让女儿看看那些被分割的照片,说:"和世界上最著名的美女比较一下,你哪个地方会比她差?"

　　还未成年的女儿迷惑地看了看母亲,将信将疑。后来,她把自己的这些照片指给那些闺中密友看。密友在不知情的情况下,有的说照片上的眼睛比那个外国佬的眼睛迷人,有的说照片上的嘴巴更性感。渐渐地,她相信了母亲的话,自信也随之而来。

　　长得丑,的确是一种缺陷,但如果只盯着自己的缺陷,就会越发觉得自己是多么丑陋、多么不幸,这时你的眼前就像横着一幅放大镜,小小的缺陷就会被无限放大,最后形成悲剧或灾难。可是,当你换个角度来看也许会发现,这个缺陷其实并不致命,甚至完全可以忽略不计。从生理上来说,世上很难找到完美之人。人有生理缺陷当然遗憾,但它既已存在,我们就该泰然处之。人生的价值在于奉献和创造,在于完美人格的构建、灵魂的塑造和精神的升华。上帝在关上一扇门的同时,又会为你打开另一扇窗。我们不必为自己的平庸与丑陋感到自卑,只要善于发现,你完全可以从这些自认为丑陋的缺陷中找到有价值的一面。

　　人是个多面体,我们常说谁长得漂亮、谁长得丑,那只是我们从一个角度去看。当我们受到打击、缺乏信心的时候,不妨换个角度审视一下自己,你也许会发现一个与众不同的自我。

嫌货才是买货人

　　菜市场,顾客与卖水果的商贩在讨价还价。

　　"这水果这么烂,一斤也要卖50元吗?"客人拿着一个水果左看右看。

　　"我这水果是很不错的,不然你去别家比较比较。"

　　客人说:"一斤40元,不然我不买。"

　　小贩还是微笑着说:"先生,我一斤卖你40元,对刚刚向我买水果的人怎么交代呢?"

　　"可是,你家这水果质量真的很差劲。"

　　"不会的,如果是很完美的,可能一斤要卖100元了。"小贩依然微笑着。

不管客人的态度如何，小贩始终面带微笑，却没作半点让步。

客人虽然嫌这嫌那，最后还是以一斤50元买了。

等到那位客人走了，小贩笑着对我说："嫌货才是买货人呀。"

"嫌货才是买货人"是一句台湾俚语，意思是说，只有那些嫌货品不好的人，才是真正想买货的人，如果我们对自己的货有信心，就不要怕人嫌，买货的人心里喜欢，自然就买了。而小贩的成功之处在于他完全不在乎别人批评他的水果，并且一点也不生气，这不只是因为他有好的修养，也是对自己的水果很有信心的缘故。这一点上，我们有时真的比不上小贩，平常有人说我们两句，我们就已经气在心里口难开，更不用说微笑面对了。

贫穷也可以植育幸福

一天中午，太阳火辣辣地炙烤着大地，阳光刺眼，大街上没几个行人，晓芸独自从天桥边走过，看见一个小伙子在吃力地背着个姑娘上天桥。小伙子的额头上渗出细密的汗珠。像这样"周瑜打黄盖，一个愿打，一个愿挨"的事，平时晓芸见多了，所以她开始时并没有太在意。但是当她从他们身边路过的那一瞬间，突然感到那男孩子的两腿抖得厉害，不像平时遇到的那种玩闹的恋人。于是晓芸靠上前去帮忙搀扶，问男孩儿："她生病了吧！是去医院吗？怎么不打车？"男孩只是低头不语。

来到天桥上，姑娘忽然大笑起来，男孩一边擦脸一边忙向晓芸道歉：

"对不起，谢谢您，我们是在游戏。"

"什么?"晓芸尴尬中有些恼怒。

姑娘好久才停止住笑，上前解释道："今天是我们结婚3周年纪念日，我们特意来逛街，本想买点东西庆祝，可是都太贵了，我们舍不得花钱买。于是想起以前上学时读过的一篇文章，文章里的主人公就是用这种方式来纪念他们的结婚周年的。于是我们便照做了。

"我们没有钱，我不让他买什么礼物做纪念，可是他有的是力气呀，所以我才让他背我上天桥，一趟算一年，才背了一个来回，他就累成这样了。若是将来我们结婚30周年、40周年、50周年，我还让他背我那么多个来回,他还得背……"

姑娘一边心疼地为男孩擦拭着额角的汗珠,一面又笑了起来。

我们一向以为,浪漫只是那些有钱人的专利。他们可以用鲜花、烛光、音乐来营造出如梦如幻的多彩情境,没有想到还可以有这样一种别致的浪漫。所以贫困也可以植育幸福。

面对清贫,不论是想追求浪漫还是成功,都需要调整好自己的心态。不要以为只有有钱的人才能获得开心快乐,如果采取适当的方式,即使我们身无分文,同样可以获得幸福。

成功由"错误"堆积

一位老农场主因为年迈,把他的农场交给一位外号叫"老错"的手下人去管理。

农场里有位堆草垛高手心里很不服气,因为他从来都没有把"老错"放在眼里过。他想,全农场哪个能够像我那样,一举挑杆子,草垛便像中了魔似的不偏不倚地落到了预想的位置上?回想"老错"刚进农场那会儿,连杆子都拿不稳,掉得满地都是草,有时甚至还砸在自己的头上,非常搞笑。等他学会了堆草垛,又去学割草,留下歪歪斜斜高高低低一片狼藉的草坪;别人睡觉了,他半夜里去了马房,观察一匹病马,说是要学学怎样给马治病。为了这些古怪的念头,"老错"出尽了洋相,不然怎么叫他"老错"呢?

老农场主知道堆草高手的心思,邀请他到家里喝茶聊天:"你可爱的宝宝还好吗?平时都由他们的妈妈照顾吧?"高手点点头,看得出来他很喜欢他的孩子。老农场主又说:"如果孩子的妈妈有事离开,孩子又哭又闹怎么办呢?""当然得由我来管他们啦。孩子刚出生那阵子真是手忙脚乱,不过现在好多了。"高手说。

老人叹了一口气,说:"当父母可不容易。随着孩子渐渐长大,你需要考虑的事情还很多很多,不管你愿意不愿意,因为你是父亲。对我来说,这个农场也就是我的孩子,早年我也是什么都不懂,但我可以学。也经过了很多次的失败,就像'老错'那样,经常遭到别人的嘲笑。"

话说到这个节骨眼上,这位堆草高手似乎领会了老人的用意,脸上露出了愧色。

成功,就是由无数个"错误"堆积起来的。无论做任何事情,都难免会犯错,错误并不可怕,正是这些错误给了我们许多有益的经验,成功就是由错误堆积出来的。当我们的错误达到一定程度,我们就不会再犯错误了。所以面对错误,最重要的是敢于直面、敢于接受并改正错误,总有一天你会取得成功。

能吃苦也是一种资本

能够吃苦,也是一种资本,能够吃苦,你会变得更为强大。

只是在影片里见过那被击倒的拳击手,他躺在地上喘着粗气,浑身伤痕累累,嘴角还淌着血,却没有一个人给他送花,为他鼓掌;只是在旅途中看过那拉船的纤夫,喊着震天动地的号子,弯着腰将沉重的纤绳勒进隆起的胸肌⋯⋯

大多数人都是旁观者。

没有经历饥饿的历史,你便不知道一粒米的可贵,不知道那些被太阳晒黑了皮肤的耕种者的可敬,当然更无从感受饿得头昏眼花或者伸手乞讨的可悲和可怕⋯⋯

没有受过寒流的侵袭,你的血液里、你的胃肠里就不能孕育生长出抗争的细胞,你必然十分脆弱,容易发抖、容易胆寒,周身缺少足够的热流和火焰,心中常常忧虑:靠什么温暖被冻僵的脸庞和手指呢?

没有尝过寄人篱下的滋味、听不到风凉话、看不到冷面孔,过多的奉承让你形成不健全的性格。突然某一天,你背靠的大树倒了,你开始失宠,在坑坑洼洼的路上,你肯定不如别人那样行走自如。

拿破仑在谈到他的一员大将马塞纳时说,在平时他的真面目是展现不出来的,但是当他在战场上看到头缠绷带的伤兵和遍地的尸体时,他内在的"狮性"就会突然发作起来,他打起仗来就像恶魔一般勇敢。

人类有几种本性除非遭受巨大的打击和刺激,是永远不会显露出来、永远不会爆发的。这种神秘的力量深藏在人内心的最深处,非一般的刺激所能激发，但是每当人们受了讥讽、凌辱、欺侮以后，就会激发出一种新的力量来，做出从前所不能做的事。

艰难的情形、失望的境地和贫穷的状况，在历史上曾经造就了很多伟人。要是拿破仑在年轻时没有遇到什么窘迫、绝望，那么他绝不会那么多谋、那么镇定、那么刚勇。巨大的危机和事变，往往是造就出许多伟人的契机。

苦，可以折磨人，也可锻炼人；蜜，可以养人，也可害人。

因此，能吃苦也是一种资本。

把嘲笑当动力

罗斯福总统在发迹以前曾饱受朋友们嘲弄的"恩惠"。那些朋友们对他丑陋的长相和虚弱的体格常常嘲笑，但却因此激起了他的斗志，他决定到西部去把身体练好。当他被人戏弄时，丝毫不为保住面子而竭力辩解，反之，他对他们的指责，都坦然接受。

有一天，他在北德兰德斯与许多同伴砍伐树木，以便在那里建筑一栋屋子。当傍晚下工时，工头问他们每人砍了几株，有一个喜欢开玩笑的工人说："皮尔砍了 35 株，我砍了 49 株，罗斯福则只砍了 17 株，但他更辛苦，因为他是用牙齿咬下来的。"罗斯福在旁听了，想想自己所砍下的树，切口上的斧迹确实是高低不齐，好像咬下来的一般，不禁连自己也好笑起来。他老实承认自己的成绩，比起别人的，确实是相差很远。

后来，罗斯福成了北德兰德斯牧场的主人，常常出外打猎，于是就很想得到射猎山羊的诀窍。他打听到某处有一位著名的猎师，名叫威尔斯，便写信去请他来做老师。那封信的末尾说："请你告诉我，如果我想去猎一只白山羊，能够如愿以偿吗？"

那位猎师是一个粗人，不懂礼貌，就在罗斯福那张信纸的背面，写了一封回信说："假使你的猎术没有你的写信技术高明，那你即使看见山羊从你面前奔过，你也休想碰掉它的一根毫毛。"

对于如此充满嘲弄和挑衅的话，如果罗斯福是一个高傲自大、不能忍受丝毫侮辱的人，他接到这封回信一定会勃然大怒，绝对不会再向得罪他的猎师请教了。但他没有这样做,他发了一封电报去,请那位猎师立刻动身前来。因为,罗斯福深知那位粗鲁但爱讲老实话的猎师,比一些只知谄媚奉承、对自己的话言听计从的人好得多。

心性懦弱的人,会被嘲笑的力量压弯原本挺直的脊梁;而心性刚强的人,则会把别人的嘲笑视做一种自我完善的力量。

一个人受了嘲笑,不要窘态毕露,无地自容,更不必过于计较。嘲笑其实是别人把一些你不自知的缺点给你揭露出来。我们的脸皮不可太薄,一受嘲笑便神经过敏、不能镇定,这是缺点;但如果脸皮太厚,无动于衷,不接受别人的指责,不改进自己的缺点,也是不可取的。

不挨骂长不大

日本大企业家福富先生在做服务生的时候,常常被老板毛利先生责骂。

福富发现自己每次挨了责骂后都会得到一些启示,学会一些事情,所以福富当年总是"主动地""找骂"。只要遇见了毛利先生,福富绝不会像其他怕麻烦的服务生一样逃之夭夭,他会掌握机会,立刻趋身向前,向毛利先生打招呼,并请教说:"早安! 请问我有什么地方需要改进?"

这时,毛利先生便会对他指出许多需要注意的地方,福富在聆听训话之后,必定马上遵照他的指示改正缺点。

福富之所以主动地到毛利先生面前请教,是因为他深知年纪轻、资历浅的服务生很难有机会和老板交谈,只有如此把握机会,别无他法。而且向老板请教,通常正是老板在视察自己工作的时候,这就是向老板推销自己的最佳时机。所以,毛利先生对福富的印象就深刻,对福富有所指示时,也总是亲切地直呼他的名字,告诉福富什么地方需要注意。

他就这样每天主动又虚心地向他请教,持续了两年。有一天,毛利先生对福富说:"我经过长期观察,发现你工作相当勤勉,值得鼓励,所以明天开始我请你担任经理。"就这样,19岁的服务生一下子便晋升为经理,在待遇方面也提高了很多。被人指责训诲,就是在接受另一种形式的教育。对于毛利先生两年以来的不断教导,福富至今仍感激不已。

在被别人尤其是被自己的上级或者比自己尊贵的人指责或训诲时，非但要认真地听，听完之后，还要面带笑容，以愉悦的口吻回应："是的，我已经知道了，您说得很中肯，我一定严格要求自己。"

相反地，如果遇到这种情况，显出非常紧张或不屑神情的话，就会让对方认为你心存反抗，而感到不舒服。换言之，静静地接受指责或聆听训诲，并保持不失礼的态度来和对方亲近，就是在尊崇对方，是留给对方良好印象的窍门。

如果你因在众人面前被责骂而感到非常丢脸，因此产生怨恨的话，那就大错特错了，这时，你要换个角度来想，想他是在培养自己、教育自己、帮助自己是在给自己面子。你要这么想：最没有前途的人，就是被忽视的人。在众人当中，他认为只有你才值得被他特别地责骂，那么你就是最有前途的一个，你应为他对你充满期待而感到骄傲。

劣势也能变优势

有一个小男孩非常喜欢柔道，然而却因意外事故失去左臂，他身残志坚，决定继续学下去。

最终，小男孩拜一位日本柔道大师做了师傅。他学得不错，可是练了3个月，师傅只教了他一招，小男孩有点弄不懂了。

他终于忍不住问师傅："我是不是应该再学学其他招数？"

师傅回答说："不错，你的确只会一招，但你只需学会这一招就够了。"

小男孩并不是很明白，但他很相信师傅，于是就继续照着练了下去。

几个月后，师傅第一次带小男孩去参加比赛。连小男孩自己也没有想到居然轻轻松松地赢了前两轮。第三轮稍稍有点艰难，但对手还是很快就变得有些急躁，连连进攻，小男孩敏捷地施展出自己的那一招，又赢了。就这样，小男孩迷迷糊糊地进入了决赛。

决赛的对手比小男孩高大强壮许多，也似乎更有经验。一度，小男孩显得有点招架不住，裁判担心小男孩会受伤，就叫了暂停，还打算就此终止比赛，然而师傅不答应，坚持说："继续比赛！"

比赛重新开始后，对手放松了戒备，小男孩立刻使出他的那招，制服了对手,赢了比赛,夺得了冠军。

回家的路上,小男孩和师傅一起回顾每场比赛的每一个细节,小男孩鼓起勇气说出了心里的疑问:"师傅,我怎能就凭一招而赢得了冠军呢?"

师傅答道:"有两个原因:第一,你几乎完全掌握了柔道中最难的一招;第二,就我所知,要对付这一招,唯一的办法是对手抓住你的左臂。"

有的时候,人的某方面的缺陷未必就永远是劣势,只要善加利用,劣势就会转化成优势。

金无足赤,人无完人。每个人都会有自己的劣势和缺陷,有些人面对自己的缺陷,总是想办法遮掩,害怕别人的嘲笑,这样做往往适得其反。正确的态度是,坦然面对自己的缺陷,不刻意掩饰,敢于挑战自我,并根据自己的具体情况确立自己的目标,从而将劣势转化成优势。

压力向下,动力向上

"压力就是动力",这句话早已被当做真理灌输进我们的思维当中。当我们态度消极的时候,当我们对工作和生活感到厌烦的时候,我们要说:"给我点儿压力吧!这样我才会有前进的动力。"

事实上"压力就是动力"并非在任何时候都是一条真理。适当的压力的确可以产生动力,从而使自己的潜能得以发挥;而一旦压力超出了人体所能承受的范围,它不但不会产生动力,反而会给人的身心带来巨大的损害。

任何人都会遇到压力。要想工作得顺心顺手,就必须接受这些压力,把它当成现实工作中的一部分,尽力去排解它。与其逃避压力,不如正面回应它。面对压力,你有两种选择,一是举白旗投降,承认你一点办法都没有;二是找出一条完全不同的新路径,试着用一种新的态度来处理压力,寻找到一个平衡点,把压力维持在一个有利的范围之内,这样你才能向成功迈进。

动力是推动自己勇往直前的力量。要想在工作中取得成功,单纯地排解压力是远远不够的,你需要挖掘动力的源泉,让动力不断地推动你前进。

缓解压力的方法各不相同,但构成动力的元素却都一样,不外乎自信、乐观、不屈不挠、热忱以及坚韧的耐力。自信使你相信自己具有达到目标的能力,乐观让你相信凡事都有正面解决之道,不屈不挠才能一直向着目标努力,有了热忱和耐力才能享受过程中的快乐,不至于灰心丧气,一蹶不振。这几个要素是相互促进、相辅相成的,只有共同运作,你才能获得到达目标的动力。

人的机体之所以能保持健康、活泼,是因为人体的血液时刻在循环、在更新。同样,人之所以能在工作中始终保持积极状态,是因为有源源不断的动力。所以,每个人都应该时刻吸收新思想,把自己的动力激发出来,唯有这样,你的事业才能一天天地发展壮大。

那些满足现状、失去工作动力、对存在的问题视而不见的人,如果不转换自己的想法,是绝对发现不了自身的不足的,只会走入失败的迷途。

美国的一位传媒大亨在一次公司会议上宣布要收购旧金山三家报纸。大家讨论时,老板故意问助理对现在的职位和薪水是否满足,那名助理回答说非常满足。老板十分失望地说:"我可不愿意让我的任何一个下属满足现有的地位和收入,丢掉了工作动力,而中止他的发展前途啊!"

没有动力的人,太容易满足,这样的人一生只会机械地工作,争取仅仅用来生存的薪金;只有力争上游的人,才会努力挖掘自己的动力,努力进取,从一个胜利走向另一个胜利,从一次辉煌走向另一次辉煌。不能把所有的压力都看成动力,只有把向下的压力反转过来才能把它变成向上的动力。学会缓解压力,寻找推动自身发展的动力,这样你将会成为生活的主人。

与众人为伍

有位哲人说:"平易近人的作风再进一步延伸,就是与任何人都能打成一片的了不起的本事。在你进入社会时,要抛下自己的理念和价值,戴上最适合那个团体的面具。"

这样做的道理在于:大多数人都是简单而平庸的,他们未经思考就接受了某些理念和价值,他们的信仰具有强烈的情感色彩,他们习惯于把问题简单化。一旦你标新立异，表现得与众不同，那就等于是在向他们发出挑战。

因此，明智的人在与平庸的人为伍时，无论在言语上还是行动上，常常都显得十分温和、平易，与大众毫无区别。当然，在内心他们则有自己的一份信念和追求。有这样一个故事：

幸运女神端坐在光亮的宝座上，头上戴着至尊无上的王冠，周围站满了侍奉她的仆人。只不过，她不大搭理她们。

这时，有两个人走进宫殿来求她帮助。

第一个人提出的恳求是，请幸运女神能够让他在崇理求真的人中间走运，获得聪明睿智、品行高洁者的欢心善待，赢得他们的信任和支持。

旁观的人们一听，马上互使眼色，说："当心！不然世界就是他的了。"

可是，只有幸运女神不以为然。她面色凝重，黯然神伤地答应了这个人的请求。

第二个人走上前来，所请求的恰恰相反：他想在无知与愚蠢的人中间意气风发，获得他们的赞扬和拥戴。

众人一听，都感到第二个人的请求太荒唐了，他们纷纷对这个古怪而一本正经的请求哄堂大笑。但幸运女神却面露微笑，高兴地准许了他的请求。

两个人都感到心满意足，连声感激地告辞而去。他们一走，众人已注意到幸运女神刚才的神情变化，尽管仆人们平时惯于察言观色，经常揣摩女主人的心意，但仍然对她刚才的表现困惑不解。

其实，幸运女神早已经觉察到了这一点，于是扬声问道："你们认为，刚才的那两个人哪个是聪明的？第一个吗？不！你们那种想法大错特错了。他是个蠢人，既不知道自己追求什么，也成就不了任何事。第二个人很清楚自己所为何来，在世界上无往不胜的将是他。"

众人深感奇怪，认为幸运女神的话十分矛盾。幸运女神见状，于是再为大家解惑："世上的智者寥寥无几，一国之中，连两个都找不到。但无知之辈却众多，庸者无数，能够得到众人支持的人，必将能够统治整个世界。"

融入团体，与众人为伍，你会有意想不到的收获。

经验比理论更重要

有一个渔夫，打了一辈子的鱼，有着一流的捕鱼技能和丰富的捕鱼经验，因而得到很多渔民的尊崇，被称为"渔神"。

然而，在"渔神"年老的时候，他却感到非常苦恼，因为他有三个儿子，都很平庸，连最起码的捕鱼技术都不能熟练地掌握，这不仅让他感到没有颜面，更让他为自己儿子将来的生活来源感到忧虑。

因此，他经常向周围的人诉说心中的苦恼："我捕鱼的技术这么好，我的儿子为什么就这么差？我真不明白。我从他们刚懂事起就开始传授捕鱼技术给他们了，从最基本的东西教起，告诉他们怎样织网最容易捕到鱼，怎样划船不会惊动鱼，怎样下网最容易请鱼入瓮——我多年来辛辛苦苦总结出来的经验，都毫无保留地传授给他们，可是他们的捕鱼能力竟然赶不上普通渔民的儿子！"

一位路人听了他的诉说后，问道："你一直手把手地教他们吗？"

"是的，为了让他们得到一流的捕鱼技术，我教得很仔细。"

"他们一直跟着你吗？"

"是的，为了让他们少走弯路，我一直让他们跟着我学。"

路人说："这样说来，那就不是你儿子的问题，而是你的问题了。因为你只传授给他们技术，却没有传授给他们教训——对于才能来说，没有教训与没有经验一样，都是不能使人成大器的。"

"渔神"只是把自己捕鱼的技能传授给儿子，但并没有让孩子去接受实践和锻炼，结果他的儿子由于缺少经验和教训，仍然难以掌握其中的技术。为什么会出现这种状况呢？因为在实践中，人们对于经验教训的理解要比干巴巴的理论深刻得多。在这个世界上，只有失败才能教会你如何从困境中爬出来，从而不再重蹈覆辙。所以，人不能做温室里的小苗，那样将无法长大。

生活中有很多家长像"渔神"一样，他们出于对孩子的溺爱，很少让孩子亲自去体验生活。殊不知，对孩子而言，爱得太多有时候也会造成伤害，自己的生活总需要自己来承担，如果总是躺在父母的臂弯下，又怎么能在风雨来临的时候勇敢面对呢？

只有勇于实践，不断地在失败中总结经验教训，才能为下一次的成功奠定坚实的基础。别人的经验，无论怎样，对我们自己而言都是非常枯燥、毫无生命可言的；只有自己在生活中总结出的经验教训，对我们而言才是最为宝贵的，因为只有它们才最切合自己，能够指引我们走上人生的坦途。

人人都是老师

上古时，黄帝带领了六位随从到贝茨山见大傀，在半途上却突然迷路了。后来，黄帝在前行的道路上恰好遇到一位放牛的牧童，他们便上前询问。

黄帝微笑着问道："小孩，贝茨山要往哪个方向走，你知道吗？"

牧童很天真地看着他，指了指要去的方向，很神气地说："当然知道啊，在那边！就在那边！"

黄帝又问他："你知道大傀住哪里吗？"

小孩撅着嘴说："当然知道啊！"

黄帝吃了一惊，还真小瞧了这小孩，于是又很随意地问道："你知道如何治国平天下吗？"

那牧童甩了甩鞭子，说："知道，这还不简单吗？就像我放牧的方法一样，只要把牛的劣性全部除去，它就会变得很温顺，那一切就平定了呀！治天下不也是一样吗？"

黄帝听后，非常佩服，真是后生可畏。原以为这小孩什么都不懂，却没想到他居然从日常生活中悟出了治国平天下的道理。

黄帝整天苦思冥想而不得其解的问题，没想到却被一个放牧的小孩用生活中极其简单的道理给点破了。有的时候，我们自己觉得很严重的事情，其实并不复杂，只是我们自己因为过于沉湎其中，因而看不到事情的本质，如果我们能够调整一下思路，让自己走出所处的环境，那我们的成功也就指日可待了。

有许多人喜欢以"老前辈"的口吻来教育人，自己在某方面积累了一点经验,就开始倚老卖老,开口闭口以"我的经验"来否定新人的创见,认为后辈太肤浅,阅历不多,绝对要他们从思想上服从自己。其实,对于生活中经验比我们丰富的"老前辈",他们的经验固然值得我们学习,但新一代的新见解、新思路,也值得我们研究和重视。

学习是无止境的,同时我们获得知识的范围和途径也是没有任何界限的。任何人,不分贵贱,不分年龄的大小,都可以成为我们某方面的老师。人不是全能的,当你在某一个方面欠缺的时候,往往有人在这个方面是强大的,因此,术业有专攻,人人皆可为师。

为别人喝彩

在动物王国的体育大赛上,羚羊获得了长跑冠军,猴子获得了攀登冠军,袋鼠获得了跳远冠军。在猩猩与野猪的赛跑比赛中,猩猩跑到中间便败下阵来,但却毫无怨言地为跑到终点的野猪鼓掌致意。比赛结束,猩猩获得了最佳荣誉奖。

狮子说:"当大家都在为自己家族的运动员取得好成绩欢呼雀跃时,唯有猩猩不忘为别人喝彩。"

为别人喝彩值得我们推崇。为别人喝彩,是人格大度的表现。

生活中,很多人只知为自己的进步与成功窃喜和欢呼,对别人的成就则常常冷漠得面无表情,无动于衷,很少真心实意地为别人喝彩。

其实,为别人喝彩是一种智慧,因为你在欣赏别人的时候,也在不断地提升和完善自我;为别人喝彩是一种美德,付出了赞美,这非但不会损害你的自尊,相反还将收获友谊与合作;为别人喝彩是一种人格修养,赞赏别人的过程,其实也是矫正自己的狭隘自私和妒忌心理,从而培养大家风范的过程。

为自己喝彩容易,为别人喝彩困难,在人生的道路上,你应该学会为别人喝彩。

以退为进

我们在谈到成功之道时,更多地强调要有一种勇往直前的精神、一种积极进取的精神。但是,有时候,一味地硬冲硬打未必就是一种最好的方法,以退为进也是一种人生策略。

的确,狭路相逢勇者胜。人必须要有勇气,面对艰难险阻,人应当有一种勇往直前的大无畏精神,疾风知劲草,人须有傲骨,面对险恶的局势,人应当有一种"宁为玉碎,不为瓦全"的精神。这种不达目的誓不罢休的精神我们应当提倡,但是,客观世界是复杂多变的,就某个具体的事情来说,也有其"时"、"势"的问题,在某些特定的时间、环境下,采取以退为进的方法,是一种积极的人生策略,而并非是消极退让。

美国前总统克林顿在跟白宫女实习生莱温斯基的那场"拉链门"风波之时,我们可以想一想,当克林顿与莱温斯基的私情东窗事发,如果克林顿拒不承认,采取死撑着的态度,这完全可以是一种选择。毕竟,当着全世界人的面,堂堂的美国总统承认自己的丑事,这是多让人难为情的事情啊!但克林顿聪明之处就在于他采取了一种以退为进的策略,承认了自己的错误。这么做,其实是将包袱扔给了所有的美国人,我已经承认了我自己的错误,你们有权力让我下台,你们也有权力让我继续留在总统的位子上,对一个已经承认错误的人,你们就看着办吧!

清朝康熙皇帝继位时年龄很小,功臣鳌拜掌握了朝中大权,还蓄谋妄想夺取皇位。康熙帝十分清楚鳌拜的野心,但他觉得自己根基未稳,准备还不充分,于是索性不问政事,整天与一帮哥们儿游戏,以造成一种自己幼稚无知的假象。一次,康熙帝着便服同索额图一起去拜访鳌拜,鳌拜见皇帝突然来访,以为事情败露,伸手到炕上的被褥中摸出一把尖刀,被索额图一把抓住。直到这时,康熙帝仍装糊涂说:"这没什么,想我满人自古以来就有刀不离身的习惯,有何奇怪!"康熙帝此举让鳌拜对他彻底放松了戒备,最后康熙帝等时机成熟时一举将其擒获,可以说放出长线钓上了大鱼。

政治斗争如此，商界如此，甚至在我们平时的工作、做人的各方面亦如此，以退为进，你会做得更好。

特立独行一次

我们一直都是父母的乖儿子、乖女儿，所以很小的时候，我们就在别人设置的规则中成长。小孩子刚出生时，本来是无拘无束的，但大人却告诉我们，不能上树、不能爬墙、不要在小河里玩……

做孩子的真可怜，一切自由浪漫的想法都被那些所谓见多识广的大人们给扼杀了。其实多数时候，他们对孩子的管束只不过是泯灭了天性，把枷锁从前辈的人身上传接过来，自己套上，然后再去套孩子。

等我们长大了，我们满心希望自己能有更多的自由空间，谁知道，年龄越大，外部强加的设置或是规矩越多。你有你的思想，你太与众不同，社会就会将你的棱角用锋利的斧头削平，直到你血流满身，再也不敢张扬你的个性。慢慢地你也开始适应这样的情形，从初始的反抗到后来出于无奈的沉默再到视而不见的麻木，最后你也"识时务者为俊杰"，同流合污起来。

所以，要想在这样的社会中特立独行是需要非凡的勇气的。

如果我们特立独行，别人的眼睛就会紧紧盯住我们，他们会对我们的行为发表议论。假使我们脆弱，经不起某些人的谩骂和侮辱，几番袭击，我们便满身伤痕，无处可逃。

要想特立独行，就得有大无畏的气魄和胆识。除了这种气魄，还要有坚强的意志、百折不挠的韧性。总而言之，要想特立独行，任何宝贵的品性和素质你都得具备，而且还要运用得当。

当然，我们的特立独行不能妨害其他人的生活。你只有做到这一点，才可以理直气壮地回击那些反对你的人；只有做到这一点，才可以真正把特立独行坚持到底。

有时候，你会依从自己的情绪，不断地尝试改变，用特立独行的花卉装饰自己的生活。也许，特立独行不能从根本上解开你对于生活的困惑，但确实帮你逃出了大多数人盲目遵从的轨迹,让你收获了快意和满足。

改变一下发型,换一换香水的味道,穿一穿时尚的服饰,听一听刺激神经的音乐,在旷野放声吟咏诗歌……

一切都可以改变心情,让我们的生活多姿多彩,何必在意别人怎样看呢?

爱,并非罗网

男朋友和琳达分手了,处在情绪低落中,从他告诉她应该停止见面的那一刻起,琳达就觉得自己整个人都被毁了。她吃不下、睡不着,工作时注意力无法集中。人一下消瘦了许多,有些人甚至认不出琳达来。一个月过后,琳达还是不能接受男朋友和自己分手这一事实。

一天,她坐在教堂前院子里的椅子上,漫无边际地胡思乱想着。不知什么时候,来了一位老先生。他从衣袋里拿出一个小纸口袋开始喂鸽子。成群的鸽子围着他,啄食着他撒出来的面包屑,很快,就飞来了上百只鸽子。他转身向琳达打招呼,并问她喜不喜欢鸽子。琳达耸耸肩说:"不是特别喜欢。"他微笑着告诉琳达:"当我还是小男孩的时候,我们村里有一个饲养鸽子的男人,那个男人为自己拥有鸽子感到骄傲。但我实在不懂,如果他真爱鸽子,为什么把它们关进笼子,使它们不能展翅飞翔,所以我问他。但他说:'如果不把鸽子关进笼子,它们可能会飞走,离开我。'可我还是想不通,你怎么可能一边爱鸽子,一边却把它们关在笼子里,阻止它们要飞的愿望呢?"

琳达听到这个故事很受触动,她有一种强烈的感觉,老先生在试图通过讲故事,给她讲一个道理。虽然他并不知道琳达当时的状态,但他讲的故事和琳达的情况太相似了。琳达曾经强迫男朋友回到自己身边。她总认为只要他回到自己身边,一切就都会好起来。但那也许不是爱,只是害怕寂寞罢了。

老先生转过身去继续喂鸽子。琳达默默地想了一会儿,然后伤心地对他说:"有时候要放弃自己心爱的人是很难的。"他点了点头,但是,他说："如果你不能给你所爱的人自由，就说明你并不是真的爱他。"

一位年轻的诗人说："人生的美丽就在于它有情、有爱、有牵挂。"不错，这份情、爱和牵挂即使到了生命的最后一刻也是我们最抛不下的，不知不觉之中，这些情感已经成为一张巨大的罗网把我们罩在了中央。但是，生活中有多少个人可与你相处成真正有益的亲密关系？你一年、一周、一天究竟有多少与人深刻分享的时间？

叔本华把人比做一群挤在一起相互取暖的豪猪，如果它们彼此靠得太近就会刺痛对方；如果离得太远又要挨冻。所以只有不断地移动，它们才能避免这两个极端。

在亲密和孤独之间找到恰当的平衡要求你能够正确地辨别，并且敢于抛开那些已经疲乏了的、限制了你成长的关系。决定摆脱疲乏的关系实在不容易。当我们想要摆脱的时候，罪恶感和责任感往往会像洪水一样涌来。我们真的有权利终止这些关系吗？或许我们太自私了？还是我们没有许诺的能力？碰到我们需要抛开的人有一些要求，并且表达出来的时候，这些疑虑会更加复杂。

"没有你我活不下去。"

"你说过我们会永远在一起的，如果你离开，我的生活将失去一切意义。"

"在这个冷酷的世界上，我认为我们的友谊是永远值得看重的。"

如果没有强大的决心，我们根本无法克服心理上的虚弱，要从这种罗网中挣脱出来！但是，只有丢弃等待被满足的依赖性需要，保证自己的时间和精力不被平静而不真实的关系耗尽时，我们才可能拥有有意义的人生。曾经体验过亲密关系的人都知道，与一个可以让你保持本色的人相处会让你受益无穷。

在亲情、友情和爱情中，都可能存在疲乏了的关系，然而，却有不少人始终挣扎在爱与痛的边缘，爱早已成了鸡肋，食之无味，弃之可惜。心灵在爱的罗网中体验不到爱原本应该有的甜蜜和快乐，长期地备受折磨的心终归会变得麻木而冷漠，更可怕的是，有的人是早早地心碎了，打捞起来的除了悲哀，就是悔恨。

真爱其实很简单

一个失去下肢的女孩,身残志坚,凭着她坚强的毅力、坚韧的生命力和强烈的自信心,坚强地活了下来,而且一直是靠自己的辛勤劳动养活自己,因此她被当做先进典型,在电视上广为宣传。电视上的她看上去美丽、自信,和一个正常人没有两样,甚至比许多正常人看上去更快乐、更精神。她是一个真正美丽的女人。而一位健康、帅气的小伙子正是被她顽强的生命力、被她对生活无比热爱的精神所感动,也有对她的艰难困苦的同情,而不顾家人的顽固阻挠和世人的闲言碎语,娶了她。他们过起了幸福、甜蜜、相濡以沫的美满生活。

不久,勤劳而贤惠的妻子冒着生命危险,坚决要为所爱的丈夫生下一个孩子,以满足丈夫的心愿。丈夫为妻子的生命安全而劝阻她,然而妻子甘愿冒这个险。于是,在经历了痛苦的煎熬之后,妻子生下了一个男孩,一个健康、可爱的男孩!不久,他们又拥有了第二个孩子,一个活泼可爱、健康漂亮的女儿,看着电视上流露甜蜜笑容的夫妻俩,相信所有的人都会无比欣慰和感动。

他们是不幸的,他们承受了比常人更多的艰辛和困苦,然而他们又是幸福的,他们体会着许多常人不曾体会过的喜悦和甜蜜。他们是满足的,所以他们是幸福的;他们是相依为命的,所以他们的爱情是无比坚韧的,不可击破的;他们的爱情来之不易,所以他们比常人更加珍惜。

他们坚守着他们的爱情,尽管他们平凡;他们充满信心而无比虔诚地过着他们的日子,尽管他们贫穷;他们的爱情无比动人,令人羡慕,因为他们都真诚而炽烈地爱着对方。尽管他们的爱情没有惊天动地的壮举,没有令人羡慕的玫瑰,没有浪漫的烛光晚餐;妻子没有动人心魄的容貌,丈夫不是文质彬彬的绅士,然而,他们爱得真诚。他们的爱很简单,但他们的爱却很长久。有一天,皱纹爬上他们的面庞,他们看上去苍老、皮肤粗糙,然而他们的爱还存在着。他们的爱,是值得所有人去追求和羡慕的爱!因为它的真挚与永恒。

从他们身上,我们得知,真爱其实很简单。不需要美貌,只要有健全的心态;不需要地位,只要有做人的尊严;不需要万贯家财,只要可以维持生计;不需要荣耀,只需要互相的支持和亲情的温暖,真爱就可以到来!

朋友,你有真爱吗?如果你现在已经拥有,请你好好珍惜;如果你觉得你曾经很爱很爱的人现在已经不美丽了,那么,你现在改变看法还来得及。只要你懂得珍惜,真爱其实很简单!

伤害之爱

有一个猎人是村里出了名的捕猎能手。有一年乡里受了雹灾,庄稼严重受损,鼠害特别严重,一夜之间能毁坏大片庄稼。为减少鼠害带来的损失,这位猎手经过多次试验,调制出一种新型灭鼠诱饵,这种诱饵表面上涂满了老鼠爱吃的奶油和优质面粉,中间包着短时间内能置其于死地的剧毒药物。

那年秋收时猎手到田里捕鼠,在老鼠出没的洞口放置诱饵后,猎手就躲在麦垛后等待老鼠出洞。没过多久,一只大老鼠引着成群结队的小老鼠出来了。大老鼠警惕地看了看四周,身后的小老鼠队列有序,静待命令。大老鼠果然上钩了,它并没有急着吞下诱饵,而是将诱饵喂给饿得叽叽叫喊的小老鼠,在它准备将诱饵喂给小老鼠的瞬间,药性发作了,它浑身打战,意识到已中计,而这时小老鼠急不可待地啃起诱饵,泥枣一大半已被小老鼠吞在嘴里。大老鼠挣扎着从小老鼠嘴里夺下诱饵,并且一下子咬断了小老鼠的舌头吐在地上,并立即发出哀鸣——儿女们要警惕,千万不能再碰诱饵!大老鼠旋即死去,小老鼠嘴里血流不止,众鼠看到惨象后全部逃散。

猎手被震惊了,简直不敢相信眼前所发生的一幕,为了保全儿女的生命,大老鼠在生命的最后一刻忍痛咬断了小老鼠已中毒的舌头!

从那以后猎手再也没捕过鼠。

爱有时候是很残酷的,有些爱随着生命的消失、岁月的变迁可以腐烂,但有一种爱可穿越生命的铜墙铁壁,洞穿人生的荣辱得失,利剑斩不断,时间毁不灭,让我们永远刻骨铭心。有一种爱叫伤害,害如鸿毛、爱如泰山,让一切豪言壮语失去重量,在我们灵魂深处筑起一座最高的丰碑。

给予即是快乐

从前有个国王,非常宠爱自己的独生子。这位年轻的王子没有一项欲望不能得到满足。父王的钟爱与至高无上的权力,可以让这位王子得到一切想要的东西。然而王子却常常紧锁眉头,很不快乐。

有一天,一位巫师走进王宫,对国王说,他能有办法使王子快乐,可以把王子的愁容变做笑容。国王很高兴地回答说:"假如你真能办成这件事,那你所要的任何赏赐,我都可以答应。"

巫师将王子带进一间密室,用白色的东西,在一张纸上涂了些笔画。他把那张纸交给王子,嘱咐他走入一间暗室,然后燃起蜡烛,注视着纸上呈现出了什么。说完,巫师就走了。

这位年轻的王子遵命而行。在烛光的映照下,他看见那些白色的字迹化作美丽的绿色然后变成了这样的几个字:"每天为别人做一件善事!"王子遵从巫师的劝告去做,不久,他就真的成了全国最快乐的少年。

一个人,除非有助于他人,除非生活充满了喜悦与快乐,除非养成对人人都怀着善意的习惯,对人人抱着亲爱友善的态度,否则他就不能称得上成功,也不能称得上幸福。

假如一个人能够大彻大悟,尽心尽力地去为他人服务,他的生命一定能奇迹般地迅速升华。最有助于人生命的,莫过于在早年就养成善心善意和爱人的习惯,在给予中感受快乐,在奉献中充实人生。

另外的出口

在美国西部的一个农场,有一个伐木工人叫刘易斯。一天,他单独开车到很远的地方去伐木。一棵被他用电锯锯断的大树倒下时,被对面的大树弹了回来，他躲闪不及，右腿被沉重的树干死死压住，顿时血流不止，疼痛难忍。面对自己伐木史上从未遇到过的灾难，他的第一反应就是："我该怎么办？"

他看到了这样一个严酷的现实：周围几十里没有村庄和居民，如果10小时以内没有人来救他，他就会因为流血过多而死亡。他不能等待，必须自己救自己。他用尽全身力气想抽出那条腿，可怎么也抽不出来。他摸到身边的斧子，开始砍树。但因为用力过猛，才砍了三四下，斧柄就断了。他真是觉得没有希望了，不禁叹了一口气，但他克制住了痛苦和失望。他向四周望了望，发现在不远的地方，放着他的电锯。他用断了的斧柄把电锯弄到手，想用电锯将压着他腿的树干锯掉。可是，他很快发现村干是斜着的，如果锯树，树干就会把锯条死死夹住，根本拉动不了。看来，死亡是不可避免了。

然而，正当他几乎绝望的时候，他忽然想到了另一条路，那就是不锯树而把自己被压住的大腿锯掉。这是唯一可以保住性命的办法！他当机立断，毅然决然地拿起电锯锯断了被压着的大腿。他终于用难以想象的决心和勇气，成功地拯救了自己！

人生总免不了要遭遇这样或者那样的失败，确切地说，我们几乎每天都在经受和体验各种失败。有时候，我们甚至会在毫不经意和不知不觉中与失败不期而遇。面对失败，我们又往往会采取习惯的措施和办法——或以紧急救火的方式扑救失败，或以被动补漏的办法延缓失败，或以收拾残局的方法打扫失败，或以引以为戒的思维总结失败……虽然这些都是失败之后十分需要甚至必不可少的，但却没有多大意义。任凭失败向我们袭来而无力改变，实在是更大的失败和遗憾。

失败时，我们不妨换一个角度去思考，也许就会走出所谓的失败，走向成功，所以说问题的关键不是失败，而是我们对待失败的心态。

从前有位国王，梦见山倒了、水枯了、花也谢了，便叫王后给他解梦。王后说："大事不好。山倒了指江山要倒；水枯了指民众离心，君是舟民是水，水枯了，舟也不能行了；花谢了指好景不长。"国王听后大惊，从此患病且越来越重。一位大臣要参见国王，国王在病榻上说出了心事，哪知大臣一听，大笑说："太好了，山倒了指从此天下太平；水枯了指真龙现身，国王你是真龙天子；花谢了，花谢见果呀！"国王听后全身轻松，病也好了。

所以,当我们失败时,如果能静下心来,换一个角度看待它,那么我们就有可能看到另一番天地。

生活的真谛是简洁

有这么一句谚语:"没有人能背着行李游到岸上。"同样,人生的旅途上,无论是步行还是搭载车辆,超重的行李都会使命运多舛。

漫漫人生之旅,过多的"行李"让你付出的代价不仅仅是金钱和体力,你无法像没有负担那样迅速地实现你的目标,甚至可能永远都不能实现你的目标。这不仅会剥夺你的快乐和满足感,甚至最终会让你彻底失败。

那些看似勤奋的人,整日背着"行李"生活,他们可能认为只有这样才会有成功的满足感,事实上,只有明智的人才明白:简洁是生活的真谛。

一个商人坐在东海岸边一个小渔村的码头上,看着一个渔夫划着一艘小船靠岸,小船上有好几尾大黄鳍鲔鱼。商人对渔夫捕到这么高档的鱼恭维了一番,问他要多少时间才能捕到这些鱼。渔夫回答:"不一会儿的工夫就捕到了。"商人又问:"你为什么不多待一会儿,再多捕一些呢?"渔夫不以为然地说:"这些鱼已经足够我一家人生活所需了!"商人又问:"那么你每天剩下那么多时间都在干什么呢?"渔夫解释说:"我每天睡到自然醒,出海捕几条鱼,回来后跟孩子们玩一玩,再睡个午觉,黄昏时到村子里喝点酒,跟朋友们玩玩吉他,日子过得既充实又快乐。"

商人显得很不以为然,帮他出主意说:"你应该每天多花一些时间去捕鱼,挣了钱再买更多的渔船。然后你就可以拥有一个船队,到时候就不用把鱼卖给鱼贩子,而可以直接卖给加工厂,或者自己开一家罐头厂,这样你就可以控制整个生产、加工处理和行销过程。生意做大了你还可以离开这个小渔村,搬到洛杉矶,再到纽约,在那里继续经营并不断扩充你的企业。"

渔夫问:"这要花多少时间呢?"商人回答说:"15 到 20 年。"渔夫问:"然后呢?"商人说:"然后你就运筹帷幄,时机一到,就宣布股票上市,把你公司的股份卖给投资大众,这时候你就发大财了!"

渔夫问:"再然后呢?"

商人说:"到那个时候你就可以退休了,可以搬到海边的小渔村去住。每天睡到自然醒,出海随便抓几条鱼,跟孩子们玩一玩,再睡个午觉,黄昏时,到村子里喝点酒,跟朋友们玩玩吉他!"

渔夫不屑地说:"有那么复杂吗? 我现在不是已经在享受这种生活了吗?"

是啊! 我们有必要把生活弄得那么复杂吗? 简洁才是生活的真谛。可是,现实生活中,活得很累的人却不在少数,他们常常把本来非常简单的事情想得很复杂。他们的痛苦源自对未来丧失了信心,不清楚应该如何安排自己的生活。

一个追求简洁而又善于放松自己的"懒人"反倒常常能拥有充实的人生。一个人如果追求复杂而奢侈的生活,就不会有多少快乐,贪欲无度只会烦恼不断,让人在疲惫中走完生命历程。

第六章　拥有良好的习惯也是一种生活态度

好习惯成就事业

　　一个人事业的成功需要有良好的习惯。习惯是一种伟大的力量，它能左右我们的命运，甚至决定人的一生。我们从那些成功者和失败者那里得出的结论是：习惯左右成败，习惯改变人生。

　　习惯，是一个人思想与行为的真正领导者。习惯是人们长时期养成的不易改变的动作、生活方式、社会风尚等。事实上，广义的习惯不仅指此，还包括人类所有的优点。它是"知识"、"技巧"与"意愿"三者的混合体。

　　一个人事业的成功需要有好的习惯作基础，任何人都不能否认习惯在左右我们的命运。成功者，习惯之积也；习惯者，成功之器也。养成良好的习惯，会给我们带来很大的帮助；没有良好的习惯，事业则很难成功。虽然习惯不会说话，但它却是我们行为的代言人。

　　有个能识几个字的穷人在亚历山大国图书馆发生火灾后，得到了一本记载着关于点石成金的书。书中记载这块奇石在黑海边可能找到，奇石的外表与普通石头并没什么区别，只是奇石摸起来是温暖的，而普通石头则是冰凉的。于是穷人收拾行囊，变卖了所有家当，露宿在黑海边，开始了寻找奇石的历程。

　　如果捡到冰凉的石头随手乱扔的话，就有可能重复地捡到摸过的石头，这样会影响工作量和工作效率。为了不让这种情况发生，穷人不得不把捡到的每块冰凉的石头扔到海里。一天天过去了，穷人没有捡到传说中的奇石，一个月、一年、两年、三年……他还是没捡到传说中的奇石，但他并不气馁，继续捡石头、扔石头，反重地工作着。一天早上，他捡起一块石头，一摸是温的，但他仍然随手扔进了海里。这是为什么呢？因为他已养成了往海里扔石头的习惯。扔石头已成了他习惯性的动作，以至于当他捡到梦寐以求、苦苦寻觅的奇石时，他还是习惯性地把它扔进了海里。

看到上面这个带点悲剧色彩的故事，大家可能会感到吃惊，其实，类似这样的事情都可能发生在我们每个人身上。

英国教育学家洛克说："习惯一旦养成，便用不着借助记忆，很容易、很自然就能发挥作用了。"在这个故事中，穷人的可贵之处，在于坚持不懈地努力，而其失败之处却也正在于太依赖于习惯，缺乏"停顿"下来的思考、认真的比较，或者是哪怕一点点小结，总结一下、思索一下手中的石头是否是真的冰凉，是否该扔到海里。培根说："习惯是一种顽强而巨大的力量，它可以主宰人生。"所以，对追求和渴望成功的人来说，不应只埋头苦干，更应回头看看走过的路，及时省察，以免在机械的习惯中错失良机，导致失败。

在日常生活和工作中，每个人都有不同的习惯。在这些习惯中，有好的，也有坏的，好习惯是你成功的基石，而坏习惯只会阻碍你的成功！

有这样一个寓言故事：

有一天，一头猪到马厩里去看望它的好朋友老马，并且准备留在那里过夜。

天黑了，该睡觉了，猪钻进了一个草堆，躺得舒舒服服的。但是，过了很久，猪醒了，看见马还站在那儿不动。猪问马为什么还不睡，马回答说，自己这样站着就算已经开始睡觉了。

猪觉得很奇怪，就说："站着怎么能睡觉呢，这样一点也不安适。"

马回答说："安适，这是你的习惯。作为马，我们的习惯就是奔跑。所以，即使是在睡觉的时候，我们也随时准备奔跑。"

动物尚有自己的习惯，何况是人。人们在日常生活和繁忙的工作中，自然而然地形成一种为人所忽略的习性——习惯，这是决定一个人一生的平坦与坎坷、失败与成功、乐观与悲观、失意与得意的关键因素。人们总是对别人的成功羡慕不已，但是你可曾想过，是什么使和我们一样平凡的人成为人中精英，让他们不再平庸，让他们在平凡中脱颖而出，过上出人头地的、与众不同的生活呢？这就是因为他们有一个好的习惯！

拿破仑曾经说过："成功和失败都源自你所养成的习惯。"人类的行为受习惯的影响，习惯是由一个人行为的累积而定型的，它决定人的性格，进而成为决定人生的重要因素。总而言之，行为决定习惯，习惯决定人生。

每个人，都可以通过改变习惯而改变自己的人生。即便是命运多变，生命中充满挫折，只要能够养成良好的习惯、正确的认知，只要具有积极的人生态度，就最终会排除人生旅途中的各种困难，从而走向成功。

曾有一位记者问一位诺贝尔奖获得者："您在什么时候、什么地方学到的东西，对您的一生起着最重要的作用呢？"

这位学者毫不犹豫地说："在幼儿园里。"

"幼儿园里教了什么？"

"把自己的东西分一半给小朋友，不是自己的东西不要拿，东西放整齐，做错了事要道歉，答应小朋友或别人的事要做到，等等。"这就是习惯。习惯对于一个人的事业来说是非常重要的，好的习惯对我们的任何方面都是有帮助的，养成好的习惯就是向成功迈进了一步，天天有一个好的习惯，我们的事业必将有所成。

一个人工作、学习、生活的好坏，一小部分与智力因素相关，但大部分与非智力因素相关，而在信心、意志、习惯、兴趣、爱好、性格等非智力因素中，习惯又占有重要的位置。曾经有人做过一个试验，让三个人完成同样的一件事，没想到，结果却因为每个人工作习惯的不同而出人意料。

养成好习惯并不难，过程虽然痛苦，可一旦养成，就会成为我们终生的财富。比如，一个人养成了一个良好的工作习惯，他对工作有一种亲和心理，会从心底把工作当成自己的第一需要，让它变成一种乐趣。他会有意识地按照平时的套路做那些与工作相关的事，从而在不知不觉中，把事情做得既轻松又有条理。这样的话，工作的过程就变成享受快乐的过程，不仅自己快乐，上司也喜欢，岂不是一件双赢的好事？

所以，从长远考虑，无论对我们的事业，还是对我们的人生来说，把握机会应该先从养成好习惯做起。

习惯决定人生

　　所有的人都知道习惯是一种力量，但一般人所看到的往往是不好的一面。习惯常常统治及强迫人们违背他们的意愿、欲望与爱好，甚至有的时候让人们不由自主地为它做任何事情。那么，这股强大的力量是否能够如同其他的自然力量一样，让人们更好地控制及利用呢？如果人们能够控制成功，那么，人们也许能支配习惯，而不再做习惯的奴隶，更不会一面抱怨，一面却要老老实实地听命于它。

　　鲁迅先生曾说："地上本没有路，走的人多了也便成了路。"走路的时候人们希望走出一条便捷之路，走出一条成功之路，只是有时用"便捷"换取的只是"曲径"，走上了"斜路"。而习惯何尝不是呢？每个人都希望形成一种好的习惯，但却往往为惰性、不良的惯性所阻碍。可见，行路难，形成好习惯也不易啊！只有用坚定的意志力才能击败人自身的"惰性"，最终才能形成改变人生的良好习惯。就像我们在生活中坚持每天运动，意志的作用就在无形中消退一样，因为这已经形成一种习惯。

　　有一个跨国大企业贴出招聘广告后，应征者有几千人之多，经过严格的筛选后，只留下了三个人，由总裁亲自面试。在面试之前，这位总裁在他的办公室门口丢了一些垃圾。第一个进来的人，连看都没有看就进去面试了；第二个人进去后，虽然看到有垃圾，但还是不屑一顾地走了过去；第三个人进去时，他将这个垃圾捡起来放到了废纸篓中，在面试时，总裁问他："为什么你要去捡那个垃圾呢？"他回答说："因为我平时就有这种习惯。"尽管他的学历是最低的，可是他却因为平时的习惯，得到了这份令人羡慕的工作。

　　看完上面这个故事，我们很容易发现，"习惯"对一个人的成功是多么重要！就拿这个故事来说，就算你拥有很高的学历，很可能一开始会被录取，但是日子久了，老板发现你并没有好的习惯，你也许会因此而被解聘。所以，做人是否成功和学历的高低并没有太大的关联，而培养一个良好的习惯，对我们来说才是最重要的。

　　我们都知道仲永顿悟苦学闭门思过的故事。许多同龄人都怀着崇拜的心情，纷纷来访。来访之人个个英俊潇洒，神采奕奕，且文笔出众；而仲永虽文笔高于他们，但未老先衰，委靡不振。看到这样的情况，仲永不明白。通过一番交流，才知这都是自己晚睡早起的学习习惯惹的祸。于是，他在各方面都进行了调整，并写入日记，予以自律。过了一段时间后，仲永果然文采精进，容光焕发。遂曰："良好的习惯可以改变人生。"

在我们的生活和工作中，没有好的习惯，将会影响我们的一生。有一个众人皆知的故事，讲的是一个小男孩小时候从外面偷了一只羊回来，他的母亲不但不呵斥他，还夸他做得好。于是，小男孩就一直偷东西，长大后成了惯偷，被警察抓获后，警察问他有什么心愿，他说想见母亲一面。人之常情，谁在落难时都想见一下亲人，可没想到的是他居然咬掉了母亲的耳朵，并责怪母亲当初为何没有好好地教育他。

这个小男孩就是因为在母亲的鼓励下养成了坏习惯，才会落到如此下场，毁了自己的一生。好习惯与坏习惯都是因为长期反复地做，而变成了生活中必不可少的一部分，由此我们可以看出，养成一个好习惯是多么的重要。

某公司有一个职工，负责审核公司的一些文件。一天，公司的董事长因为有急事要外出，就叫这个职工帮自己审核一下文件，并告诉他那份文件是他要准备参加一个会议的资料，要认真检查。这个职工拿起来审核了一遍，没发现什么问题，于是便随手放在了桌子上。不一会儿，董事长办完事回来，他看都没看随手拿出文件给了董事长。董事长来到会议室，拿出文件后，发现这份文件并不是他的那份文件，董事长没有办法只好谎称自己要去打个电话，找那位职工换回了自己的文件。不久，那位职工就被公司解聘了。

还有一个职工，他是董事长的秘书。有一天，这位董事长准备去参加一个重要的会议，早晨，他准备了一些有关会议的资料。到了下午，他要去参加会议了，便拿出文件叫秘书先拿着。秘书很细心，看了一下文件，发现文件拿错了，便赶紧告诉了董事长，董事长立即换了文件。没过多久，那位秘书被升为了经理。

这两个例子说明我们平时的习惯，关系着我们的将来，我们一定要把握住它。

对我们而言，坏习惯往往比好习惯更容易养成，养成好习惯必须要具有坚强的意志和坚定的信念。因为一时的疲劳,而轻易放弃的人,是不会拥有好习惯的;而要养成坏习惯,却很容易。因此,如果一个人没有坚定的信念和毅力是无法养成好习惯的。

下面这个故事,对我们也许会有所启迪。

从前有一对父子住在山上,他们每天都要赶牛车下山卖柴。老父亲有经验,坐镇驾车,山路崎岖,弯道特多,儿子眼神比较好,总是在要转弯时提醒道:"爹,转弯啦!"有一次父亲因病没有下山,儿子一人驾车。到了弯道,牛就是怎么也不肯转弯,儿子用尽各种方法,下车又推又拉,用青草诱之,牛就是一动不动。到底是怎么回事呢?儿子百思不得其解。最后只有一个办法了,他左右看看无人,贴近牛的耳朵大声叫道:"爹,转弯啦!"牛果然应声而动。牛用条件反射的方式活着,而人则按照习惯生活。一个成功的人懂得如何去培养好的习惯来代替坏的习惯,好的习惯越积越多,自然而然就会有一个好的结果、好的人生。

有位哲人曾经说过,性格决定命运,习惯决定人生。古希腊哲学家亚里士多德说:"人的行为总是一再重复。因此,卓越不是单一的举动,而是习惯。"被《时代》杂志誉为"人类潜能的导师"的美国学者柯维博士说:"成功其实是习惯使然。习惯对我们的生活有巨大的影响,因为它是一贯的。习惯在不知不觉中影响着我们的品德,暴露出我们的本性,左右着我们的成败。习惯确实影响着我们各方面的发展,我们的人生也基本上由它来决定。"

习惯是人生中的一柄"双刃剑",如果我们运用得当,它会帮助我们轻松地获得人生的快乐与成功;运用得不好,它会使我们的一切努力都付诸东流,甚至有可能会毁掉我们的一生。千里之行,始于足下,养成好习惯吧,因为习惯决定着人生!

习惯改变命运

习惯是人们在不经意间积累起来的思想行为,它默默无声地生长、发芽、开花、结果。好的习惯可以开出芬芳的花朵,长出香甜的果实;坏的习惯则会使花儿枯萎,果实酸涩。一个人的习惯,在一定意义上反映着一个

人的文化教养和精神追求。不同时代、不同民族、不同文化修养的人，在习惯上有很大的不同。

拿破仑曾经说："习惯能成就一个人，也能够摧毁一个人。"

下面的故事，值得我们思考。

从前有一个猎人，一次，他在打猎途中捡回一个老鹰蛋，拿回家，放在了母鸡正在孵的鸡蛋中。没过多久，小鹰和小鸡一起出世了。在母鸡的照顾下，小鹰很高兴地和小鸡们生活在一起，小鹰当然不知道它是一只鹰，它和小鸡们一样学习鸡的各种生活本领，母鸡也不知道它是一只鹰，按照教育其他小鸡那样的方式教育小鹰，这只小鹰一直按照鸡的习惯生活，在它们生活的地方，不时有老鹰从空中飞过，每当老鹰飞过时，小鹰就说："在空中飞行多好啊，有一天我也要那样飞起来。"听它这么说，母鸡每次都要提醒它："别做梦了，你只是一只小鸡！"其他的小鸡也一起说："你只是一只小鸡，你不可能飞那么高！"被提醒的次数多了，小鹰终于相信它永远不可能飞那么高，所以当小鹰再看到老鹰飞过来时，它便主动提醒自己，我是一只小鸡，我不可能飞那么高。就这样，这只鹰到死的那一天也没有飞翔过，虽然它有翱翔蓝天的翅膀和强健的体格。

可见，习惯虽小，却影响深远，它可以让人的一生发生重大变化。

人们都知道，雄鹰从出生的那刻起便开始练习飞翔。它的翅膀习惯了挑战风雪、搏击闪电，它的心灵习惯了仰望天空、蔑视苦难，一天天、一月月、一年年，那高傲、孤独的鹰坚持不懈，最终翱翔在广袤的蓝天上。这是鹰的命运，从习惯中的一点一滴，扑打出终生的自由自在。

鹰尚且如此，何况人乎？古人有训："九层之台，起于垒土。"每个习惯的养成都会在你命运的画卷上勾勒出浓重的一笔，最后展现的会是一幅怎样的画卷，全在于你平时点滴的积累。

下面这个例子，很值得人们回味。

几年以前，一位国有企业的厂长，在企业并不景气的情况下，接到了一笔国外订单，价值600万元，全厂职工闻讯顿时欢欣鼓舞，摩拳擦掌准备大干一场。谈判那一天，厂长与外商谈判十分顺利，眼看时已过午，厂长热情地邀请外商共进午餐，然后再正式签订合同，大功即将告成。可就在去餐厅的路上，这位厂长嗓子发痒，"啪"一口痰吐在了地上。外商见状立即止步，表示合同不签了，结束这还没有开始的合作。原因是连厂长都不爱惜自己工厂的环境,外商怀疑这种企业领导人带领下的职工素质。看起来外商似乎有点吹毛求疵,小题大做,但是作为我们自己来讲,必须反省,这一悲剧的制造者不是外商,而是本应具有较高素质的厂长。表面看是他的一口痰,实质上是他的一种坏习惯,而且是我们很多人不以为意、司空见惯的恶习,毁掉了一笔可观的生意,让全厂职工感到失望,也使这位厂长错过了一次成交的机会。成败也许就在一瞬间。

命运,始终是自己的,当你说它被注定的时候,它也仅是由你的习惯去注定。养成一种好习惯,铺筑一条坚实的路,命运就会向你微笑;养成一种好的习惯,汇聚一片广阔的海洋,命运就会向你招手。

好习惯,好结果

好习惯是金

我们从生活中可以发现,每一位成功人士,总有一些不同于常人之处,其中具备良好的习惯则是关键的一条。培根在论说人生时指出:"习惯是一种多么顽强的力量,它可以主宰人的一生。一切天性和诺言,都不如习惯有力。"正所谓观念变,行动就变;行动变,习惯就变;习惯变,性格就变;性格变,命运就变;命运变,您的一生就改变。我们可以毫不夸张地说,习惯比什么都重要,习惯决定了所有的一切。

形成一种良好的习惯,会让你终生受益。譬如说快速走路、快速讲话,一般人对此可能不以为然,但如果你能坚持下去,久而久之就会养成快速行动的习惯。这就是一个好的习惯,因为干什么事都讲效率。我们在长期的工作生活中应坚持做到:如果可以在今天完成的事,绝不拖到明天或后天;明天的事情今天做完了,可以先考虑后天要做的事。这样一来,就能永远把时间往前提,实际上就是在提升我们的生命质量,无形中把生命延长了,让我们更快地走向成功。反之,那种凡事慢吞吞的人,不管遇到什么事能拖多久就拖多久,这类人不仅大脑使用的频率低了,而且即使用,也是整天想着没办完的事情,没有时间思考新的事情,思想就不可能有什么创新。这种拖拖拉拉的习惯还会慢慢地往依赖上过渡,结果使人不仅不能向成功迈进一步,反而还会离成功越来越远。

很多好习惯在人际交往中的体现是多方面的。一个人能时刻注意自己的行为举止及装束，便是尊重他人的习惯。不要以为这仅仅是生活中的一个小细节，你不注意，不尊重他人，恐怕连你自己都不知道，为此我们应该养成注重信息反馈的习惯。在与别人交往时，我们应该用一只眼睛注意对方，用另一只眼睛看自己，我们应该根据对方接受的程度，随时调整自己的言行。特别是第一次见面，一定要让对方愿意同你相处，建立对方对你的好感，这往往是交往成功的一半。再加上我们在上面讲的养成一种快速行动的习惯，这样就可以让我们做一个直截了当的人，做什么事都不转弯抹角，这种与人交往的习惯会让对方对你产生信任感。

不管做什么事我们都应当养成一种认真、注意力集中的习惯，这对于我们做好工作十分重要。可以想象，不论与他人谈话、思考问题，还是观察事物、处理事情，一旦注意力不集中，就会忽略许多至关重要的细节，你的判断就会出现偏差，这是一种不负责任的态度，是一种坏习惯。想要克服它，我们就必须培养凡事认真的好习惯。比如，在独自思考问题时，努力把抽象的问题通过形象思维在脑海里浮现出来，这样就容易把事物分辨清楚。这也正是促进人的思维发展、锻炼空间想象能力和形象思维能力的好习惯。注意力集中，还会使你冷静思考，以便对各种意见进行筛选，这将有助于主见的形成。对我们来说，有主见的习惯，会让我们抛开依赖，独立思考，从而能够获得对事物正确的判断。

凡是有追求的人，做什么事都会有理想与目标，一旦确立了远大的理想，就会养成设立许多小目标的习惯，也就会养成有计划的习惯，这种习惯就是战略思维的筹划能力。明确了为目标而努力的人，就具有了上进心，自然而然就能养成不断激励自己的好习惯。所以，只有确立理想与目标，才能激发一个人巨大的热情、兴趣和自信。有了理想与目标的推动，人的智商和潜能才能够得到充分的发挥。这样，不仅自己觉得有自信，同时，还会让自己胸襟开阔，会让我们对事物的看法比常人超前一些。有了理想与目标之后，也要注意诚信，让诚实的品质在设定的每个目标下体现出来，在诚信中朝着理想与目标迈进，也就会更有兴趣、更热情地投入，从而也会做得更好。这样，你就可以取得比常人更大、更多的成功，从而改变自己的命运。

著名的心理学巨匠威廉·詹姆士说："播下一个行动，收获一种习惯；

播下一种习惯,收获一种性格;播下一种性格,收获一种命运。"一个好的习惯是人们走向成功的钥匙,而一个坏的习惯则会导致人们误入失败的深渊。通常人们都自觉或不自觉地受到习惯的左右,一旦养成了好习惯,将会终身受益。正如美国著名哲学家罗素所说:"人生幸福在于良好习惯的形成。"

一个人养成好的习惯是非常重要的,同时,也要克服坏习惯的形成,因为好的习惯可以造就人才,而坏的习惯可以毁灭人才。习惯,对人的成功与否有着重要的影响。

人们常说,种瓜得瓜,种豆得豆,习惯也是一样。一个人种下什么样的习惯,就会收获什么样的人生。所以,我们一定要注意,要养成对自己有益的好习惯,不要因为一个小小的坏习惯而成为一个失败者。

我们随处可见好习惯带来的好处。一个有准时习惯的人,无论是约会、会议,还是工作,都会遵守时间。你很有可能会因为不准时的习惯而不受他人的欢迎,自然以后有些事情可能就不好办了。

拿破仑认为,准时,对商人来说是一项特别宝贵的资产。俗话说得好,"时间就是金钱",这句话永远是正确的,在当今这个社会里,这个原则比以前显得更加重要。现代的企业是分秒必争。每个企业的主管和高级职员的日常工作安排都是满满的,他们没有多余的时间,他们每天如此,因此他们养成了一个准时、充分利用时间的好习惯。

守信是一种十分难得的品德和习惯。对于生意人来说,最有希望成功的商人,他们的信用一定很好,因为他们一定是准时接受订单,准时回复并交货,准时付款,准时提供服务。这也正是他们成功的所在。如果我们和别人做生意,到了预定的时间,订货迟迟没到,那么我们可以肯定地说,回头客是不会有的。因为你耽误了别人的时间,不讲信用。

节俭则是另一种可以养成的习惯。天生节俭的人,他们成功的机会要比别人多得多。习惯于节俭的人,知道平时注意节减开支和成本。在竞争激烈的商业社会里,就算是在很小的地方注意节省,也能积少成多,节俭的结果有时是我们意想不到的。

一个刚开始经商的人,最有价值的习惯就是在他作出决定之前,能够仔细地再想一遍。这个过程也许只需要几分钟,甚至几秒钟,但是收获却很大,它可以让人有机会来整理自己的思路,回想自己为什么会作出这样的决定。看起来很简单的过程，实际上对我们作出正确决定是非常有用的。

拿破仑对"养成自己这种习惯的秘诀"的态度也是肯定的。他认为，每个人都应当在下决心之前停留一分钟，最后一次冷静地整理思绪。的确，我们每个人在作任何决定的时候，都要进行最后一分钟的回顾，因为这一分钟的影响可能是非常大的。

任何一个想成功的人，一定要养成在面对重大事情时轻松应对的习惯。成功人士都懂得如何放松自己，他们在面对逆境的时候，能够坦然地接受。他们总能保持冷静的思考，及时做出反应，并随时准备发现新的机会，随时准备了解和应对新问题和新情况。正因为他们养成了一个好的习惯、一个战胜自我的习惯，结果给自己寻找到了更多成功的机会。

我们都知道，英国著名科学家培根，他一生成就斐然。在谈到习惯时他深有感触地说："习惯真是一种顽强而巨大的力量，它可以主宰人的一生，因此，人从幼年起就应该通过教育培养一种良好的习惯。"如果你渴望获得较好的学习成绩、获得成功的事业，那么，就请你尽早养成良好习惯吧！只有养成好的习惯才会有成功的收获。

当我们看到好习惯带来的好结果时，对自己来说是一个很大的鼓舞。很多人都看过《谁动了我的奶酪》，其中的小矮人唧唧，在寻找新奶酪的路途中，用大量想象中的奶酪来激励自己。如果一个人的目标结果得到了别人的认同，那么这个结果将具有更大的激励作用。

要成为一个成功的人士，就必须知道习惯的影响对我们是非常大的，而且还必须了解，要养成好习惯，必须一直努力地去做，同时还要警惕那些可能会破坏好习惯的恶习，这样才会有一个好的结果。

好习惯就像存钱，每天积累一点，年终就会有惊喜。成功人士并不一定比别人聪明，他们只不过是比别人多了一些良好的习惯，正是这些习惯，不仅让他们在行动上有了动力，也让他们有机会获得更多的知识，变得有毅力和恒心，使他们的工作更有效率。

坏习惯是成功的绊脚石

在生活、工作中，习惯决定命运是被大家公认的一个真理。因此，要想拥有美好的未来，必须在平时养成良好的生活习惯。这个问题对于那些想要创建霸业的人来说就显得更加重要。

　　大家都知道，我们的生活是由无数个日常细节所组成的。在对细节问题进行处理的过程中，很自然地就形成了一个人的生活习惯。一般情况下，人们都会以为这些细节是无关紧要的。殊不知，有些问题往往就出现在被人忽视的细节中，而我们的失败也往往是由这些问题造成的。

　　小刘是某企业的一名职员，他的生活习惯非常糟糕。每天早晨，都是闹钟把他从梦乡中叫醒。直到离上班时间不多了，他才急急忙忙地穿上衣服，随随便便洗漱一下，吃点早点，紧接着就是飞奔着去赶车。到了公司以后，他总是心不在焉地工作，一会儿抽烟，一会儿喝茶，工作没有条理，讨论起问题来谁也没他嗓门高，下班的时候他总是第一个走。晚上下班回家后，喜欢炒上几个小菜，备好几杯好酒。吃饱喝足后邀来几位朋友，围坐在一起"方城雀战"。直到午夜过后，朋友们才陆续离去，他也才会筋疲力尽地上床休息。于是，第二天又要闹钟来催他起床。就这样天天如此，最终形成了恶性循环。

　　小刘就这样一天天地生活，但他自我感觉过得有滋有味。他原想多拿些工资为心爱的女儿找一个好的学校，为自己亲爱的妻子添些服饰。不幸的是，厄运很快降临了。由于他业绩平平，再加上人缘极差，不久便被老板解雇了。可悲的是，到了这时，他竟然连自己被辞的原因都没有搞清楚。

　　其实，大家都可以看出来，造成这一切的原因就是因为小刘的那些不良的生活习惯。常言说得好，"当局者迷，旁观者清"。只有当我们置身事外的时候，才能发现别人身上的缺点和毛病，一旦事情发生在自己身上，常常不知道自己究竟错在了哪里，这就像我们自己看不到自己的后脑勺一样。

　　在我们的生活中，肯定有很多人像上面故事里的主人公那样懒散、空虚。如果真的发现自己有与其相似之处，就需要马上改正，否则对你事业的发展、家庭的幸福都会有影响。对于如何去改正、去克服这些缺点，则需要你坐下来冷静、仔细地去思考，想想自己目前的生活现状，看看自己目前是否处在生活的困局当中。如果发现一些不良的习惯，就应该积极主动地纠正。

　　我们大家都明白，好的习惯与坏的习惯并不是与生俱来的，而是我们后天受环境等诸多因素影响逐步形成的。这种生活习惯一旦形成，必将对我们做人、做事等都有影响。而人类的天性中又有一种出自本能的懒散，这种本能的懒散天性反过来又会使我们按照某种"行为模式"去处世。结果，我们先前已经形成的生活习惯就会被进一步强化，这就形成了由行为模式到方式习惯的定势，而方式习惯定势又影响到行为模式的循环。在这种反复不断循环的过程中，如果你的生活习惯是良性的，那么循环就是一种良性的循环；相反，如果你的生活习惯是不良的，那么也就只能出现恶性循环的结果。很显然，良性循环对我们的生活是有益无害的，它能推动我们走向成功；而恶性循环就不一样了，它将对我们的生活起阻碍作用，影响我们走向成功。

因此，我们不能否认，生活习惯对我们的成长并不是无关紧要的，可以肯定地说，它对我们的生活具有十分重要的作用。有人说，成功者之所以成功，就是因为他们具备良好的生活习惯。把生活习惯看成是取得成功的一个重要条件，这是很有道理的。生活中，事业不成功，家庭不幸福的人有很多，这并不是因为他们不聪明和没有才智，也不是因为他们怀才不遇或生不逢时，而常常是因为这些人没有养成良好的生活习惯。

生活习惯对我们的影响是非常大的，它不仅可以帮助我们获得更多的成功机会，还可以帮助我们创造机会。如果我们想成功创业，就必须郑重地审视一下自己的思维方式、行为方式以及生活习惯，并努力改变它们，使它们朝更好的方向去发展。我们可以用笔记下自己的生活习惯，然后与成功人士进行比较，借鉴别人的成功经验，发现自己的不足，马上改正，促使自己养成好习惯。

发现自己有不良习惯，要马上改正。那时你会发现，自己变得和以前不一样了，心情比以前好多了，脸上的微笑也多了，就连做起事来也变得顺利了。可见，习惯对一个人是多么重要！好的习惯越积越多，事业成功的机会也会越来越高，生活也将变得更加美好。

好习惯是人生的财富，是人生成功的助力。英国教育家洛克曾说过："习惯一旦养成后便用不着借助记忆，很容易很自然地就能发生作用。"培养你的好习惯，会对你的人生有很大的影响。

自信,成功的基础

前苏联作家马克西姆·高尔基曾有过这样的表述:"只有满怀自信的人,才能在任何地方都怀有自信,沉浸在生活当中,并实现自己的意志。"反之,如果一个人失去自信心,就非常容易被颓废和绝望所困扰,甚至会因此而毁掉自己的一生。每个人都有一件至珍至贵的东西,那就是自信心。

自信是一种自我激励的精神力量,它能够激发一个人的潜意识,释放智慧、展示才能,是一种自我战胜的力量源泉,它可以帮助你排除千险,克服万难,战胜自我,体现自身价值;自信是成功的基础,拥有自信,是成功的前提。只有充满自信的人,才会乐观开朗,信心十足,对所追求的目标矢志不移,义无反顾;只有充满自信的人,才会走向成功的彼岸。

1. 自信,成功的动力

自信是一个人成功的基础,自信是推动人们不断前进的动力,自信还是人的立身之本。

我们可以回想一下,哪个名人的成功不归功于自信呢? 因为自信,关云长单刀赴会;因为自信,比尔·盖茨弃学从商;因为自信,毛遂才能脱颖而出。自信,是人生成功的奠基石。我们拥有自信,就等于为自己铺平了成功之路,这样,我们就可以踏着自信的石阶步步攀登,去追寻成功的目标,实现人生的理想。

诗仙李白有诗云:"天生我材必有用,千金散尽还复来。"布鲁诺在火刑架上面对着熊熊燃烧的大火,仍对自己的观点笃信不疑:这个世界最终会了解我的。20世纪20年代末期,中国革命处于低潮,有许多人都提出了"红旗还能打多久"的疑问,可是毛泽东并没有低头,他坚定地说:"星星之火,可以燎原。"两年之后,在江西瑞金建立了中国第一个红色政权。经过十几年的斗争,伟大的中华人民共和国宣告成立。邓亚萍说:"我自信,我成功。"凭着这种精神,她在世界大赛中屡克强敌,即使在比分落后时也能镇定自若,信心百倍,反败为胜。看看这些人物,他们之所以能成功,就在于他们的这种精神。

在这个社会中，不管一个人多么贫穷，只要他在不断进步，即便是缓慢地进步，生活也是健康向上、充满希望的，但是，他一旦不再进步、不再向前发展，那么他的生活就会变得死气沉沉、平庸至极。

一个想成功的人，永远不要承认失败和贫穷，要昂起头，信心十足地面对困难，勇敢地面对世界。无论遇到什么困难，都要坚定自己的信念，不要埋没自己的才华，抓住机会把它们发挥到极致，激发自己所有的潜能，勇敢地去承担重大的责任。

斯蒂芬·阿尔法在5年前经营的是小本农具买卖。虽然他的生活很平凡，也很体面，可是并不理想。他家的房子太小，也没有钱买他们想要的东西。

阿尔法作为一家之主，当他意识到爱妻和他的两个孩子并没有过上好日子时，他决定改变目前的生活状态。

阿尔法问自己：他的5位成功朋友拥有的优势是什么呢？他认真地思考，把自己的智力与他们作了一个比较，他觉得他们并不比自己更聪明；而他们所受的教育，他们的正直、个人习惯等，也并不拥有任何优势，在很多方面他们和自己都是一样的。终于，阿尔法想到了另一个成功的因素，那就是主动性。阿尔法不得不承认，他的朋友们在这点上更胜他一筹。

阿尔法第一次发现了自己的不足。他发现自己缺少主动性是因为他并不看重自己。阿尔法回忆着过去的一切。从他记事起，阿尔法缺乏自信心，总对自己说不行，不行，不行！做事之前他总是先想自己的短处，因此他所做的一切都表现出了自我贬值。

阿尔法想明白了并作出了决定："从今后，我再也不把自己当成一个二等公民了。"

此后，阿尔法保持着自信。他以首次与公司的面谈作为对自己自信心的第一次考验。面谈以前，阿尔法告诉自己要有勇气提出比原来工资高750美元甚至1000美元的要求。结果，阿尔法达到了目的，他获得了成功，因为他有了自信。

在一个人创业的过程中，目标是力量的源泉，自信是成功的基础，增强目标意识，不断用目标来鞭策自己、激励自己，就一定可以改变被动的局面。

在我们的生活中,有很多人都是因为没有自信心,一辈子都过着清贫的生活。因此,我们要想走向成功,首先要拥有自信。

有人常说:"自信是成功的一半。"这是因为,有了自信,使很多不可能变成了可能,使可能变为现实。从古至今,许多人之所以失败,并非因为无能,而是因为没有自信,内心感到自卑。而人一旦被自卑心理控制,就会使可能变成不可能,使不可能变成毫无希望。一个自信的人依靠自己的实力去实现自己的目标,而那些自卑的人却只能凭借侥幸而改变生活。

俗话说:"一份耕耘,一份收获。"自信也需要我们耕耘。一份自信,一份成功,十分自信,十分成功。假如你想做好一件事情,你就必须先拥有自信。当你不自信的时候,什么事情都难以做成。当你什么也做不好时,你就更加不自信。若想从这深渊中解脱出来,重建自信心,你不妨先从最有把握的事情做起,在这个过程中,不要总是怀疑自己"我能成功吗"?这样,你就难以撷取成功的果实。你应该满怀信心地对自己说:"这事并不难,我一定能成功。"这样,你离收获的季节便不再遥远了。

如果一个人没有自信的话,那他便没有成功,一个获得巨大成功的人,那一定是因为他自信。下面的历史事件证明了这一点。

公元前344年,亚历山大率领希腊联军渡过达达尼尔海峡,开始了人类著名的军事长征,就在他出发的前夕,他将自己全部的财产都分给了手下的战士。有的人问他给自己留下了什么,他的回答是"自信"。的确,拥有自信,就拥有了成功,也就拥有了一切。

在生活中,我们会遇到很多挫折和无奈,在我们因失败的困扰而不能解脱时,在我们面临残酷的厄运而开始怯懦时,在我们的人生旅途中因迷失方向而驻足不前时,我们需要自信,需要在"山重水复疑无路"的时候,让自己有意识地看到"柳暗花明又一村"的奇景。

2. 自信,照亮人生的目标

自信是一粒充满生命力的种子,深藏在人心里,随时都可能发芽,并开出绚烂多彩的花朵。

自信是心灵的灯光,时刻照亮着人生的坐标,辉煌着人生的过程。

自信是云蒸霞蔚下的奇妙景观,是自暴自弃的终点,是自强不息的起点。具有自信就是具备了开拓进取的基础和条件,因为有了自信,就有了创新精神和创新意识。成功是船,自信是帆;成功是高山,自信是登山的阶梯；成功是远方的路标，自信是脚下的跋涉。自信是愚公移山的信念，是精卫填海的毅力，是夸父逐日的追求。自信不是神话，但神话中的愚公、精卫却树起了一面自信的旗帜，飘扬在历史的岁月中，代代传诵着自信的力量。

自信是一缕和煦的春风，是一丝动人的微笑，是一片明朗的天空。自信让我们变得干练、成熟，自信使我们的脚步变得坚实稳健。

勤于思考，铸就成功

勤于思考是个好习惯，因为我们生存的世界奥妙无穷，一些看似寻常的事物和现象后面往往蕴涵着玄机和规律。吊灯在风中摆动，只有伽利略观察发现每次摆动的时间相同，并据此制成了摆钟；企鹅走路一摇一摆很笨拙，有人却发现这种走路方式最节省能量，从而设计出适合病人的走步机等。他们之所以能取得成功，并不仅仅是因为他们的聪慧，更在于他们善于观察、勤于思考。其实，成功的秘诀就是这么简单。

20世纪20年代，曾有一位欧洲的神父到山东传教。当他看到当地人民生活非常苦，便动了恻隐之心，于是，他苦思良策想改善教友们的生活。

有一天，当神父走过一户人家，他看见有一位妇人在门口梳头，有些头发掉在了地上，这一幕便触发了他的灵感。

这位神父想起了他的家乡——欧洲。自从工业革命以后，欧洲设立了许多工厂，厂内的每一位女工都必须戴发网上工，一来避免头发卷入机器内；二来也是一种装饰。如果把妇女掉在地上的头发捡起来，然后编织成发网销到欧洲去，不是可以改善教友们的生活吗？

就这样，神父告诉当地的妇女们，在梳头时，一定要把落发收集起来。另外，他又告诉商人，拿些针线与火柴去换取妇女掉落的头发，编织成发网，外销欧洲。最后，他的计划实现了。在企业界，企业家们有句名言：不怕口袋空空，只怕脑袋空空。只要我们善于动脑筋，垃圾也是可以变成黄金的。

我们不难看出，人与人有着同样的大脑，但为什么有的人可以顺利成功，而有的人却屡遭挫折？这是因为人与人还是有差别的，他们的差别在于思考问题的方式不同。

一个人若想成就大事，必须勤于思考，思考成功的目标，思考实现目标的时间、方案、步骤、风险以及避免风险的措施等。因为只有养成爱思考的习惯，在事业的开创过程中，才能不断地弥补不足之处，改正错误之处，只有这样，才会不断地进步，最终走向成功。下面的几则故事，会对我们有所启迪。

从前，有一个年轻的英国人在一家农场里度假，一次他仰卧在一棵苹果树下，这时，一只苹果落到了地上。

苹果为什么会落到地上呢？他问自己。地球会吸引苹果吗？苹果会吸引地球吗？它们会互相吸引吗？这里面包含什么样的道理呢？这位年轻人就是牛顿。由于勤于思考，他发现了一条极其重要的定律——万有引力定律。

无独有偶，伟大的物理学家爱因斯坦，出生于德国的一个小镇上，少年时期并没有显露出他所具有的天才。他说话很慢，以至于教师认为他"迟钝"、"愚笨"。其实，爱因斯坦是个极具聪明才智的人。他勤于思考，在回答任何问题之前，总要反复思考。他经常告诫自己，任何事情，在做出肯定回答之前，会有许许多多难以解释的问题值得认真思考。于是，他的老师不再向他提问了，可是爱因斯坦倒有一些问题要问，而这些问题恰恰是老师回答不出来的。因为爱因斯坦学得越多，需要思考的东西也就越多，思考的东西越多，提出的问题也就越多。他在12岁时就已自学了几何学和微积分两门难懂的课程，而这两门课程一般要在中学和大学才教。爱因斯坦还了解了地球、月亮、太阳和其他行星。他还知道了许多我们仅凭肉眼无法看到、必须借助大型望远镜才能观察到的十分遥远的星球。这些正是我们称之为宇宙的组成部分。他还推算出一些依靠当时的仪器设备还无法观察到的星体的存在，后来通过发达的科学技术证实了这些星球确实存在。

爱因斯坦还意识到宇宙中的一切必有其内在的规律，大小物体均如此。为什么星星在天空中移动而不会互相碰撞？又是什么将那些微小的原子组合在一起形成各种各样的物体呢？爱因斯坦一直在苦苦地思索，力图解答光、能量、运动、重力、空间和时间等方面令人费解的问题，最终他找出了确切的答案，并写出了著作——《狭义相对论》。

在生活中，我们不难发现，每一个成功人士总会积极地去发现，去思考、去探索。

霍英东先生就是这样的成功人士，他是中国香港立信建筑置业公司的创办人。在香港居民的眼中，他是个"奇特的发迹者"。"白手起家，短期发迹"、"无端发达"、"轻而易举"等，这些议论将霍英东的发迹蒙上了一层神秘的色彩。实际上霍英东的发迹并不神秘，而是他运用了"先出售、后建筑"的高招。另外他具有不错过任何一个机会来发展自己事业的可贵品质。朝鲜停战以后，霍英东独具慧眼，看出了香港人多地少的这个特点，并认准了在房地产业方面将大有可为。他毅然倾其多年的积蓄投资到房地产市场。在1954年，他开始着手成立立信建筑置业公司。他每日的工作都非常忙碌，不是拆就是建，不停地买和卖。用他自己的话说，他"从此翻开了人生崭新的、决定性的一页"！

就是这样，霍英东养成的勤于思考的习惯为自己的人生翻开了决定性的一页，从而成就了大业。

有一个很成功的推销员曾说过，他的成功源于他的勤于思考，多问自己几个"为什么"。他说，"去拜访顾客之前，我一定要先静下心，喝杯咖啡，擦擦皮鞋。这样一来，在我真正踏入顾客办公室之前，我就有了一个最后思索的机会——如何表现自己。所得到的效果是：除了能从容地应付对方所提的问题外，还能推销很多的东西。"所以说，无论作什么决定，无论重大与否，都要在此之前给自己留点思考的时间，多对自己发问。我们只有不断地向自己提问，养成这样一种习惯，才能发现问题，这样才能在事情的发展中少出问题，才能有准备地解决问题。

一个人的成功源于思考，因此要学会思考，学会总结，学会从思考中有所感悟，这样我们才能一步一步走向成功。

大家都知道麦当劳快餐店的创始人雷·克罗克，是美国最有影响的十大企业家之一。他的大部分时间都用在思考问题上，他喜欢经常到所属各分公司走走、看看、听听。在公司面临严重亏损危机时，他根据长时间的观察、思考发现了一个重要的原因，就是公司各职能部门经理有严重的官僚作风，不喜欢投入到工作中，而是喜欢靠在舒适的椅背上指手画脚。为了改变这种状况，克罗克苦苦思索并想出一个"奇招"，他下令把所有经理的椅子靠背锯掉，并立即执行。刚开始的时候大家都不理解，后来大家终于明白了他的良苦用心，纷纷走出办公室，深入基层，开展"走动管理"。由于及时发现问题并到现场解决问题，终于使公司扭亏为赢。这就是由思考创造出来的奇迹。

总之，不管何时，我们都要注意培养自己勤于思考和善于思考的习惯，因为成功源自勤于思考，而善于思考则是一把打开困惑之门的钥匙。

你也许不知道，在全世界 IBM 管理人员的桌上，都摆放着一块金属板，上面写着"Think"（想）。这种做法是由 IBM 创始人华特森创造的。

一天，寒风刺骨，霪雨霏霏，华特森一大早就主持了一个销售会议。会议一直进行到下午，气氛沉闷，无人发言，大家逐渐显得焦躁不安。

突然，华特森在黑板上写了一个很大的"Think"，然后对大家说："我们共同缺少的是，对每一个问题充分地去思考，别忘了，我们都是靠脑筋赚得薪水的。"从此，"Think"成为了华特森和公司的座右铭。

勤于思考、善于思考是人们成就一番事业的途径。人与人之间之所以存在能力的差别、贡献的大小，重要的一点就在于有没有敏锐的观察和思维能力。一个人只要养成勤于思考的好习惯，就一定能抓住成功的机遇，取得令人满意的成绩。

香港财富精英李嘉诚之所以能够成为世界级富豪，其成功秘诀自然有多条，但"肯用心思考未来"则是其中十分重要的一条。只有多多"思考未来"，才能看清方向，把握商机。企业家能否引领企业胜利远航，关键就在于是否能够把握住市场发展趋势，看清前进方向，对市场变化的走势、进程和结果作出正确的预测和判断，从而趋利避害，抢抓商机，掌握竞争的主动权。而要做到这一点，企业家就要经常思考未来，练就战略眼光，善于高瞻远瞩，审时度势，从而"运筹帷幄之中，决胜市场之上"。李嘉诚正是由于"经常思考未来"，才在经营中如有神助，屡创奇迹。比如1967 年香港社会不稳定，此时投资者普遍失去信心。香港房价暴跌，但是李嘉诚却凭借过人的眼光和魄力，逆向思维，人弃我取，趁机低价大规模收购其他房地产商刚开始打桩而又放弃的楼盘。这样，在 20 世纪 70年代香港楼宇需求大增时，他"赚到了很多钱"。

多多"思考未来"，才能着眼长远，树立品牌。事实证明，如果一个企业经营者目光短浅，急功近利，那么，他往往就会"捞一把，是一把"，缺少应有的信用和品牌意识，企业也就不可能获得长远发展。现在不少企业为什么经营不好、长不大、"引领风骚没几天",为什么中国企业普遍难以"大赢",一个很重要的原因就是企业经营者缺少"经常思考未来"的长远经营意识,常常为了眼前的蝇头小利,损害企业的长远利益。

因此,作为一个企业家,要不断学习,用时代的眼光、全球的眼光和战略家的眼光来分析和思考问题,并把握时机,"该出手时就出手"。唯有如此,才能把握好企业前进的方向,经营者才能成为市场竞争的大赢家。

经常阅读好书

好的书籍是人类的精神食粮,是推动人类进步的动力。经常阅读好书,不但可以开阔自己的视野,更可以使人从中受益无穷。

一杯浓茶,可以驱散倦意;一盏明灯,可以照亮旅程;一本好书,可以充实人生。

一位名人曾说过:"读一本好书,就是与许多高尚的人谈话。"

书,可以使人有亲近自然的感觉,可以感受春风夏雨,秋阳冬雪;书,可以令人拥抱亲情,学会把握生命中的每一份感动;书,可以解读人生,关注生命;书,可以令人踏进社会,思考现在与未来;书,可以令人回味历史,走近名人等。

书,可以让人沉醉于浩瀚的知识汪洋中,可以用心与心去交流,在情与情之间去相融。你会感动于文字的精美,感动于作者的慧心,感动于人间至情,感动于人生哲理,感动于校园生活的丰富多彩,感动于历史的沧桑和名人不平凡的人生经历。

有句话说得好:"书中自有黄金屋,书中自有颜如玉。"在书中,可以找到另一个五彩缤纷的世界,找到自己的一片天空。在那个完全属于自己的天地里,可以尽情地享受书带给我们的乐趣。

书,就像是一个装满宝贝的百宝箱,在书中,我们可以了解到许多我们在生活中暂时没有学到的知识。它让我们懂得,人生如果一帆风顺,无忧无虑,那反而会是人生的一种遗憾,因为只有经历过风雨,才能看见美丽的彩虹;书让我们知道了,人生难得一知己,千古难觅一知音,要好好珍惜友情;它也让我们懂得了,有了自信,才能笑谈人生。

读书使人高尚，读书使人充满智慧，读书使人富有，读书使人感到充实，读书更使人快乐。

古往今来，书是人类智慧的结晶，是人类知识的发展、积累和延续的基础。读一本好书会影响一个人的思想、生活，甚至是人生道路！培根也曾说过："读一本好书，就如同与许多伟人谈话。"高尔基也说："书是人类进步的阶梯！"就让我们静下心来，和书中的人物神交，和高尚睿智的作者深沉对话。这种生活，恐怕就是神仙也要羡慕。怪不得罗曼·罗兰说："和好书生活在一起，我永远都不会叹息。"

千百年来，各界人士都把书籍当做睿智的老师、知心的朋友。读科学之书可以求真，使知识完善；读道德之书可以求善，使思想进化；读文艺之书可以求美，使心灵纯洁。读书的快乐，就在于追求我们人生的完美，心灵的满足以及生活的充实。读书的好处不言而喻，大家都十分清楚。它能够增进我们的知识，同时又开阔我们的眼界，使我们能够了解古今中外的一切，比如风俗人情、天文地理、历史事件和历史名人等。在当今信息社会，读书更是我们每一个人必备的生存条件之一。只有树立终生读书的观念，养成自觉读书的习惯，拥有良好的读书方法，才能跟上时代的步伐，与时俱进。

读书，不但能增长知识，还能在生活上给我们很大的帮助，提高我们的生活质量。比如说：我们现在所吃的食物，如果方法不对，那么对人体是有害的，这个时候，我们就可以用从书本中学到的知识来鉴别这些有害的食物，使我们有一个健康的身体。总的来说，读书是一件快乐的事情，这是我们每个人生活中不可或缺的一部分。它能给我们的生活带来充实、带来乐趣，并能让我们终生受益！就让我们在读书中享受生活，享受快乐，从而提高自己的生命质量！

其实所谓的"好书"，不一定是那些名著和一些经典的书，只要能让自己有所收获、有所感悟的书就是好书。看不同的书，我们的心灵感受也不同，从中所受的教育也会有所差别。

也许是你小时候看过的童话故事，使我们保持了一颗梦幻之心，这颗心里无所不包：湛蓝的海洋、白色的雪地、绿色的草原、活蹦乱跳的小兔、美丽的白雪公主、为爱殉情的小美人鱼，共同交织成一幅五光十色的美丽画卷。

在长大了一些之后,看了一些武侠小说,它们又给了我们一颗侠义之心:为国抛头颅、洒热血的郭靖,光明磊落的乔峰,救难扶危的侠士……这些侠义之士共同具备的精神在我们心底潜藏着。每当有值得让我们去做的,我们也都会全力以赴,真心地去帮助别人,这大概就是受了这些武侠人物的影响吧。

每当我们灰心丧气、提不起精神的时候,看看那本《谁动了我的奶酪》,也许会顿时醒悟。环境不可以变,事实不可以变,唯一可以变的是你自己。在变化面前,你要么是积极地去适应,去改变;要么被动地消极等待,坐以待毙。想一想自己的奶酪为什么会少? 为什么不能再找到新的奶酪? 为什么不自己去找? 当你看完这本书之后也会让自己明白很多,同时也知道自己应该如何去做。谁动了我的奶酪? 自己! 怎样去找新的奶酪? 现在就去做。未雨绸缪,居安思危。怎么去找? 没有人可以替你,只有你自己才是自己的主人。你自己才是真正拥有很多奶酪的主人!

在我们阅读《契诃夫手记》时,我们发现他的"手记"可以说是他的"文学创作备忘录"。在我们读了契诃夫的一些小说之后,才知道作家是用记忆和想象,丰富和发展了这些只言片语,写出了文学巨著。他让我们明白,在生活中我们也可记下自己的每一个新发现,每一个有意思的联想,从而让我们的思想更具有创新性。朋友,在你的生活中多读些好书,会使你终身受益的。

我们在阅读每篇文章时,就像神气的心理医生,能让我们改变自己的人生观,让我们学会从一个全新的角度去考虑和解决所遇到的困惑和难题。无论是在学习上还在生活上,都能有效地激励我们释放出自我的潜能,发奋地朝着自己的人生目标坚定地迈进。《你是胡萝卜,是鸡蛋,还是咖啡豆》讲述了一位父亲如何使自暴自弃的女儿明白,如何对待逆境的故事。父亲带着女儿来到厨房,分别把胡萝卜、鸡蛋、咖啡豆三种东西放入它们所在的逆境——煮沸的开水中,然后观察它们的不同变化。胡萝卜入锅之前是强壮的、结实、毫不示弱的,但是当它进入开水之后,变软了。鸡蛋本是易碎的,它薄薄的外壳保护着它呈液体的内胚,但经开水一煮,它的内脏变硬了。而咖啡豆则很独特,经水一煮,溶入了水,改变了给它带来痛苦的开水,并在它达到高温时让它散发出最浓的香味。看一看,这是多么形象的比喻啊! 生活中的我们都应该像咖啡豆那样,在最糟糕的时候,变得更有出息,并使周围的情况变得更好。

《假如给我三天阳光》这本书,能让我们对海伦·凯勒有一个全新的认识,更深地感受到海伦·凯勒的内心世界。

海伦·凯勒,一个伟大的盲人作家,相信大多数人对她的故事也是耳熟能详。一岁半的时候一场重病夺去了她的视力和听力,随后失去了说话的能力。然而就是在这又黑暗又寂寞的世界里,海伦·凯勒竟然学会了读书和说话,并成为一名学识渊博的著名作家和教育家,同时她还掌握了五门外语。

很多人把海伦·凯勒看成一个神话,也有人说这是个奇迹,总之,我们更多的是把她当做一个身残志坚的典范去顶礼膜拜,而很少有人把她当做一个平常人。其实,在海伦刚失去视力的几年里,她的脾气很糟糕,时常哭闹,常常将自己封锁在那孤独无助的黑暗世界里。直到有一天,她的家庭教师沙丽文来到她的身边,教给她知识,给她更多的爱。这个黑暗的世界忽然有了光明,变得奇妙可爱起来。每一片树叶、每一朵花都有了生命,于是,在这个时候,她爱上了这个美丽的世界,因为爱而变得伟大,她迫切地想要了解更多、感受更多。

经常阅读好书,会让你变得更聪明、更坚强,正像这本书中的主人翁海伦·凯勒,她告诉我们拥有积极的心态是多么重要。一个人身体的残障不是真正的残障,只有心灵的残障才是致命的残障。

好的书籍是人类的精神食粮,是人类进步的阶梯。在心灵需要抚慰的时候,置身于书的天地,无疑是一种很好的放松与休憩。当我们在脱离了世俗的束缚、忙碌紧张的生活之后,就让我们的心灵放松一下,共诉心中的苦闷,向我们的古人寻求人生之理吧,这是一种心灵的滋养。在书的世界中,不但可以尽情地发泄,也可以在不知不觉中获取知识。我们融入书的海洋、脱离人世纷杂,生活中就会少几分忧愁与郁闷。在生活中,让自己的心灵去静心地读书,去品味人生,养成爱书、读书的好习惯吧。

做时间的主人

1. 珍惜时间

大多数时候，我们总认为有足够的时间，于是，就在这种认识中浪费了时间。是啊，时钟每天都在"滴答"、"滴答"地往前走，人类似乎永远有明天，地球也似乎永远有明天，可是你千万不要"明日复明日"，因为生命是有限的，所以你要懂得珍惜生命，养成珍惜时间的好习惯。

时间就是生命，时间和机遇不等人。鲁迅先生曾经说过："浪费自己的时间等于慢性自杀，浪费别人的时间等于谋财害命。"这就形象地说明了珍惜时间的重要性。

珍惜时间，是鲁迅先生成功的秘诀。鲁迅12岁在绍兴读私塾时，父亲正患着重病，两个弟弟年纪尚幼，那时候鲁迅不仅经常上当铺、跑药店，而且还要帮助母亲做一些家务。为了不影响学业，他必须精心地安排好每一分钟。从此以后，鲁迅几乎每天都在挤时间。他曾说："时间，就像海绵里的水，只要你挤，总是有的。"

时间的意义对每个人来说是不一样的，对不同职业的人来说意义也不相同。

对于军事学家来讲，珍惜时间就是拥有了胜利。红军飞渡金沙江，夜以继日地行军，其目的就是为了争取时间，夺取胜利。可见珍惜时间是多么重要，不仅关系到个人前程，有时甚至还关系着国家的生死存亡。

对于学者来讲，"一寸光阴一寸金，寸金难买寸光阴"。学者只有珍惜时间才能体现自身的价值，为人类文明的发展开拓新的知识天地，为科技进步、祖国腾飞奉献自己的才华。

对于经济学者来说，时间就是金钱，就是效率。随着改革开放大潮的到来，时间越来越被人们所重视，往日吃大锅饭的现象已经消失，呈现在眼前的是抓紧时间创造效益、创造财富。

人的生命是有限的，属于一个人的时间也是有限的。生命对于我们只有一次。因此，我们应当好好珍惜时间，珍惜每一分，每一秒，学会有效地利用时间。

2000年以前，曾有一位哲人立于河边，面对奔流不息的河水，想起逝去的时间与事物，发出了一个千古流传的感叹："逝者如斯夫。"

当我们向前看的时候，仿佛时间悠悠无边，永远没有尽头；但当我们蓦然回首时，方知生命转瞬即逝。

在这个大千世界中，最公正、最无私的就是时间；生活中最平凡而又最珍贵的还是时间。它是金钱买不到、地位留不住的。时间对每个人来说都是宝贵的，更是公平的，我们应当充分地利用它。鲁迅先生说过："时间，每天得到的都是二十四小时，可是一天的时间会给勤劳的人带来智慧与力量，而给懒散的人只能留下一片悔恨。"这句话形象地写出了成功的人，珍惜每分每秒，成就辉煌，而失败的人正因为抱着"做一天和尚撞一天钟"的思想来消磨时间，在他们眼里时间是漫长而不重要的，但当他们回首往日时会发现时间如流水，已经一去不复返了，这时才发现时间的可贵。

奥斯特洛夫斯基也曾说过："生命属于我们只有一次，人的一生应当这样度过，当他回首往事的时候，他不会因虚度年华而悔恨，也不会因为碌碌无为而羞愧。"

我国古人苏秦"头悬梁，锥刺股"，刻苦奋进，终获成就。他之所以成功就是因为他珍惜时间。也就是说，一个没有优越条件、没有众多财产的人，通过他的奋发进取，珍惜每天的每分每秒，那么他也会取得卓越的成就。

前苏联生物学家巴甫洛夫每晚写出当天所干的事情，检查自己在"今天"是否过得有意义。

"过去"、"现在"、"未来"是时间的步伐。在广袤无际的宇宙空间，人生就像流星一般短暂；在时间的长河里，人生仅仅是微小的浪花、水滴。时间是我们生命中最可贵的东西，让我们从现在做起，来培养珍惜时间的好习惯。

2. 抓住时间

时间是公平的，它给每个人的都是相同的，但在这相同的时间里，不同的人所收获的却不尽相同，收获的多少也不同。

为了充分利用宝贵的时间，我们做事必须养成"今日事，今日毕"的好习惯，这样才能享受美好的生活。善于利用时间的人才是聪明的人。

莎士比亚曾经说过："时钟上只有两个字，这两个字就是'现在'。"其实我们不应该太在意昨天和虚幻的未来，最重要的就是好好把握现在，除了利用时间充实自己的学识之外，还要找机会锻炼自己的体能。抓紧时间吧，因为它不会再回来。

环顾周围的成功者，他们都是懂得把握时间的人。古代的司马迁就是很好的例子。司马迁在读书时非常用功，他不肯放弃每一分、每一秒。为了提醒自己，他制作了一个木枕头，后人把它称作"惊枕"，每当看书看累了入睡的时候，床上的圆木枕头就会滚动撞在他的头上，这时司马迁就会在疼痛中醒来并继续读书，后来，司马迁成为了我国著名的史学家。

相反，一个不懂得把握时间的人，注定是一个失败者。他们就好似挂在墙上的日历一样，在他们的脑海中只有这句话："撕下这张日历纸，后面还有，何足挂齿。"他们认为时间多的是，今天过了还有明天，没什么大不了的，于是他们做事拖拖拉拉，以至于一事无成。最后留下的只是感叹。

其实，在时间的世界里，一切的成败都在于你是否懂得把握时间，珍惜时间。

我们生活在一个分秒必争的世界上，我们只有主动抓住时间才会成功。我们可不要像下边故事中的主人公那样，由于缺乏时间观念，而忽视了本应抓紧时间完成的事情。

很久以前，有一位富翁买了一幢豪华别墅。从他住进去的第一天起，每天下班回来，他总看见有个人从他的花园里扛走一只箱子，装上卡车拉走。

每次当他还没来得及叫喊，那人就已经走了。有一天，他终于决定开车去追。那辆卡车走得很慢，最后停在城郊的峡谷旁。

陌生人把箱子从卡车上卸了下来并扔进了山谷。富豪下车后，发现山谷里已经堆满了箱子，规格、式样都非常相似。

于是，他走过去问："刚才我看见你从我家扛走了一只箱子，箱子里装的到底是什么？这一堆箱子又是干什么用的？"

那人漫不经心地打量了他一番，微微一笑说："你家还有许多箱子要运走，你不知道？这些箱子都是你虚度的日子。"

"什么日子？"

"你虚度的日子。"

"我虚度的日子?"

"对。这些都是你白白浪费掉的时光、虚度的年华。你朝夕盼望美好的时光,但美好时光到来后,你又干了些什么呢? 你过来瞧,它们个个完美无缺,根本没有用,不过现在……"

富豪走过来,顺手打开了一个箱子。

箱子里有一条暮秋时节的道路。他的未婚妻正踏着这条路在满地的落叶上慢慢走着。

他打开第二个箱子,里面是一间病房。他的弟弟躺在病床上在等他回去。

他又打开第三只箱子,原来是他以前那所老房子。那条忠实的狗正卧在栅栏门前眼巴巴地望着门外,等了他两年,已变得骨瘦如柴。

这时,富豪感到心口绞疼起来。陌生人像一位审判官一样,一动不动地站在一旁。

富豪痛苦万分地说:"先生,请你让我取回这三只箱子,我求求您。我有钱,您要多少都行,我可以给你。"

这时,陌生人做了一个根本不可能的手势,然后说道:"太晚了,已经无法挽回了。"说罢,那人和箱子便一起消失了。

在我们的生活中,大多数人都认为有用不完的时间,因此很懒散地做任何事,甚至"三天打鱼,两天晒网"。其实,我们最缺乏的就是时间,因为我们生活中的1/3时间已经用在了睡觉上,剩余的时间本不多,而且时间不是金钱,金钱被浪费掉了,还可以再去赚,而时间被浪费掉了,将永远不再回来。有的人常常会有这样一种感觉,每当他做一些毫无意义的事情时,总觉得空虚,无论这件事做的是成功还是失败,比如赌博输了,感觉空虚;如果赢了,同样感觉到空虚,只是程度低了一点,为什么会这样呢? 原因就在于他花费时间做了一件毫无意义的事。他输的并不是金钱,而是宝贵的时间。

有的人会这样说,有了钱就拥有了一切,没有时间又有什么关系,这话听起来似乎有些道理。其实不然,金钱带给人们的只是一种物质上的满足感,而没有精神上的充实;没有精神上的充实,人就会感到空虚,当一个人感到空虚,他就会觉得做任何事都没有激情。而如果能做一些有意义的事,体现自身的价值或为此而付出努力,无论花费多少时间都是值得的。这样，他就会感到很充实。

我们最浪费不起的是时间，因为时间就是生命，失去了，将不再回来。抓紧时间做有意义的事情可以让你感到精神充实，而浪费时间将会使你精神空虚。

时间一去不复返，这是真理，因此我们要抓住时间，只有抓住了时间才会赢得人生；抓住现在的时间，把理想与希望放在时间的长河里孜孜不倦地去追求，现在的时间过去了，再抓住随后而来的时间，就这样不断地、不停地去抓时间，去做你认为有意义的事。你会看到时间依旧是无情地走过去了，但它给你留下了许多东西，这些东西正是我们所追求的，也是我们最美好的回忆。

法国思想家伏尔泰曾出过这样一个谜语："世界上有什么东西是最长的又是最短的，最快的又是最慢的，最能分割的又是最广大的，最不受重视的又是最被惋惜的；没有它，什么事情都做不成；它使一切渺小的东西归于消灭，它又使一切伟大的东西生命不绝？"

这个谜语的谜底就是"时间"。时间看不见、摸不着，但却有一双巧手，它把每个人都塑造成不同的模样。时间还是大自然中最公平的仲裁者，因为它决定了宇宙中生命的价值，所以它比任何生命都要古老。

我国国画大师齐白石先生从艺后就一直坚持每日绘画，直到离开人世时，他只中断过两次，一次是因为他母亲去世，一次则是因为他生病住院，两手无法动弹。当他的名望已如日中天时，他仍然没有一天中断自己的绘画，即使这样，齐白石先生一生最感叹的还是时间太少了。

我们做人追求效率，而追求效率，就要跟时间赛跑。时间的价值非比寻常，它与人生的发展和成功，有非常密切的关系。一个人在时间面前如果是个弱者，他将永远是一个弱者。只有抓住时间的手，才不会让它从你的身边悄悄溜走，才能更快地走向成功。一个放弃时间的人，必将被时间所抛弃。

外国有句谚语："时间像弹簧，可以缩短，也可以拉长。"让我们做时间的主人，善于抓住时间。这样才不会碌碌无为，虚度年华。

坚持不懈，不轻言放弃

好的习惯能成就一个人。俗话说："只要工夫深，铁杵磨成针。"做一件事不难，难的是把它当成一个习惯坚持不懈，这考验了一个人的恒心，也在一定程度上决定了一个人能否成功。

放弃只是一个念头，而永不放弃则是一种信念、一种精神。在现实生活中，我们往往会自觉不自觉地选择前者，因此，我们极易成为一个普通的没有一点棱角的人，而只有少数人坚定地选择了后者，这种人虽然不多，但他们却能赢得大多数人的掌声。

一个人如果想创造自己的事业，不要因为学历不高、没有足够的钱、没有足够的时间而放弃。更不要因为这个行业竞争激烈、别人的否定、经济不景气、年龄太大而放弃，因为只有不放弃才会有成功的希望。

丰群集团董事长张国安在60岁之际从汽车工业领域转行到饭店流通业领域，并且开创了他事业的第二春，在他70岁时，还能经营大事业。

张国安在青年创业协会演讲中，曾透露了自己老当益壮的秘诀，他说："经营事业必须有危机意识，随时提醒自己，所以要忘掉自己的年龄，危机感和不安全感造就了我。"有人认为，以他60岁之高龄才跨入一个新的领域并取得这番成绩，真是不可思议。其实在现实生活中有很多人都是在退休后才开始开创自己事业的，这样的例子不胜枚举。创业成功的最重要因素并不是年龄的大小，投资事业除了投"钱"外，还必须投"心"，只有这样创业才会取得成功。

我们不管做什么事，如果放弃了就没有成功的希望，所以，我们不能轻言放弃。正所谓："行百里者半九十"、"为山九仞，功亏一篑"，这些都说明了成功属于坚持到最后一分钟的人。一个人若不能坚持到底，那只有白白浪费了前面的一片苦心，而最终只能是徒劳无功。因此，人生中最高的准则之一就是：不要轻言放弃。

一个人如果想做一些事情，无论是创业或是梦想，他都必须抱定目标勇往直前。创业不是一个简单的游戏，必须要全身心投入，而影响成败的因素是极为复杂的，创业者需要有相当大的勇气及独立自主的精神，才能走向成功。有人说："人生有梦，筑梦踏实。"我们何不趁着年轻时让梦想成真？一个人如果只把梦想停留在梦的阶段，这个梦想将永远没有实现的那一天。你只有努力奋斗，坚持不懈地去"圆一个人生的梦想"，永远都不要轻言放弃，才能掌握自己的命运。

在我们的一生中，有两杯必喝之水，一杯是苦水，一杯是甜水。只不过不同的人喝甜水和喝苦水的顺序不同，成功者往往先喝苦水，再喝甜水，而一般人则是先喝甜水，再喝苦水。

在成功的过程中，持之以恒是非常重要的，面对挫折时，要告诉自己：坚持，再来一次。因为这一次的失败已经过去，下次才是成功的开始。人生的过程都是一样的，跌倒了，爬起来。只是成功者跌倒的次数比爬起来的次数要少一次，平庸者跌倒的次数比爬起来的次数多了一次。最后一次爬起来的人就会成为成功者，最后一次爬不起来或者不愿爬起来的人就是失败者。

大多数人最后失败的根源就是缺乏恒心，一切领域中的重大成就无不与坚韧的品质有关。成功更多的是依赖一个人在逆境中的恒心与忍耐力，而不是天赋与才华。布尔沃说："恒心与忍耐力是征服者的灵魂，它是人类反抗命运、个人反抗世界、灵魂反抗物质的最有力支持。"

如果成功有秘诀的话，就只有两个，第一个是坚持到底，永不放弃；第二个是当你想放弃的时候，请回过头来，再照着第一个秘诀去做：坚持到底，永不放弃。如果是一个智者，他永远都会孜孜不倦地追求未来，他总是在不断地寻求突破和发展，不会因为站在成功的路上而停下自己的脚步，更不会轻易放弃自己的理想。

通往成功的道路，往往是非常漫长而曲折的，需要我们具有坚持不懈的精神，还需要我们有持久的耐心以及不断奋进的耐力。如果你没有足够的耐心等待成功的到来，那么你就得用一生的耐心去面对失败。

日本著名的松下电器公司总裁松下幸之助，第一次到电器工厂求职的时候，工厂的负责人以他们厂暂不缺人，一个月以后再去看看为由，把松下幸之助打发走了。一个月以后，松下幸之助再去的时候，那位负责人又推托有事，叫他过几天再来。过了几天，松下幸之助又去了。

如此反复多次后，那位负责人不耐烦地说出了真正的理由，原来他嫌松下幸之助衣衫褴褛，且不懂得有关电器方面的知识。这位负责人以为推托几次之后,松下幸之助会放弃求职的念头。没想到两个多月后,松下幸之助穿了一身借钱买来的新衣服再次来到这家电器厂,并对着目瞪口呆的人事主管说道:"我已经学了不少有关电器方面的知识,您看我哪方面还有差距,我一项项来弥补。"这次,那位工厂的负责人没有把松下幸之助打发走,因为他已被松下幸之助身上那种"不轻言放弃"的精神深深打动了。

心理学家曾经做过一个实验。他们将小白鼠放到一个有门的、底部用金属制成的笼子里。然后,给笼子底部通入低电流,使小白鼠受到虽不致命但会引起相当痛楚的电击。如果将笼子门打开,小白鼠会立刻跑出笼子以逃避电击。但如果用一个玻璃板将笼子门堵住,那么小白鼠在遇到电击往外跑的时候,就会在玻璃板上撞一下,然后被挡回来。重复给笼子底部通电,使小白鼠一次又一次地在企图逃跑的时候受到玻璃板的阻碍。最终,小白鼠学会了屈服,它匍匐在笼子里,被动地忍受着电击的折磨,完全放弃了逃跑的企图。这时,即使笼子门上的玻璃板移走,而且让小白鼠的鼻子从门口伸出笼外,小白鼠也不会主动逃出笼子了。因为它们放弃了所有的努力,绝望而被动地忍受着痛苦。

这个实验给我们的启示是,在任何情况下,即使是最无奈的困境下,都不要气馁,不要退缩,更不要轻易放弃,要相信,"奇迹出现的可能性与人承受磨难的能力成正比"。坦然承受一次又一次的挫折与磨难吧,通过努力你将拥有越来越多成功的机会。

你也许还记得,一个女孩在西班牙巴塞罗那举行的世界游泳锦标赛上,完成女子 1 米板最后一跳后,当她看到自己最终得分时,她激动地哭了。已经年满 30 岁的她,终于夺得了女子跳水 1 米板的冠军,站在了冠军的领奖台上。

这位女孩原本是和中国的跳水皇后高敏齐名的跳板选手,但是 11 年前,也是在西班牙美丽的蒙锥克跳水场,在女子 3 米板角逐中,被高敏以 60 分的差距压在亚军的位置上;1996 年在亚特兰大,高敏退役了,她又被笼罩在中国另一位崛起的重量级人物伏明霞的阴影下,现在,伏明霞也成了人们记忆中的名字,而她依旧站在跳板上。

虽然她已经在跳板上奋斗了很多年,仍然没能够获得奥运会冠军,但谁又能说她不是胜利者呢?当对手纷纷离去时,她的毅力令人起敬,她在第10届游泳世锦赛上,在1米板上再次证明了自己,虽然已经不是第一次站在这个领奖台上,可她还是哭了,对她而言,这一切都太不容易了。她——就是拉什科,俄罗斯全国跳水冠军。

看完这个故事,令人回味,发人深思,挫折虽然无情,但却给人无尽的砥砺;失败虽然残酷,但却让人趋于顽强。朋友,倘若你正逢生命的难关,千万不要灰心丧气,一定要坚持下去,走过崎岖和坎坷,跨过困苦和艰险,岁月将会为你打开一片新的天地。

人们都还记得,"二战"时期的英国首相丘吉尔是一位著名的演讲家。他在一所大学的毕业典礼上进行了他生命中最后一次演讲,这次演讲也许是世界演讲史上最简单的。不知道是不是因为当时他年纪太大了,到了台上以后,半天都没有说话,终于,他张嘴说话了:"坚持到底,永不放弃!"

没声了。

半天又说话了:"坚持到底,永不放弃!"

又没声了。

又过了半天,说的还是:"坚持到底,永不放弃!"

就这样,在整整20分钟的演讲过程中,他只讲了这样一句话:"坚持到底,永不放弃!"

然后,丘吉尔便晃晃悠悠地下台了。

这时候场上响起了热烈的掌声。

就是这句简单而有力的话深深地震撼了台下所有的人,人们清楚地记得,在第二次世界大战最惨烈的时候,如果丘吉尔不是凭借着这样一种"坚持到底,永不放弃"的精神去激励英国人民奋勇抗敌,大不列颠可能早已成了纳粹铁蹄下的一片焦土。

虽然丘吉尔没有讲太多的话,但却用他一生的丰功伟绩告诉人们:成功虽然有一些秘诀、法则,但是,保证最后一定能成功的永远都是:坚持到底,永不放弃!

快速行动起来，做习惯的主人

有很多人，他们在打算做事的时候并不开始行动，所以他们一直无法成功。不做，何谈成功？下面让我们来看看立即行动的作用。

在很久以前，有一对好朋友，他们相伴一起去遥远的地方寻找人生的幸福和快乐，这一路上他们风餐露宿，就在快要到达目的地的时候，遇到了风急浪高的大海，而幸福和快乐的天堂就在海的彼岸。两个人在讨论该如何到海的另一岸时产生了分歧，一个建议采伐附近的树木制作成一条木船渡过海去，而另一个则认为用什么办法都是不可能渡过大海的，与其辛苦地做船和自寻烦恼，倒不如等海水干涸了，再轻松地走过去。

于是，那个建议制船的人每天都在砍伐树木，辛苦而积极地制造自己的船只，并在此期间学会了游泳；而另一个等海水干涸的人则每天躺下休息、睡觉，然后到海边观察海水干了没有。终于有一天，那个造船的人制好了船准备扬帆出海，而另一个人还在讥笑他愚蠢的做法。

这个造船的人并没有因此生气，他在临走之前对他的朋友说了一句话："做每一件事不一定都成功，但不去做事则一定没有机会得到成功！"那个懒朋友竟然能想到得等海水干了再过海的主意，这确实是个好想法，不过，可惜的是，海水是不可能干涸的，这说明他这个好想法永远也实现不了。而那位造船的朋友经过一番风浪后最终到达了彼岸，这两个人后来定居在海的两岸，各自繁衍了许多子孙后代。海的一边叫幸福和快乐的国土，那里生活着一群被我们称为勤奋和勇敢的人；而海的另一边叫失败和失落的国土，那里生活着一群我们称之为懒惰和懦弱的人。

看来，一个人要想取得成功，不应该只是心动而不去行动，不积极行动的人，只能原地踏步，永远不会有成功的那一天。

因此，无论在生活中还是工作中，我们一定要相信行动可以决定一切，行动对我们的成功起着决定性的作用。

曾经有这样一个传说：在四川偏远地区有两个和尚，其中一个和尚很贫穷，而另一个和尚则很富有。

有一天，穷和尚对富和尚说："我想到南海去，您看怎么样？"

富和尚说:"你凭借什么去呢?"

穷和尚说:"一个水瓶、一个饭钵就足够了。"

富和尚说:"我多年来就想租条船沿着长江而下,现在还没有做到呢,你凭什么去?"

第二年,穷和尚从南海归来,把去南海的事告诉了富和尚,富和尚深感惭愧。

这个故事告诉我们:说一尺不如行一寸。无论我们说的再怎么好,打算得再怎么周密,如果不去行动,就永远也不会成功。

真正的成功需要行动,我们经常对朋友们说:"心想事成。"这话本身没有错,但是很多人只是把想法停留在空想阶段,而不落实到具体的行动中,到头来还是一场空。当然,也有想得多、干得少的人,这些人只比那些"心动"的人略好一些。因为,一百次的心动不如一次小小的行动。

"做"是一件事情成功的关键所在,我们只有行动,才能实现自己的理想。的确,人生伟业的建立、事业的发展,不仅在于能知,而且在于能行。行动不一定会带来令我们满意的结果,但是如果我们不行动,那么是肯定不会有想要的结果的。

行动是一件了不起的事,它需要我们勇敢地去做,它能够使我们的发展目标变为现实。

如果一个人没有行动的话,那么,他的一切幻想就毫无价值,再好的计划也只不过是一堆废纸,他的发展目标也不可能达到。成功的动力来自于热情、信念与成功的欲望。行动能强化我们的信念,而这正是成功的要素之一。或许我们不会成功,但是不采取行动就绝不可能成功。

有一位伞兵教练曾说过:"跳伞动作本身真的让人好难受,在等待跳伞的一刹那,在跳伞的人各就各位时,我让他们'尽快'度过这段时间。曾经不止一次,有人因幻想太多而晕倒。如果不能鼓励他跳第二次,他就永远当不成伞兵了,跳伞的人等待得越久就越害怕,就越没信心。"

要知道,等待会折磨各种各样的人,包括各种专家,比如,美国著名的午间播音员爱德华·慕罗先生,他在面对麦克风以前,总是满头大汗,但是开始播音以后所有的恐惧就都没有了。有许多老演员也是如此,他们都觉得,行动是治疗恐惧症唯一的良药。一个人如果立刻进入状态的话,就可以解除所有的紧张和恐惧。

在我们的生活中，一般人常用"不去做"的方法来应付恐惧，或者不是埋怨这，就是埋怨那，这种现象对于老练的推销员也是在所难免的。他们为了克服恐惧，经常在客户附近徘徊犹豫，要不然就干脆找个地方一杯又一杯地喝咖啡，来培养自信与勇气。实际上，克服恐惧的最好办法就是"马上行动"，只要养成一个敢做、敢行动的习惯，那么我们离成功也就不远了。

在茫茫的大海中，有一艘轮船因为触礁而导致船体进水。就在这时候，乘客们乱作一团，有的急忙找救生圈，有的找自己的行李，也有一些乘客一直在发牢骚：他们责怪船长，说他驾驶技术太差；有的在骂造船厂，说他们生产了劣质产品。这时，一位乘客高声喊道："我们的命运不是掌握在自己的嘴上，而是掌握在自己的手上，快堵住漏洞！"在众人共同努力之下，船的漏洞被堵住了，轮船终于安全地驶向了目的地。

这个小故事告诉我们一个很简单的道理，埋怨不如一干，百说不如一做。我们只有靠行动才能解决问题。

不断创新

有创新才有发展，没有创新，思维和行动就会在原地踏步。当创新成为一种习惯的时候，前进的步伐就会轻快而有力。

对我们来说，创新始终是一个滚动的发展过程。先人云："兵无常态，水无定形，守业必衰，创业有望。"一个企业的创新是永无休止的，而不是一劳永逸、浅尝辄止。有一位企业家曾说过："我们始终生活和工作在忧患之中，任何发明和创造以及在竞争中的胜利，最多只能高兴 5 分钟！"他说的话很对，牢固树立创新意识，是智者的选择。

我们知道，创新精神是一种推陈出新、追求创意的鲜明意识，是一种勇于思索、积极探求的心理取向。可以说创新精神就是敢为天下先。当今社会激烈的竞争，时刻提醒着我们创新精神的重要性。在今天拥有了创新精神就等于拥有了成功的开始。但是如果你停滞不前，那么等待你的就是被社会发展的潮流所淘汰，所以，我们必须要有创新、进取的精神。

善于发现，是创新的一个有利条件。在我们的生活中，总会遇到大大小小的机会,善于捕捉机会的人是一个高手,但更聪明的人是自己创造机会。我们的人生可能会因为一个好的创意和创新的理念而彻底改变。

在我们的人生中需要不断地超越自我,如果说超越是一种态度、一种积极的人生向往,那么,创新就是实现更高的目标。何来创新呢? 有理想、有目标,才会有创新。

有一位孤独的年轻画家,他一无所有,唯一有的就是理想。为了理想,他坚持着。刚开始他到堪萨斯城的一家报社应聘,他非常需要那里的良好氛围。但主编看过他的作品之后,认为缺乏新意而没有录用他,他尝到了失败的滋味。

后来,他替教堂作画。报酬太低了,以至他只能租用一家废弃的车库。有一天,疲倦的画家在昏黄的灯光下看见一对亮亮的小眼睛,是一只老鼠。他微笑着注视着它,而它却溜了。后来老鼠又一次出现了。他没有伤害它,甚至连吓唬都没有。当老鼠再次出现并在地板上做多种运动时,他就会奖励它一点面包屑。

不久,年轻的画家被介绍到好莱坞去制作一部以动物为主的卡通片。这可是个难得的机会,但他又一次失败了。

晚上,他苦苦思索自己的出路,甚至开始怀疑自己的天赋。就在这个时候,他想起车库里的那只老鼠,灵感在夜里闪出一道光亮。他迅速画出了一只老鼠的轮廓。

有史以来,伟大的卡通形象——米老鼠,就这样诞生了,沃尔特·迪斯尼也因此而扬名。

看来只要注意积累,我们也可以创新。创新不会局限于某一个人,一个人要想创新,就要注重知识和经验的积累,要运用自己的知识才华,还要行动。创新意识是我们每个人都具有的,只是积极的人是在有意识地运用,而消极的人则是任其自生自灭。

在我们人生的旅程中,每个人都要积极地开发自己的潜力,养成创新的习惯,用先人一步的智慧,去探索未知的世界。

在18世纪,雷电曾作为"神"的形象在人们心中引起巨大恐惧。美国科学家富兰克林下决心揭示雷电这个未解之谜。有一次,富兰克林有幸参加了美国学者斯窦士的电学实验,从中受到了很大的启发。自此以后他便开始做实验。在实验中,富兰克林发现放电现象与天空中的闪电极为相似；当雷暴之中正电荷区和负电荷区之间的电场大到一定程度时，两种电荷就会发生中和并放出火花。这种现象叫火花放电。在火花放电时不但发出强烈的光，还发出巨大的响声。富兰克林认为：这响声就是雷鸣，而这强光就是闪电。

这种实验还没有足够的说服力。于是，他在一个朋友的帮助下，在巴黎竖起了一根40英尺（约12米）高的铁杆，在铁杆上装了一根尖铜棒，把它和一直通到地下的铜线连接，以进行雷电试验。试验成功了：雷电虽然打在铁杆上，但是从尖铜棒上经过铜线一直通到地下。这个装置就是我们现在常用的避雷针。

为了更有说服力，他还要把大气中的雷电接引下来。在1752年盛夏的一天，美国费城上空，黑云滚滚，雷声隆隆。富兰克林和他的儿子威廉赶到郊外用风筝接引雷电。风筝用铜箔做成，在其顶上装了一根小尖铁棒，用麻绳将其与风筝系在一起。风筝放到天空后，富兰克林手握线绳，站在屋檐下观察。这种实验是很危险的。因此，他对儿子说："万一不幸，你替我填写好实验报告。"

当大雨伴着雷电来到风筝上空的时候，风筝因有铁棒，立即从云中吸取了雷电，加之牵引的麻绳已经湿透，因而雷电一直传到手柄上。富兰克林发现，麻绳原先松散的纤维全向四周竖起来，与实验室中毛皮带电的情况完全一样。当他用手指靠近手柄时，火花立刻向手上扑来。"威廉，我受到电击了！"富兰克林兴奋地跳起来，大声喊道："但我终于明白了：闪电就是电！"

富兰克林之所以能够成功，正是因为他拥有一种敢于探索、勇于创新的精神，要创新，就要有冒险精神。奇迹常常出现在瞬间，可是没有哪一个创造奇迹的人是依靠瞬间的努力实现的，创新的成功在于不断的努力！在生活中，我们要用变化的眼光去看待所有的事物，要摆脱旧事物的束缚，这样我们才能拥有极强的竞争力，也只有这样获得的成绩才有可能有所创新。

世界上如果没有创新，也就没有了一切。大家都知道，在工作、生活中，都存在着竞争。竞争，归根结底是人才的竞争，而创新能力是新时代人才的关键素质。一个人只有树立了崇高的理想，才会有创新的动力。人类能够由原始社会走到今天，发展到信息时代，都是因为不断地创新。

创新可以说是社会进步的灵魂，也是我们在社会中取胜的利器。对于个人来说，它是一种挖掘自身潜力、实现人生价值的法宝。

商代的汤王，在自己的浴盆上铭刻着"苟日新、日日新、又日新"的字样，他用这种方法来提醒自己要不断创新，想把创新培养成一种习惯，正是因为他有了这种习惯，所以后来成了一个大有作为的帝王。因此，实现创新的关键就是养成创新习惯。创新对个人而言，既是一种能力的体现，更是一种习惯，对于企业而言，它是一种文化与氛围。

如果一个人创新的精神非常强，那么他的才智和潜力将会得到充分发挥，并且创造的价值越大，对社会的贡献也就越大。尽管为此我们要付出很多，但我们不仅能得到内心的充实和快乐，还能给世界种下希望，也为自己播下成功的种子。人生就是要不断地超越，不断地征服过去，不断地挑战未来，不断地向人生的高峰攀登。

学无止境

苏东坡在青年时就已经是一个学识渊博的俊才，经常受到别人的赞赏，就这样，日子一久，他便自满起来。有一天，他在自己的书房门上贴了一副对联：

上联是：识遍天下字。

下联是：读尽人间书。

他的父亲苏洵看到这副对联时，担心自己的儿子会过于自满，不知进取，如果撕下对联又怕伤了儿子的自尊心，于是，便提笔在这副对联上各加了两个字：

上联：发奋识遍天下字。

下联：立志读尽人间书。

苏东坡回来的时候，看见对联，知道了父亲的良苦用心，看到联上的字，感觉十分惭愧，从此以后他便虚心学习，最终成为了一位大文豪，取得了非凡的成就。

做人应该懂得这样一个道理：稻穗结得越饱满，越会往下垂；一个人越有成就，就越要有谦虚的胸襟。

很多人认为,学习只是青少年时代的事情,只有学校才是学习的场所,自己已经是成年人,并且早已走向社会了,因而再没有必要学习了,除非为了取得文凭。这样想法是错误的,天下的知识是我们永远也学不尽的,仅仅依靠在学校十几年的学习时间是远远不够的,学习是需要一生努力去做的事。所以培养自己的综合素质,是应该同学习书本知识同步进行的。新的一天会有一个新的开始,也会有一些新的事物产生。所以,我们只有不断地学习、不断地思考,才不会被淘汰,因为社会不会停止前进的脚步。如果希望自己能够跟上时代的步伐,你就要培养自己爱学习的好习惯。

在历史上,晋平公是一位政绩不菲、学问也不错的国君。在他70岁的时候,他依然还希望多读点书、多了解一些知识,可是70岁的人再去学习,是很困难的,晋平公对自己的想法有点不自信,于是他便去询问他的一位贤明的臣子师旷。

师旷是一位双目失明的老人,然而博学多智,他的眼睛虽然看不见,但他心里非常明白。晋平公问师旷说:"你看,我已经70岁了,年纪的确老了,可是我还很希望再读些书,长些学问,又总是没有信心,是否太晚了?"师旷回答说:"您说太晚了,那为什么不把蜡烛点起来呢?"

晋平公不明白师旷在说什么,便说:"我在跟你说正经事,你跟我瞎扯什么?哪有做臣子的随便戏弄国君的呢?"

师旷听了便笑了,连忙说:"大王,您误会了,我这个双目失明的臣子,怎么敢随便戏弄大王呢?我也是在认真地跟您谈学习的事呢。"

晋平公说:"此话怎讲?"

师旷对晋平公说:"我听说,人在少年时代好学,就如同获得了早晨温暖的阳光一样,那太阳越照越亮,时间也久长。人在壮年的时候好学,就好比获得了中午明亮的阳光一样,中午的太阳虽然已走了一半,可它的力量很强,时间也还有许多。人到老年的时候好学,虽然已日暮,没有了阳光,可他还可以借助蜡烛啊,蜡烛的光亮虽然不怎么明亮,可是只要获得了这点烛光,尽管有限,也总比在黑暗中摸索要好得多。"

晋平公这时才恍然大悟,高兴地说:"你说得太好了,的确如此!我有信心了。"

我们常常说,学海无涯苦作舟。的确,在知识的海洋里,我们永远都

不可能走到尽头,鲁迅先生临终前一个小时还在写文章,他利用别人喝咖啡的时间学习,有人问:"他把一生的精力都放在了学习上,这还不够吗?""这是远远不够的!"人类从发明文字,到现在流传了几千年的知识文化,怎么会在短短几十年的一生中学完呢?学习知识是永无止境的,任凭我们怎么学,也是学不完的。

社会一直在发展,新的知识也在不断增加,世界永远都是发展的,要想不断地进步,就得活到老,学到老。在学习上不能有厌倦之心。从古至今,有成就的人,哪一个不是从努力学习、不断充实自己、敢于走出困境、不断钻研中受益的呢?

世上的知识我们是学不完的,因为我们的生命是有限的。学到的虽只是九牛一毛,但在我们生存的这段时间里,已经足矣。"活到老,学到老",还需要具有善于发现别人长处的能力。如果一天到晚总是在挑别人的毛病,而不去看别人的优点,就很难说有什么可学的了,到头来,学不到本事的是自己;相反,只有善于发现别人的长处,才可能学到更多的知识。

孔子是一个喜欢周游列国的人。一天,他来到一个地方,见到有个孩子用泥土围了一座城,坐在里面玩耍。

"你看见马车来为什么不躲开呀?"孔子问孩子。

"从古到今,只有车子躲开城,哪有城躲开车子的道理?"

孔子愣了一下,走下马车,问道:"你叫什么名字?"

"我叫项橐。"

"你的嘴很厉害,我想考考你,什么山上没有石头?什么水里没有鱼儿?什么车没有轮子?……"

"您老人家叫……土山上没有石头;井水中没有鱼儿;用人抬的轿子没有轮子……"孔子一连提了十几个问题,都难不住孩子。

"现在轮到我来考您了……鹅和鸭为什么能浮水上面?鸿雁和仙鹤为什么善于鸣叫?……"

"鹅和鸭能浮在水面上,是因为脚是方的;鸿雁和仙鹤善于鸣叫,是因为它们的脖子长……"

"不对!鱼鳖能浮在水面上,难道也是因为它们的脚是方的吗?青蛙善于鸣叫,它们的脖子长吗?……"

孩子渊博的知识,不得不令孔子佩服,甚至连自己也辩不过他,最终他只好拱手连声说:"后生可畏!后生可畏!"说完,孔子就驾着车绕道走了。

孔子曰:"三人行,必有我师焉。"因此,学是永无尽头的,正如路,永远也走不完。勤奋,是步入成功之门的通行证。人生规律多为先苦后甜。"知无涯而学无涯,知不尽而学不尽",所以我们要"活到老,学到老"。

有一次,一个学者拜访一位禅师,想请教禅宗的奥秘。当禅师与他讲解时,这名学者频频点头,说:"对,是这样的,我也知道。"

这位禅师停下讲解,为学者斟茶。杯子满了,禅师还不停地斟,茶溢了出来。

学者叫道:"不要斟了,茶杯已经满了。"

禅师说:"你如果不先把自己的茶杯倒空,又怎能品尝我的茶呢?"这名学者不由得汗颜。

"路漫漫其修远兮,吾将上下而求索。"古人尚有这种学无止境的精神,我们就更应该有这种精神,只有这样,才能成为一个无所不知的人。学是无止境的,如果真的出现学有止境这一天,恐怕这个社会只有停滞不前了。

诚信,人生立足之本

罗赛尔·赛奇说:"坚守信用是成功的最大关键。"一个人要想赢得他人的信任,一定要守信用。

在中央电视台《对话》栏目中,主持人请微软公司高级副总裁李开复按微软聘用员工的标准给以下要素排序:创新、诚信、智慧。李开复毫不犹豫地把"诚信"排到了第一位,同时,李开复向大家讲述了一次难忘的经历。

有一次,李开复面试了一位应聘者,该应聘者无论在技术上还是管理上都十分出色。在交谈的过程中,应聘者主动向李开复表示,如果录用了他,他将把原来公司的一项发明带过来。李开复说:"不论这个人的能力和工作水平怎样,微软都不能录用他。因为他缺乏最基本的处世准则和最起码的职业道德。"

诚信是人性一切优点的基础,只有讲诚信的人才值得信赖。诚信这种品质比其他任何品质更能赢得尊重,更能取信于人。诚信是立身之本,是一个人最宝贵的财产,它能让每个人挺直脊梁、光明磊落地做人,还能给我们以力量和耐力。

生活中每个人都希望跟有诚信的人打交道,所以,我们每个人都要养成讲诚信的好习惯。

曾经,很少有外国人去尼泊尔的喜马拉雅山南麓,但是后来,有许多日本人到这里观光旅游,据说这是因为一位少年的诚信。

有一天,有几位日本摄影师请当地的一位少年代买啤酒,而这位少年为买啤酒跑了3个多小时,但是第二天,那个少年自告奋勇地要再替他们买啤酒。而这次摄影师们给了他很多钱,但是直到第三天下午那个少年还没回来。于是,摄影师们议论纷纷,他们都认为那个少年把钱骗走了。第三天夜里,那个替他们买啤酒的少年却敲开了摄影师的门。原来,他在一个地方只买到了4瓶啤酒,于是,他又翻了一座山,趟过一条河才买到了另外6瓶,返回时摔坏了3瓶。当他哭着把剩余的钱交还给摄影师时,在场的人无不动容。这个故事感动了许多外国人士。后来这个地方的游客慢慢地多了起来。

世界上没有一蹴而就的业绩,更没有一成不变的江山。没有人可以顶着荣誉的光环过一辈子。荣誉是短暂的,它只是人生旅途上一道美丽的风景,它再美丽,也只是一小段人生;但诚信则不一样,它是培植人生靓丽风景的种子。如果你肯一直耕耘,那么它就会一直美丽;如果你将诚信的种子撒满大地的话,那么你的人生将会美丽到天长地久。

从前有一个人,他背着5个背包在赶路,那5个背包分别是"诚信、智慧、毅力、勇气、金钱",他背着这5个包走到一条河边,河水湍急,他不能凫水而过,于是此人四下找寻,忽然他发现一艘渡船。

船上有一位渔人,此人言道:"渔家,可否渡我过河。"渔人道:"我船小,阁下负重太多,恐难以渡过。"此人言道:"那可如何是好?"渔家道:"阁下可以卸下一个包袱,送予我。"

此人思索了好长时间,最终他决定卸下诚信这个包袱。

年轻人在抛掉了"诚信"之后,平安地渡过了河。又经过一段时间的航行,船开进了一个叫"快乐岛"的港口。年轻人上了岸,想在"快乐岛"

上寻找到快乐。

他走进了一家房产公司，想买一幢房子定居下来，于是他打开"金钱"的背囊。接待他的工作人员看了看里面成捆的纸钞说："对不起，您的纸币在我们岛上无法流通，如果您有'诚信'的话，我们可以先把房子借给您。"然而"诚信"早被年轻人丢进了河底。于是他又去了银行，想兑换岛上的纸币。

"您的纸币我们没有见过。"银行的服务人员笑眯眯地说，"请问您是否有'诚信'？如果有的话，我们可以破例为您兑换。"年轻人无奈地摇摇头，走出了银行。"难道我在快乐岛上无法生活吗？"他想，"不，我还有其他几个背囊，我可以靠它们寻求快乐！"

年轻人下定决心后，来到一家正在招聘人才的公司。他自信地在主考官面前出示了"智慧"、"毅力"和"勇气"这三个鼓鼓的背囊，主考官对这些也非常满意。"那么，请问你有没有'诚信'呢？"最后，主考官问了这样一个问题。"这很重要吗？"年轻人不解地问。"当然，"主考官认真地说，"在快乐岛上，诚信是最宝贵的财富。"年轻人无奈，只好离开了这家公司。

年轻人心想，"也许我不适合生活在这个岛上，还是早点离开这里的好。"他又向来时的港口走去。忽然，迎面走过来一个美丽的女孩，她是那样地清纯可爱，年轻人不禁对她一见钟情。他走到女孩面前，问她是否愿意和自己交个朋友，并打开了除"金钱"以外的其他几个背囊。"你有'诚信'吗？"女孩微笑着问道。"没有，"年轻人说，"不过，这里的这些已经足以弥补我缺少的'诚信'了。"女孩摇摇头说："你错了。虽然你很英俊，也有才华和学识，但如果没有诚信的话，就会成为一个不可靠的人。"女孩头也不回地离开了。年轻人更加垂头丧气起来。

这个年轻人只好顺着原路回去了。"年轻人，你怎么又回来了？"在港口，送年轻人来的渔人问他。年轻人苦恼地说："这个快乐岛上，干什么都要'诚信'，我待不下去了。"渔人拍了拍他的肩膀，意味深长地说："年轻人，其实不管在哪里，'诚信'都是必不可少的通行证。这个岛上，人人都有诚信，所以他们才活得快乐，这也是'快乐岛'这个名字的由来。我说过有弃、有取，有失、有得。可你丢弃的，恰恰是最宝贵的东西！"

年轻人沉默了。他沉思了一会儿，忽然跳上了船，"开船吧，渔家。"他

望着远方,坚定地说,"我要去找回我的'诚信'!"

我们的人生就像在大海里航行的一叶扁舟,必须自己去把握小船前进的方向。而我们人生的航向却永远都只能用诚信来把握。有了诚信,你的小船才不会被金钱、荣誉的漩涡吞没。有一个古老的谚语说,一个人讲了个谎言,就不得不讲更多的谎言。就像一个变了质的苹果,起先总是先有一个小小的斑点,然后慢慢扩大,最后整个苹果都烂掉。因此,我们应该告诫自己,不要背信弃义。不要讲谎言,一次也不要讲,不然就会有第二次、第三次,最后你的心灵就会被谎言吞没,像苹果一样烂掉。所以,我们做人一定要言出必行,不能做到的事一定不要答应别人,做人最重要的就是诚信。

事实就是如此。人生之舟,不堪重负,有弃才会有取,有失才会有得。如果一个人失去了美貌,他还有健康陪伴;如果他失去了健康,还会有才学追随;就算失去了才学,那么他还有机敏相跟。但是一个人若是失去了诚信,那么他所拥有的一切:金钱、荣誉、才学、机敏……都只不过是水中月、镜中花,如过眼云烟,终会随风而逝。

正确的人生态度是不欺骗、不隐瞒。我们要远离尔虞我诈、圆滑世故,要多一份真诚的感情,多一点信任的目光,脚踏一方诚信的净土,这样才可以浇灌出人生最美丽的花朵,才能筑起人生坚不可摧的铜墙铁壁。

"诚信"好像是一种很虚幻的东西,但它确实存在着:一切经得起时间与历史考验的东西,都是具有诚信的。它为人们所理解、接受。而"诚信"也就成了人类永恒的追求。

在人们生活的这个社会中,人与人之间发生交往和联系是必然的。"一个篱笆三个桩,一个好汉三个帮。"一个人的成功离不开他人的支持和帮助,想要赢得他人的真诚相助,首先要取信于人。"诚为至宝一生用不尽,信作良田百世耕有余"。诚信作为立身处世的行为准则,是一种宝贵的个人资源,也是做人的原则。以诚立身,以诚待人,不为各种利害得失而弄虚作假,自然能得到越来越多人的信赖、关心和帮助。如果一个人的诚信缺失,甚至严重失信,那么他只会招致他人的轻视和防备,他不可能有一个真正的朋友,在社会上也很难立足。

我们都听说过"人无信不立"。一个诚实守信的人,他的成功可以说已成定局。安身立命,建功立业,只要坚守"诚信"二字,必然终生受用不尽。诚实守信的人，胸怀宽广，海纳百川，虚怀若谷，言必信，行必果，勇敢地承担责任，铁肩承担道义，善行天下为公，向心力、凝聚力非同凡响，登高一呼，应者云集。我们无论是做事情，还是从事经济活动，都需要有众多的追随者、响应者，那样所进行的事业才能成功。一个缺少诚信、见利忘义的人，必定心胸狭窄，唯利是图，心理灰暗，到最后虽可能侥幸占点便宜，获取一点蝇头小利，但绝不会有大作为和长久的发展与成功。诚信缺失，丢掉的是道德、人格和信誉，这样的人在公众心目中是自私自利、弄虚作假、徇私舞弊、欺诈坑蒙的典型人物，我们可以想想看，有哪一个人愿意与这样的人合作、深交呢？没有了合作者、深交者，更谈不上什么向心力和凝聚力了。没有向心力、凝聚力，没有了人气，什么事也干不成，还谈什么创建成功事业呢？

诚信不仅是一种职业道德，也是一种价值取向。只有讲诚信的人，才会把心思和精力用在正道上，一步一个脚印地向既定的目标迈进。在生活中，商人做买卖缺斤少两，树不起真招牌；干部弄虚作假，创不出真政绩；成绩差的学生考试作弊，学不到真本事。今天，在激烈的市场竞争中，一个人、一项事业要生存、图发展，必须要讲诚信。我们可以这样说，诚信就是竞争力，它是一个人能否走进成功大门的通行证。

有一位哲人曾说过这样一句话："我把世俗的东西都抛开，只求一颗不受纷扰的心灵。"可想而知，失去了诚信，又有何可以慰藉心灵，并使之安宁呢？在诚信的选择上，你是否徘徊过？在一个又一个的渡口前，在一次又一次的险境中，你究竟该选择什么？不要犹豫，选择诚信吧！因为它比美貌来得更可靠，比机敏来得更实惠，比金钱更有价值，比荣誉更具时效。选择诚信，它会让一个人在纷繁诱惑中感受到一份畅快的洒脱。

人生对于我们来说只有一次，是不可能重来的。像诚信这种重要的名声，一旦玷污了就不可能还其清白，要还其清白无异于让黄河水变清，无比困难，甚至根本不可能；一旦失去了就不可追回，无法弥补。布雷默指出："诚信还没有发现代用品，人们缺少它就没法取得成功。"并且，越是珍贵的东西越是脆弱，越容易失去，诚信可谓成于艰辛败却易，诚信一旦败坏，就会让名誉扫地，使人不成其为人。正如法国大文豪大仲马所说："当信用消失的时候，肉体也就没有生命了。"

中国有句古话说得好：赠人玫瑰，手有余香。以诚信待人，犹如一轮明月,清辉普照大地。是诚信,让世界充满生机,让生命充满活力。在人生的旅途中,让我们毫不犹豫地选择诚信,以诚实、守信作为我们生活的信条。

勤俭节约

古人云:"俭,德之共也;侈,恶之大也。"告诫我们要杜绝奢侈浪费,培养节约的美德。勤俭节约不但是个人修身养性的需要,也是一个国家富强进步的需要。

勤俭节约是美德。对于富人来说,勤俭节约是难得的美德;对于穷人来说,勤俭节约不仅是一种美德,更是一种必不可少的责任。

一个明智和懂得勤俭节约的人,会为未来打算,他在自己处于好运气的时候,就会为将来可能降临到自己家庭和自己身上不幸的日子做些准备;一个不懂得节俭的人,根本不会为将来着想,更不会考虑到明日艰难的需要,他会疯狂地把全部收入都花光。

勤俭节约的行为不仅给人们带来富裕安宁的生活,还给人们带来许多益处。它培养人们自我克制的习惯,使人拥有安逸闲适的平和心态。

勤俭节约绝不是与贪婪、吝啬、自私同流合污的行为。实际上,它恰恰是这些性情的对立面。勤俭节约的目的是为了获得人格的独立,勤俭节约不仅适用于金钱问题上,而且也适用于生活中的每一件事,从明智地使用一个人的时间、精力,到养成小心翼翼的生活习惯。勤俭节约意味着科学地管理自己的时间与金钱,意味着最明智地利用我们一生所拥有的资源。

勤俭节约是人生的导师。一个勤俭节约的人勤于思考,也善于制订计划。他有自己的人生规划,也具有相当强的独立性。

如果你养成了勤俭节约的美德,那么就意味着你证明了自己具有控制自己欲望的能力,意味着你已开始主宰你自己,意味着你正在培养一些最重要的个人品质,即自力更生、独立自主、谨慎小心、深谋远虑、独创能力。换言之,就表明了你有生活的目标,你是一个非同一般的人。

三国时期的诸葛亮说:"静以修身,俭以养德。"宋代理学家朱熹说,

"由俭入奢易，由奢入俭难。"毛泽东说，"浪费是极大的犯罪。"这些我们耳熟能详的名句，昭示出中华民族的传统美德——厉行节约。

有这样一个故事：一位老人去世时，除了一块写有"勤俭"的匾外什么也没给两个儿子留下，兄弟俩分家时，便把匾从中间锯开，哥哥要了"勤"，弟弟要了"俭"。哥哥每日辛勤耕作，但不知节俭生活，结果是两手空空；弟弟则省吃俭用，却不知勤劳耕作，结果是坐吃山空。后来经过仔细琢磨，他们把匾又合在了一起，照着去做，勤俭持家，终于创造了可观的财富，过上了幸福的生活。

由此可见，勤俭节约是一种立身、立家、立业的美德。勤俭节约历来是被人们公认的一种好习惯，它不仅是对待人生的一种态度，更是一种美德。我们要做到两点：在艰苦的日子里，我们要勤俭节约；在安逸的日子里，我们同样要勤俭节约。中国共产党历来倡导"勤俭节约，艰苦奋斗"，正是靠着这种精神、这种热情，我们党无论是革命战争年代，还是社会主义建设时期才能披荆斩棘，从胜利走向新的胜利。

周恩来总理勤俭节约的故事，妇孺皆知，成为美谈。他一贯倡导勤俭建国、艰苦奋斗，要求"一切招待必须是国货，必须节约朴素，切忌铺张华丽，有失革命精神和艰苦奋斗的精神"。1961年12月4日召集专门委员对当时第二机械工业部的一个规划进行审议，会议从上午开到中午还没结束，周总理留大家吃午饭。餐桌上是一大盆肉丸熬白菜、豆腐，四周摆了几小碟咸菜和烧饼。周总理同大家同桌就餐，吃同样的饭菜。体现了其清正廉洁、克勤克俭的精神。

朱德同志不仅告诫全党保持艰苦奋斗的作风，而且自己始终如一地保持克勤克俭、清正廉洁的习惯。凡是同他有过接触、了解他的人，无不被他的精神所深深感动。厨师邓林回忆："一般人认为朱老总是中央领导，吃饭是小灶，标准一定很高。可实际上，朱老总、康大姐和我三个人加起来的伙食费平均每月都不过五十元，就是按当时的标准，也勉强称得上是中层干部的水平。平时，如果饭菜剩了，朱老总不让倒掉，下一顿还要接着吃。有时来了客人，就嘱咐我添一两个简单的菜，从不铺张。"朱总经常对邓林说："我不让你每天做大鱼大肉，不是怕花钱，主要是养成俭朴的习惯，一切从六亿人民出发，生活上不要太超乎老百姓水平之上。"

著名抗日爱国将领续范亭在一首《五百字诗》里写得好："节约莫怠

慢,积少成千万,一粒米如珠,一菜不许烂。节约虽有限,万合是十石,细流成江河,冲破东海岸。"滴水汇成河,粒米攒成筐。可见,节约是强大力量的储蓄!事实证明,任何一个国家、一个民族,如果骄奢淫逸成风,享乐主义盛行,就没有希望了。让勤俭节约成为一种精神。朱子家训言:"一粥一饭当思来之不易,一丝一缕恒念创物维艰。"节约可以陶冶人们的情操、意志和品质,使人远离拜金主义、享乐主义的影响。

其实,勤俭节约并不需要很大的勇气才能做到,也不需要很高的智商或任何超人类的德行才能做到。它只需要某些常识和抵制自私享乐的力量就行了。勤俭节约只不过是日常生活中的普通意识而已,它不需要强烈的决心,它只需要有一点点自我克制。减少任何一次感官享乐和快乐、逍遥,如少喝一杯啤酒,或少抽一支烟,就能使一个人在岁月的长河中为其他人节省下来一些东西,而不是浪费在自己身上。

我们每个人,可以从日常的生活小事做起,逐渐养成勤俭节约的习惯。这将是我们终生享用不尽的宝贵财富。

摆脱借口

在生活中,我们习惯为自己找借口。借口有时像一个紧随你的影子。当我们身处顺境时,它远离我们,而当我们身陷泥沼时,它就会不请自来,帮助我们摆脱暂时的尴尬,这样借口就会追随着我们。

但是,我们在与借口携手而行的时候,就会发现人生的目标越来越远,人生的道路越走越窄。我们在惊觉中回首,发现原来借口面目狰狞而可恶:借口是罂粟花的果实,是玫瑰花枝上的毒刺;借口是夺取意志的迷药,是麻痹斗志的毒酒;借口是人生征战时投降的白旗,是无法成功时无奈的遮羞布。一个人如果与借口为伍,难免会远离目标,更会使人一步一步地走向失败。

所以,我们该做的就是拒绝借口,无论前进的道路多么曲折,都不要找借口,我们要勇敢前行。当我们没有了借口的陪伴,我们的路也许会走得异常艰辛,但我们迈出的每一步都是在接近人生理想的目标。

世界上最容易办到的事,就是找个借口。狐狸吃不到葡萄,它就找出一个借口：葡萄是酸的。我们都讥笑狐狸的可怜，但我们却又不自觉地为自己找借口。有的人在公司上班经常迟到，老板批评、同事提醒，都不大管用，还总是找借口，比如堵车了、表慢了，或闹钟没响睡过头了等，总能找到很多借口。

没有任何借口，看起来很不公平，但事实告诉我们：无论遇到什么样的事情，都必须对自己的行为负责。西点军校"没有任何借口"的训练，培养西点军校的每一个学员具备了毫不畏惧的品质、坚强的毅力、完美的执行能力以及在限定时间内把握每一分、每一秒去完成任何一项任务的信念。因为他们明白，虽然现在他们只是军校的学生，日后肩负的却是保卫整个国家安全的重任。所以，要从小培养孩子为自己的行为负责、不找借口的习惯。在生死存亡的关头，你还能到哪里去找借口呢？

记得有一则寓言故事：曾经有一个男孩把家里的鸡以非常低的价格给卖了，他的母亲知道这件事后，就跟顾客说自己的孩子年龄太小，不懂事，他们不卖了。正在这个时候，孩子的父亲回来了，他了解了整件事情以后，坚持以孩子跟那人商议的价格成交。事后他说，他已经不是孩子了，不能让孩子成为一个不负责任的人，他应该学会承担任何事情的后果。

只要细心，你就会发现，那些没有任何作为，也不曾计划要有番作为的人，经常会有一箩筐的理由来解释：为什么他没有做到，为什么他不做，为什么他不能做，为什么他不是那样做的。借口是失败者为自己"事后"找的第一个理由，他们会为自己找出各种失败的理由。

失败者一旦找出一种"好"的借口，他总会拿这个借口对他自己和别人解释：为什么他无法再做下去，为什么他无法成功。起初，他还能自知他的借口多少是在撒谎，但是在不断重复使用后，他就会越来越相信那完全是真的，这个借口就是他无法成功的真正原因，结果他的大脑就开始怠惰、僵化，让努力取得成功的动力化为零。而他们却绝不会承认自己是一个爱找借口的人。

在我们的生活中，在健康方面最常见的借口用语是"我的身体不好"或"我有这样那样的病痛"，这个借口成了他们不去做事的理由。事实上，没有一个人是完全健康的，有谁说自己一点病没有？只不过一些小病，并不会影响工作，有些人不去办事，只是想为自己的失败找一个借口。

其实，借口是一种美丽的谎言。在自己懒惰不想按时完成任务时；在自己遇到困难难以完成属于自己的工作时；在不愿意完成不属于自己职责范围内临时交办的事情时；在因自己的失误而影响工作时；在因自己的过错给部门或单位造成损失时；在因违规将受到处罚时等，不敢又不愿意承担责任的人，这时是最容易为自己编造种种借口，拿谎言去搪塞、拖延、推卸责任的人。因此，说谎是最大的罪恶。不找任何借口才是一个人诚实、守信最完美的体现，不找任何借口的人才是一个高尚而有美德的人。

寻找借口只会让一个不负责的人以此来推卸责任。一个人一旦有了寻找借口的习惯，那么他的责任心就会随着借口而消失。

我们要记住，千万别找借口，因为工作中没有借口，人生中没有借口，失败更没有借口，那些爱找借口的人永远也不会成功！

如果一个人为自己的过错寻找借口，那他所获得的只是自己暂时的心理慰藉以及其他人一时的善意同情。然而，同时收获的，却是消极颓废的心态，是遇到困难就躲避、退缩的行为，是拖延和懒惰的性格，是为编造借口而说谎和欺骗的陋习，是甘于平庸甚至失败的人生。他最终会失去很多，失去良好的职业形象，失去职业生涯中的发展机会，失去别人的信任，甚至会失去追求卓越的高尚人生的机会。

当养成找借口的习惯时，一个人会因为借口而放弃努力。当我们遇到困难的时候，习惯找借口的人总能为自己找出各种借口："人事工作太枯燥，我干不来。""我这个项目经理不是学财务的，看不懂报表。""领导不了解我的工作有多难，没法干。"这些话听起来合情合理，但其实是在躲避困难、推卸责任、放弃进取。工作做不好，根本原因是我们没有做出最大的努力。事实证明，一个喜欢找借口的人，不可能做好任何工作，也不会对任何工作有持久的兴趣，他找借口就是选择了放弃和逃避，放弃了充实自己、锻炼自己的机会。

借口会使人变得麻木。当看到别人不断取得进步、事业不断发展时，习惯找借口的人往往会变得怨天尤人："年龄不饶人呀，我要是怎么怎么……"、"人家有后台呀"、"人家的资产质量多好，你看我管的那几个项目，整个儿一堆垃圾"等，他们会有很多的借口。这些话听起来很值得同情，其实是为了寻求自我安慰，是拒绝机会、自暴自弃。借口，使我们对很多有利的机会视而不见，变得麻木不仁。所以，我们只有拒绝借口，才能走向成功。只要自己不放弃自己，就没有什么人、什么事可以让你放弃自己。让我们只为成功找方法，不为失败找借口。

切忌做"马虎先生"

传说，古时候有一个糊涂画家，他擅长画虎。有一天，他刚画完一个虎头，有一位朋友请他画匹马，他一口答应下来，顺手一挥，在虎头的下面画了个马身，朋友问他画的是什么，他回答说是马马虎虎。朋友听后非常生气，连画也没拿就走了。

画家把这幅画挂在了自己的家里，他的大儿子看到后问他画的是什么，他随口回答说是马；他的二儿子问他画的是什么，他又漫不经心地回答说是虎。这样一来，弄得他的两个儿子马、虎不分。有一天，画家的大儿子在外面玩，把虎误认为是马，结果被老虎吃掉了；他的二儿子把马误认为是虎，竟用弓箭把马射死了，结果被人打个半死，人们据此给画家送了一个"马虎"先生的外号。从此以后，便有了"马虎"一词。

马虎先生就是因为自己太过于马虎的一句话，换来了这样的结果。有时候一个坏习惯所造成的后果并非只害别人，害得更深的可能是自己，到最后使自己后悔莫及。我们切不可像马虎先生一样，白白送了自己儿子的命。不经过脑子的话是不理智的，不经考虑所做的事也同样会遭人斥责，最终会因为自己的马虎付出代价。

马虎的人在生活中是非常常见的。这种人的生活虽然算不上潇洒，但也挺自在；谈不上闲适，但是活得时间颇长。这种人平时做事情草草了事，如果事情一旦出现错误，不但会伤害到别人，更会伤害到自己，所以做事认真才是准则。

胡适先生对马虎的人有较深的了解。他给这一类人起了一个好名字，叫"差不多先生"。差不多先生的名字，天天挂在大家的口头。关于差不多先生，有这样一个传说。

差不多先生的相貌和你、我都差不多。他有一双眼睛，但看得不很清楚；他有耳朵，但听觉不太分明；有鼻子、有嘴巴，但对气味和口味却不很讲究；他的脑子没毛病，但记忆却不准确，思考问题也不缜密。

而他的口头禅是："凡事只要差不多就好了。何必太精明呢？"

在他小时候，妈妈叫他去买红糖，他买了白糖回来，他妈骂他，他反抗道："红糖白糖不是差不多吗？"

后来，他在一个钱庄里做伙计，他会写，也会算，只是总不精细；十字常常写成千字，千字常常写成十字。掌柜的生气了，常常骂他，他只是笑嘻嘻地赔小心道：千字比十字只多一小撇，不是差不多吗？

有一天，他突然得了急病，赶快叫家人去请东街的汪先生。家人急急忙忙地跑去找大夫，一时寻不着东街汪大夫，就把西街的牛医王大夫请来了。差不多先生病在床上，知道寻错了人，心里想："好在王大夫和汪大夫也差不多，于是王大夫用医牛的法子给差不多先生治病。结果，差不多先生一命呜呼了。

差不多先生临死的时候，留下一句话："活人同死人差不多！凡事只要差不多就好了，何必太认真呢？"

刚刚听到这句话的时候，我们似乎觉得非常有哲理，但是仔细想想，差不多先生就是因为他把"差不多"当做是自己的人生信念，最终为这个错误的信念付出了惨重的代价。

上面这个故事告诉我们，无论做什么事情都要认真，成功的起步都是从点滴开始的，如果连一点一滴都没有做好，还如何去谈论成功呢？只有认真做好小事才能成大事。如果一个细节出问题，到时候很可能会有意想不到的大事发生，这就是做事不细心所造成的严重后果。

由马虎造成的严重后果并不少见，请看下面这则骇人听闻的事件：一个小小的烟头，竟要了54条人命！

在某市的商厦，曾发生过一场特大火灾，造成54人死亡、70人受伤，直接经济损失四百余万元。然而，造成这一重大事故的直接原因仅仅是因为一个小小的烟头：一位员工到仓库内放包装箱时，不慎将吸剩下的烟头掉在地上，随意踩了两脚，在并未确认烟头是否被踩灭的情况下，他匆匆离开了仓库。当天仓库内物品被引燃。

可碰巧是在这样的情况下，这个商厦当日保卫科工作人员违反了规章制度，擅自离开值班室，没有对消防监控室监控，也没能及时发现起火并报警，延误了抢险时机。同时，在他们得知火情后，也没有及时、有效地组织群众疏散，致使商厦人员在发生火灾后没能及时逃离，造成了严重的后果。

这件事情的直接导火线简单得令人难以想象、难以承受，然而，寻找最终的引火线，你就会发现夺去54条人命的，不是现实中忽明忽暗的烟头，而是隐藏在烟头后面——工作人员的马虎轻率、不负责任——这是深藏在人们心中更为可怕的"烟头"。

那位丢弃烟头的员工又何尝想过自己扔下的一个烟头竟会使商厦变为废墟？他又何尝想过那一个小小的烟头竟然会使54个生灵在瞬间消失呢？让他更没想到的是，自己一个马虎的举动，竟把他的生命和财产全部丧送，酿成一场不可收拾的惨局；而这所商厦的保卫科人员何尝想到自己工作中的疏忽竟然会引发这样的结果呢？正是因为他们的马虎轻率、漫不经心，才造成了这样的悲剧，把那些无辜的生命推向了死亡的深渊。

马虎大意带给我们的后果是可怕的、严重的，因此，我们不应该有马虎的态度。否则的话，终有一天会出事。无论是在我们的生活中还是工作中，马虎做事是很常见的，但大部分人都没有改掉这个习惯的意识，这对我们产生的影响是很大的。一个成功的人，不会做马虎先生，他会利用有利的条件，改掉影响自己的坏习惯，使自己走向成功。不要因为一个坏习惯而影响我们的一生，只有改掉坏习惯，最终才能够获得成功！

墨守成规——前进的绊脚石

生活不是一味地墨守成规，无论是考虑事情，还是做事情，都需要学会变通。如果一味地墨守成规，它就会成为我们走向成功的绊脚石。所以，我们不能让墨守成规阻挡了我们的道路，应该事事学会变通。下面的小故事向我们述说了这个道理。

有一天，两个和尚结伴从一座庙向另一座庙走去。走到半路，突然被一条河挡住了去路。这条河上没有桥，水并不太深，他们决定涉水而过。

正在这时，一位美貌的妇人也来到河边，她说有急事必须过河，可是又怕河水把她冲走。

第一个和尚见此情景，毫不犹豫地背起妇人，涉水过河，把她安全地送到了对岸。第二个和尚跟在后面也顺利地过了河。

两个和尚默不作声地继续走路。

走了好几里路,第二个和尚终于忍不住了,突然对第一个和尚说:"师兄,我们和尚绝不能近女色,刚才你为何犯戒背着那个妇人过河呢?"

第一个和尚淡淡地回答:"我一过河就把她放下来了,怎么你走了好几里路,到现在你心里还装着她呢?"

一位哲人告诉我们:"做人做事不要轻易被一个成规束缚住。"墨守成规是前进的绊脚石,真正成功的人,本质上流着叛逆的血。而做人做事墨守成规,则会使我们原地不动。

由此可以联想到有一条隐藏在尘世间的绳索,牵着生活中迷乱的人们,每天重复着昨天的脚印,没有思维地跟在一件事情的后面,追逐一些看不到的东西,实际上在奔赴一个别人已经到达过的目标和终点,反复重复别人走过的路,在别人消化过的残渣中苦苦寻觅零星的营养,根本没有几个人能在人生的道路上寂寞地耕耘或是独辟蹊径。

在生活中,我们每个人都有不良或落后的习惯,我们只有大胆地去改进,才能有好的发展。许多人缺乏远见,做事总是采用老一套,一时的损失不大,但长期积累就会造成落后的局面,而且容易形成僵化的头脑,这对成才、发展都不利。就拿学习方式来说,一个人只有采用先进的学习方式,才会有较好的学习效果,才可能拥有过人的能力。如果一味地按照老方法那样学习,效率就不会提高。

在世界上,美国家庭是搬家最频繁的,在我们中国人眼里搬家是很劳民伤财的,先不说现在高昂的房价,就是在以前,中国人也不太会想着搬家。但美国的社会学家认为,搬家是维系家庭稳定的因素,因为新的环境必然会带来新的生活方式、新的生活内容,也包括新的要解决的问题。这样,家庭的生命就被激活了,就会充满生机。这种分析也不无道理。家庭生活如果一成不变,人们只是周而复始地重复着每天的生活,这样下去,我们都会感到厌倦。当然,搬家只是一个例子,生活的新意是层出不穷的,关键是要靠我们自己主动地去创造,一个事件、一种氛围,甚至一件物品,都有可能会给我们的生活带来一种新鲜的感觉。

在工作或是生活中,当人们习惯于墨守成规的时候,就走不出这个圈子,发现不了更为科学的依据,但是人们一步一步地探索下去,也许会有一些更好、更科学的发现,然而如果被禁锢了,就难以发现更科学的东西。

　　赫拉克利特认为，河水是在不停流动的，当人们第二次踏入同一条河流时，他们所接触到的水流已经是变化了的新的水流，所以他写下了这样的名言："人不能两次踏入同一条河流。"这句话揭示了一个真理，世间的一切事物都是在不断变化的。

　　在生活、学习和工作中，都是这样的。战场也如此，战场上的情况瞬息万变，因此，选择作战方式、制定作战方针及实施作战计划都必须随机应变。纸上谈兵、墨守成规，只能被战争的汪洋大海所淹没。我们要有打破墨守成规的心态，要敢于挑战自己，有置于死地而后生的无畏精神。只有打破陈规，学会变通，才能有新的希望，墨守成规的结果只能是停步不前。

第七章　外圆内方的处世态度

做人亦方亦圆

方为做人之本,圆为处世之道。

"方"是做人之本,是堂堂正正做人的准则。人仅仅依靠"方"是不够的,还需要有"圆"的包裹,无论是在商界、官场,还是在交友、情爱、谋职等方面,都需要掌握"方圆"的技巧,才能无往而不胜。

"圆"是处世之道,是妥妥当当处世的锦囊。现实生活中,有的人在学校时学习成绩很好,进入社会却成了打工的;在学校学习成绩不好的,进入社会却当了老板。为什么呢? 就是因为学习成绩好的同学过分专心于专业知识,忽略了做人的"圆";而学习成绩不好的同学却在与人交往中掌握了处世的原则。正如卡耐基所说:"一个人的成功只有15%是依靠专业技术,而85%却要依靠人际关系、有效说话等软科学本领。"

亦方亦圆者懂得,如果原则性问题也要让步,等于失去了做人的方向。尊严是做人的主要原则,一个人的素养越高,就越看重自己的人格与尊严,所谓"士可杀不可辱",就是这个道理。

有一位小保姆,由于性情温和,干活利索,给女主人的印象极佳。但是,生性猜疑的女主人还是担心这位姑娘手脚不干净,于是在试用期的最后几天想出个办法来试一试她。

一天早晨,小保姆起床要去做饭,在房门口捡到十元钱,她想肯定是女主人掉下的,就随手放到了客厅的茶几上。谁知第二天早晨,小保姆又在房门口捡到了一张五十元钱,这让她感到很奇怪。"莫非是在试探我吗?"小保姆产生了这样的疑问。但她又很快打消了这个念头,因为女主人是一位大学教授,是很有身份的人,怎么会做出这样侮辱人的事情呢?这样想着,她就把钱放进了茶几底下,但心里面还是留了个心眼。

到了晚上,小保姆假装睡下,从卧室的窗户窥看客厅中的动静。正当她困意袭来,准备放弃这一念头时,女主人竟真的悄悄到茶几前取钱来了。小保姆彻底惊呆了,怒火冲上了她的心头:怎么可以这样小看人!她咬了咬嘴唇,做了一个决定。

次日早晨,小保姆又在房门口发现了一张钞票,这次是一百元钱。她笑了笑,把钱装进了自己的口袋。她在女主人出去之前把这一百元钱悄悄地放在了楼梯上,准备也测试女主人一次。果不出小保姆所料,女主人之所以怀疑别人手脚不干净,正是因为她自己是一个自私而贪心的人,她在下楼时看见了那一百元钱,当时就眼睛一亮,然后趁着左右没人把钱塞在了口袋里。这一幕,全都被暗中偷窥的小保姆看到了。

当晚,女主人就像找学生谈话一样,严肃而又婉转地批评她为人还不够诚实,如果能痛改前非,还是可以留用的。小保姆故作懵懂地问:"你是不是说我捡了一百元钱?""是呀!难道你不觉得自己有错吗?"小保姆摇了摇头:"不,我不认为我做错了什么,因为我已经将那一百元钱还给您了。"女主人一脸诧异:"咦,你啥时还我钱了?"小保姆大声回答:"今天傍晚,公共楼梯……"女主人一听到"楼梯"两个字,当时像触了电一样浑身一颤,狼狈得一句话也说不出来了……

聪明的小保姆知道做人要方、处世要圆的道理。她知道那钱不是自己的就不应该占为己有,她还利用了一些圆滑的手法为自己找回了面子,女主人自然也不该再侮辱她的人格和尊严。试想一下,如果她正面反击,不讲策略又会是什么效果呢?因此,做人要方圆有道。

做人要圆。这个圆绝不是圆滑世故,更不是平庸无能,这种圆是圆通,是一种宽厚、融通,是大智若愚,是与人为善,是居高临下、明察秋毫之后,心智的高度健全和成熟。不因洞察别人的弱点而咄咄逼人,不因自己比别人高明而盛气凌人,任何时候也不会因坚持自己的个性和主张让人感到压迫和惧怕,任何情况都不会随波逐流,要潜移默化,绝不让人感到是强加于人……这需要极高的素质,很高的悟性和技巧,这是做人的高尚境界。

圆的压力最小，圆的张力最大，圆的可塑性最强。

可方可圆，能够把圆和方的智慧结合起来，做到该方就方，该圆就圆，方到什么程度、圆到什么程度，都恰到好处，左右逢源，就是古人说的"中和"、"中庸"。

能做到不急不躁，不偏不倚；不左不右，不上不下；可进可退，可方可圆。这样，你的人生就达到了高境界，不论在何时、何地，你都不会吃亏。

大愚中见大智

耍小聪明的人有两种灾祸，一种是被人猜忌防范而招祸，一种是自己把事情办坏而难成大事。

有人大智若愚，同样也有人大愚若智，区别在于是否有自知之明。一个人不自我表现，反而显得与众不同；不自以为是，反而会超出众人；不自夸成功，反而会成就大事，这就是大智若愚。那些盲目自傲、不宽容、耍小聪明、固执己见、自以为是、好大喜功、爱出风头的人在任何一方面都难成大事，这便是大愚若智。

成大事的人知道聪明是一笔财富，关键在于怎么使用。真正聪明的、有智慧的人会使用自己的聪明和智慧，即做到深藏不露，不到火候时不会轻易使用，要貌似平常，让人家不眼红你，最终达到成大事之目的。最忌一味地强出头，不管必要不必要、合适不合适，时时处处显精明，那样不仅不会助人成大事，反而会成为招灾引祸的根源。

在一般情况下，忍住显示自己才智的欲望，保持不自满的心态，就可以避免因为炫耀自己的才能而招致他人对自己妒忌、诋毁、攻击、陷害。

有一位刚刚从大学毕业的学生，凭借自己的出色表现，很快在一家公司找到了工作。由于自己的专业知识扎实，头脑又灵活，很快就融入到工作中，获得了同事的羡慕和上司的赞扬。可他却有点恃才傲物，别人的事情，他都爱插手，虽然提的意见有时很有见地，但别人都不买他的账。有一次开会时，上司提了一个方案，他马上进行了反驳，并提出了自己的意见，上司表面点头允许，心里却对他产生了忌恨。后来公司找了一个借口，将他辞退了。

过于显露自己的才能和智慧,过分地招摇,首先会招致对自己的损害。历史上的名人、能人、英雄豪杰,都是身怀绝技,但他们也都知道"山外有山,天外有天,能人背后有能人"的道理,所以要想赢得胜利,最好还是后发制人,于是大都深藏不露,大智若愚,大巧若拙,不轻易地暴露和表现自己的才能。真正聪明的人,不会自以为是,他们为人处世,以谦虚好学为荣,常以自己的无知或不如人而惭愧,以便能够得到更多的学习机会。即使自己确有才智,也不会四处去出风头,不去刻意地炫耀或展示自己,而是克制和忍耐住自己争强好胜的心理。

"出头的椽子先烂"。过于显露自己的才能和智慧,过分地招摇,首先会招致对自己的损害,尤其是受到有妒忌之心的小人的攻击。忍耐住这种自我显示的欲望,一则能使自己谦虚向上,二则可以保护自身不受损害,使自己不会吃亏。

"大智若愚,大巧若拙"。明智之人不会夸赞炫耀,只会以自己的成绩让人信服。大智若愚实在是一种人生的最高境界,也是一种人生大智慧。大智若愚的人总有更多成功的机会。

大智若愚,从一个角度来说,也可理解为小事愚、大事明,这是一种很高的修养。所谓愚,并非自我欺骗,或自我麻醉,而是有意糊涂。该糊涂的时候,就不要顾忌自己的面子、学识、地位、权势,一定要糊涂,由糊涂而转聪明,定会左右逢源,不为烦恼所扰,不为人事所累,这样你也必会有一个幸福、快乐、成功的人生。

软硬兼施,以牙还牙

一块巨石如果落在一堆棉花上,则会被棉花轻松地包在里面。以刚克刚,两败俱伤,以柔克刚,则马到成功。

俗语说:"牵牛要牵牛鼻子,打蛇要打七寸处。"应以己之长,克彼之短。对待刚烈之人如果以硬碰硬,势必会使双方共同失去理智,头脑发热,做事不计后果,最终各有损伤,事情也必然搞砸。

倘若以柔和之姿去面对刚烈火暴之人,则会是另一番局面,恰似细雨之于烈火,烈火熊熊,细雨蒙蒙,虽说不能当即将火扑灭,却有效地控制住了火势，并一点点地将火熄灭。但若暴雨一阵，火灭去，又添泛滥之灾，一浪刚平又起一浪，得不偿失。

杜月笙，是旧中国上海滩著名的流氓大亨，十里洋场的"第一号闻人"和"工商界巨子"。其权势之显赫，甚至敢于在太岁头上动土。

1948 年夏，为扭转全国严重的财政经济危机，蒋介石特派儿子蒋经国督导上海地区经济管制，并组成了逮捕不法之徒的"打虎大队"。恰在这时，杜月笙的三儿子杜维屏因私自套汇港币 45 万元，被蒋经国查获。蒋经国大怒，立即下令逮捕了杜维屏，这在上海滩引起了巨大震动。

对杜月笙来讲，从来只有"损"人，没有被人"损"过。对于蒋经国的下马威，杜氏门徒建议"老师"给蒋经国点颜色看看，让他知道上海滩不是新赣南。但杜月笙却不动声色，既不向主管方面求情，也不跟亲朋故旧诉苦，反而一本正经地说："国法之前，人人平等，杜维屏果若有罪，我不可能也不应该去救他。怕什么，我有八个儿子，缺他一个，又有何妨？"其实，杜月笙暗中却在窥探着反击的机会。

一天，蒋经国把各业巨头约到浦东大楼，准备对杜月笙施加新的压力。杜月笙明知是蒋经国摆的"鸿门宴"，却不便"拒邀"，会议一开始，蒋经国即正色道："对这次币制改革，上海各界人士热烈赞助者很多，但有少数不明大义的人，投机倒把，囤积居奇，兴风作浪，影响国计民生。本人此次进行经济检查，若囤积物资逾期不放，一经查出，全部没收，并予以法办。"

蒋经国的话显然是讲给杜月笙听的。岂料他的话音刚落，杜月笙立即发言："我儿子违反国家的规定，是我管教不严，我把他交给蒋先生依法惩办。不过我有一个要求，也可以说是今天到会各位的要求，就是请蒋先生派人到'扬子公司'的仓库去检查检查。扬子公司在囤积货色方面尽人皆知，是上海首屈一指的。今天我亲友的物资登记查封，也希望蒋先生能一视同仁，把扬子囤货同样予以查封，这样才服人心。"杜月笙还软中带硬地说："倘若蒋先生吃不准，我可以陪你检查。闲话一句，我身体有病，不能多坐了。"说完离座而去。杜月笙的发言犹如一颗重磅炸弹，语惊四座。工商界巨头们不禁暗中佩服这位大亨。杜月笙竟然软硬兼施，蒋经国自然也不会示弱，他立即表示"扬子"如有犯法行为，绝不宽恕。

顿时，"扬子囤货案"弄得满城风雨，街谈巷议，纷纷嘲讽蒋氏家族的丑闻。扬子公司原是一家"皇亲国戚"公司,孔祥熙的大公子孔令侃是这家公司的董事长兼总经理。孔少爷凭着他是蒋介石的外甥,根本不把"打虎大队"看在眼里。但杜月笙先发制人,蒋经国又不能按兵不动,遂下令查封了"扬子"之仓库。孔令侃立即向小姨妈宋美龄求援。哭诉蒋经国自相残害手足的举止。宋在调解未果的情况下,又搬出了蒋介石。蒋介石听罢原委后,不禁埋怨起儿子来,认为他毕竟出道不久,怎么假戏真做,打"虎"打到自己家族头上来了,结果,"扬子"一案不了了之,杜月笙的三公子也早在此事了结之前出了监狱。杜月笙这招软硬兼施,以牙还牙,实在是"辣"。

事实上,软硬兼施是必不可少的手段。《三国演义》中诸葛亮借荆州就充分运用了软硬兼施的手段,而且运用得非常高明。诸葛亮是运用武力占据了荆州,但是他非要和东吴说是暂借荆州,这就是软的一手,用这一招给东吴以幻想,让他们以为还能够通过和平手段取得荆州,所以难以下决心和刘备、诸葛亮动武。可是当东吴催讨荆州的时候,诸葛亮又采用软硬兼施的手段,一方面赖着不还,另一方面又威胁动武,把东吴弄得打不是,不打也不是。运用这一手,诸葛亮达到了长期霸占荆州的战略目的。

所以,软与硬,作为一种策略,或者作为一种交际手段,无论何种场合,不可偏颇。从理论上讲,软,体现友善、涵养、通情达理;硬,则显示尊严、原则和力量。还要根据形势变化,灵活运用。只要运用得当,还是有助于我们构建和谐、美好的工作和生活氛围的。

木秀于林,风必摧之

"人不知而不愠,不亦君子乎!"可见人不知我,心里总是不高兴,这是人之常情。尤其是年轻人,总是希望在最短时期内使人家知道自己是个不平凡的人。要使人知道自己,当然先要引起大家的注意,要引起大家的注意,只有从言语行动方面着手,于是便容易崭露出言语锋芒,行动锋芒。

有这样一个寓言:有一个国王出游,一行人过了江,迎面便是一座树木繁茂、景色迷人的大山,山上住着很多小猴子。

国王与随行人员刚一踏上山来,山上的小猴子们纷纷四处躲藏起来。然而,有只小猴子不但不逃走,而且跟着国王一行,从这棵树上蹦到那棵树上,招引国王的注意。

国王没想到会有小猴子跟着他们,只管往前走,走着走着,突然来了兴致,决定在此打猎助兴。国王拿出弓箭来,拉满弓,便射了出去,想不到小猴子竟跳了起来,朝着国王射出的弓箭冲了过去,脚刚好站在一棵树上,手里已经接住了那支箭。

国王又拿出一支箭,搭到弓上,这一次国王选了一个离猴子远的目标,那是一棵树上站着的一只红嘴巴的鸟。

国王的箭"嗖"地一声射了出去,猴子的反应相当灵敏,几乎是与箭同时腾空而起,向国王射的方向迅速飞跃过去,不偏不倚,一下子又把箭抓到了手里。

小猴子手里举着国王的那支箭,摇着脑袋,一脸的得意相,仿佛在说:"怎么样?你的箭再快再准,也不如我的眼睛准,也不如我的腿快吧。"

国王看着树上的小猴子,很生气,但是,他没有喝斥它,而是召集他的一些随从们,让大家都准备好弓箭。

国王一声令下,随从们万箭齐射,小猴子哪能抓得过来,连躲避都来不及,终被乱箭射死了。

国王看了看被射死的小猴子,语重心长地说:"这只猴子本来很有灵性,灵巧、敏捷,多修练几年必成大气,只是太爱炫耀自己了。没有多少本事就总想炫耀自己,其结局一定是可悲的!"

聪明做人,再好不过了,但真正聪明的人,不会处处显示自己比别人有能耐,特别是关键时刻,他都会故意装傻,以避免树大招风、麻烦事缠身,这样做人是不会吃亏的。

商代末期,商纣王终日"酒池肉林"、"声色犬马",忠臣直言者一律处死。有一次宴饮数日而忘记了当时是什么日子,问左右的人,都不知道,于是派人去问箕子,箕子听说此事,心想:"身为一国的主人,而让一国的人们都忘记了日月,国家就很危险了。一国的人都不知道,而只有我一个人知道,我也就很危险了。"于是对使者推辞说自己喝醉了酒,也记不清是什么日子了。

齐国的隰斯弥去见田成子,田成子和他一起登上高台向四面眺望。

三面的视野都很开阔，只有南面被隰斯弥家的树遮蔽了。田成子当时也没说什么，隰斯弥回到家里，叫人把树砍倒，没砍几下，隰斯弥又不让砍了。他的家人问："您怎么又这样快改变主意了。"隰斯弥答道："谚语说，知道深水中的鱼是不吉祥的。田成子是有篡位野心的。如果我表现出能够在精微处察觉事情的真相，那我必然会有危险了。不砍倒树，未必有罪。而知道了别人的隐秘，那罪过和危险就不得了。所以我才决定不把树砍倒。"

装傻是为人处世的一种技巧、一种艺术、一种境界，是一种真正的人生大智慧。装傻不等于真的傻。他们较真实的一面就是精明内敛，大智若愚。既可以使自己免受伤害，又可以在有条件时，一举成功，让敌人防不胜防。木秀于林，风必摧之。所以，一个人活在世上该装傻时就装傻，这样才不会吃亏。

处世要善于隐藏锋芒

古人云："鹰立如睡，虎行似病，正是它攫鸟噬人的法术。故君子要聪明不露，才华不逞，才有任重道远的力量。"这就是"藏巧于拙，用晦而明"。一般而言，人性都是喜直厚而恶机巧的，而胸有大志的人，要达到自己的目的，没有机巧权变，又绝对不行。因此，既要弄机巧权变，又不能为人所识破，所防范，所厌恶，就应有鹰立虎行、如睡如病、善于隐匿的处世应变方法。

孙膑和庞涓都是鬼谷子的学生，后来庞涓先行下山，当上了魏国驸马，并陷害孙膑，使其受到"膑刑"，导致双脚残废。孙膑脱险之后，先以围魏救赵之策大挫庞涓的锐气，然后又在战场上与庞涓正面决战。昔日同窗今日却成了对手冤家。孙膑计高一筹，斗智不斗力，隐强示弱，逐渐减少兵灶数目。庞涓认为孙膑兵力在逐渐减少，自然大喜，命令手下军士抛下辎重，轻装上阵，紧追不舍。最后两军战于马陵，孙膑集合全部兵马给庞涓以迎头痛击，大煞敌人威风，可怜庞涓这才知道是中计，最后，他被乱箭射死。

我们首先要对自己有一个正确的认识，然后了解对手的虚实，适度地隐藏自己的实力，学会制造假象，让对方错估情势，进而为自己制造一个绝佳的优势。

善于隐藏自己，能以静制动，看似没有，实则充满者，可为天下英雄。

据说曹操知道司马懿有大志，又听说他有"狼顾"。什么是"狼顾"？狼的头和脖子可以左右转 180 度。司马懿生有异相身躯，头可以向后转 180 度。曹操认为司马懿"狼顾"，就是狼子野心，心术不正。

话虽这么说，当时曹操从司马懿的日常表现中却觉得这人挺好的。他每天勤于公务，废寝忘食；从公文到马匹，从内务到处勤，事必躬亲，吃苦耐劳，工作做得井井有条。曹操心想，这小伙子不错啊，哪料到这些都是装出来的。

司马懿骗过了曹操，至于曹丕那就更容易蒙骗了。他无论身居何职，都用各种方式不温不火地向曹丕表示忠诚，在他的努力下，曹丕一步步登顶，司马懿的权力也越来越大。

密藏不露是自我保护的重要手段，它会减少遭到别人暗算或报复的机会。

曹芳继位后，曹爽掌权，为排挤司马懿，对司马懿明升暗降，剥夺了兵权。自此曹爽放心玩乐，后来听说司马懿有病，派人假辞行以探虚实。司马懿老态龙钟，听不清说话，双手颤抖，进食困难，至此曹爽心中的戒备一丝都没有了。谁想当他在野外游猎兴致正浓时，却被司马懿父子端了老窝，稍后又夺取了兵权，曹爽后来被斩首。

这个世界上才能高的人很多，但善于隐藏锋芒的人却不是很多，《三国演义》中死于曹操手下的才高八斗之士数不胜数，如孔融、祢衡等人，皆因他们不善于隐藏自己才命丧黄泉。所以，无论才能有多高，都要善于隐匿。

孔子年轻的时候，曾经受教于老子。当时老子曾对他讲："良贾深藏若虚，君子盛德容貌若愚。"即善于做生意的商人，总是隐藏其宝货，不令人轻易见之；而君子之人，品德高尚，而容貌却显得愚笨。其深意是告诫人们，过分炫耀自己的能力，将欲望或精力不加节制地滥用，是毫无益处的。

中国旧时的店铺里，在店面是不陈列贵重货物的，店主总是把它们收藏起来。只有遇到有钱又识货的人，才告诉他们好东西在里面。倘若随便将上等商品摆放在明面上，岂有贼不惦记之理。

不仅是商品，人的才能也是如此。俗话说，"满招损，谦受益"，才华出众而喜欢自我炫耀的人，必然会招致别人的反感，吃大亏而不自知。

智欲圆而行欲方

有所不为，有所必为，没有方之灵魂，只会遭到大众的唾弃；有了圆的包裹，在人群中自能游刃有余，方圆结合，畅行天下。

智欲圆而行欲方。人的智慧要圆融无碍，不仅要看到事物静止的、不变的一面，还要看到事物运动的、发展的一面；不仅要看到各个不同事物的个性和局部的状况，还要看到事物的整体和共性；不仅要看到事物的具体现象和应用，还要看到事物的本质；不仅能够坚守原则，以不变应万变，而且要有高度的灵活性，具体分析此时、此地、此人的具体情况，以求得最佳的解决方式。这是从"智圆"的角度来讲。

从行为上讲，人的智慧虽然应圆融无碍，但在具体的作为上却不能模棱两可。也就是说，做人必须遵守一定的法度和规则，以便立足于社会之中。这就是"行欲方"的含义。

从灵活与原则的角度讲，圆为灵活性，随机应变，具体事情具体分析；方为原则性，坚守一定之规，以不变应万变。

乾隆帝晚年，和珅位高权重，几乎一手遮天，大小官吏趋炎附势，奔走门下。纪晓岚却始终保持清廉正直的品格，坚决不与他们同流合污。

一次，和珅新造了一座府邸，并在花园中建了一座凉亭，建凉亭当然要题匾，和珅便求纪晓岚为之题写。纪晓岚虽不愿轻易得罪和珅，但又看不惯其所作所为，便想暗中嘲弄他一下。

纪晓岚谦和地接待了和珅，郑重其事地为和珅题写了两个大字："竹苞"。这"竹苞"二字本是《诗经·小雅》中的词语，其原句是"如竹苞矣，如松茂矣"，所以人们常以"竹苞松茂"代表华屋落成，预示家族兴旺之意。和珅见纪晓岚只写"竹苞"二个，以为文简意丰，别有韵味，便制成金匾，端端正正地挂在亭上，还时常向别人炫耀。

一天，乾隆来到和府游玩。到了花园，乾隆看见亭上的匾额，便问和珅是何人所书。和珅告知后，乾隆说道："是啊，也只有纪晓岚才能写出这种词儿来……"说完之后，哈哈大笑，和珅见皇上笑得弦外有音，不解其意。同时陪乾隆游玩的还有大臣刘墉，他见把和珅笑得一脸茫然，就对和珅笑道："依鄙人之见，这个纪晓岚在和你开玩笑！"

和珅更加不解。刘墉笑道："你把'竹苞'二字拆开来看，岂不是'个个草包'吗？"和珅这才恍然大悟，心中又羞又恼。

当对手非常强大、自己处于不利的地位时，不防转换一下思维与行动。

一位身着便服的侦察员走进列车上的厕所。冷不丁，一个妙龄艳装的女郎一闪身也跟着挤进厕所，反手将门锁上："先生，把你的手表和钱包给我。否则，我就喊你侮辱我！"

面对这突如其来的场面，侦察员清楚地知道，厕所里没有其他人，辩解是毫无意义的；稍有迟疑，女郎就会反咬一口，立即使自己身败名裂。陷入困境中的侦察员急中生智，张着嘴巴不停地"啊，啊"，一个十足的哑巴，表示不懂女郎说的是什么。

女郎赶紧打手势，侦察员仍然窘急地"啊啊"着，见此情景，女郎失望了，真倒霉，怎么碰上个哑巴！她转身正想离去，这时，侦察员一把抓住女郎，拿出钢笔，打着手势请她将刚才说的话写在手上。女郎欣然接受，接过钢笔就在侦察员的手上写道："把你的手表和钱给我。不给，我就喊你侮辱我！"侦察员立即翻转手掌，抓住女郎说："我是便衣警察，你犯了抢劫罪，这就是铁的证据！"女郎目瞪口呆，乖乖被擒。这位便衣警察就是靠机智和勇敢战胜了犯罪分子。

可见，遇到紧急情况，应尽量以新内容、新话题把它引开，千万不能拘泥一头，执著不放。否则僵持下去，只能导致更为难堪的局面。相反，具体问题具体对待，融方圆的原则性与灵活性为一体，事情就好办多了。

做人要能识破伪与诈

中国古代大哲学家荀子在论人性时说："人之性恶，其善者伪也。"这句话的意思是说，人的性质如果看来是善的，那是他努力装扮成这样的，人性本来就是恶的。这就是著名的性恶论。

做人厚道本身不是错，而关键是社会关系复杂，要想在社会上立足，就要懂得伪装自己，以防被人欺诈被人骗。人性究竟是善还是恶，绝非三言两语能够说清楚。但是在现实生活中，与人打交道时一定要谨慎小心，对人不妨考虑一些防范对策，预防自己吃亏，否则事情发展到一定程度时就为时晚矣。

一般人都不喜欢谋略意识强烈的人，然而在现实社会里，欺骗、狡诈的人大有人在。大到国家之间的争端，小到个人之间的利害关系，这种欺诈无处不在。

一次，一位美国商人因生意的需要前往日本谈判。飞机在东京机场着陆时，他受到两位日方职员彬彬有礼的迎接，并替他办理好了所有的手续。

简单的寒暄之后，热情的日本人问道："先生，您是否会说日语？"

"哦，不会，不过我带来一本日文字典并希望能尽快学会。"美国人回答道。

"您是不是得准时乘机回国？到时我们安排您去机场。"日本人又问。

丝毫不加戒备的美国人对日本商人的体贴周到非常感动，赶忙掏出回程机票，同时反复说明他到时必须回国。

于是，聪明的日本人知道美国人只能在日本停留 14 天，只要让这 14 天时间牢牢掌握在自己手中，他们就占主动地位了。首先，日本人安排异国来客作了长达一个星期的游览，从皇宫到各地风情都饱览一遍，甚至根据美国人的癖好，还特地带他参加了一个用英语讲解"禅机"的短期培训班，声称这样可以使美国商人更好地了解日本的宗教风俗。

每天晚上，日本人都会让美国人半跪在冷硬的地板上，接受殷勤好客的日本式晚宴，往往一跪就是四个半小时。这令美国人厌烦透顶，叫苦不迭，却又不得不连连称谢。但是，只要他一提出进行此次的商务洽谈，日本人就会搪塞说："时间还多，不忙，不忙。"

日子就这样过去了。

第 12 天，谈判终于在一种胶着的状态下开始了，然而下午安排的却是高雅的高尔夫球运动。

第 13 天，谈判又一次开始，但为了出席盛大热烈的欢送晚会，谈判又只能提前结束。晚上，美国人已经急得像热锅上的蚂蚁，但有气不打笑脸人，面对日本人的客气和盛情，美国人只得强装笑脸，听从日本人周密细致的安排，把晚上的时间花在娱乐上。

第14天早上，谈判在一片送别的氛围中再次开始，本应在长时间内妥善完成的谈判压缩在半日内进行，其仓促是可想而知的。正当谈判处在紧要关头的时候，轿车鸣响了喇叭，前往机场的时间到了。主客只好急卷起协议草案，一同钻进赶往机场的轿车，途中再次商谈合作的具体事宜。就在汽车抵达机场，美国客人就要步入机场通道的时候，双方在协议书上签了字。双方握手道别，美国人终于完成此行的责任，一片释然。

然而不久之后，当美国商人在履行协议时才发现处处不对劲。这时才省悟过来：原来日本人对此早有准备，只不过是一切阴谋和计策都隐藏在他们那永不变的笑容中了。

欺诈是一种计谋。在人性的丛林里，无处不存在着欺诈。要识破这些欺诈，就要保持一种清醒理智的态度，审时度势，谨慎小心。

人生从某种角度看也是一场战争。在这种战争中，为了求生存，必须要有谨慎持重的生活方式和态度，这样才不至于上某些人的当，吃大亏。当然，为人并不需要自己去欺骗别人，但是，社会上鱼龙混杂，到处都是陷阱、圈套，必须小心提防。所谓"害人之心不可有，防人之心不可无"。

沉得住气方为人杰

俗话说："心急吃不了热豆腐。"当一个人失去耐心的时候，同时也失去了清醒的头脑，也就不能冷静地分析事情。

战国时，魏国的国君魏文侯打算发兵征伐中山国。有人向他推荐一位叫乐羊的人，说他文武双全，一定能攻下中山国。可是有人又说乐羊的儿子乐舒如今正在中山国做大官，怕是投鼠忌器，乐羊不肯下手。

后来，魏文侯了解到乐羊曾经拒绝了儿子奉中山国君之命发出的邀请，还劝儿子不要跟荒淫无道的中山国君跑了，文侯于是决定重用乐羊，派他带兵去征伐中山国。

乐羊带兵一直攻到中山国的都城，然后就按兵不动，只围不攻。几个月过去了,乐羊还是没有攻打,魏国的大臣们都议论纷纷,可是魏文侯不听他们的,只是不断地派人去慰劳乐羊。可是乐羊照旧按兵不动,他的手下西门豹忍不住询问乐羊为什么还不动手,乐羊说:"我之所以只围不打,还宽限他们投降的日期,就是为了让中山国的百姓们看出谁是谁非,这样我们才能真正收服民心,我才不是为了区区乐舒一个人呢。"

又过了一个月,乐羊发动攻势,终于攻下了中山国的都城。乐羊留下西门豹,自己带兵回到魏国。

魏文侯亲自为乐羊接风洗尘,宴会完了之后,魏文侯送给乐羊一只箱子,让他拿回家再打开。

乐羊回家后打开箱子一看,原来里面全是他攻打中山国时,大臣们诽谤攻击他的奏章。

如果魏文侯听信了别人的话而沉不住气中途对乐羊采取行动,那么后果可想而知,那就是:自己托付的事无法完成,双方的关系也再无法维持下去了。

空城计是《三国演义》里特别精彩的一个计谋,历来为人们津津乐道。空城计使用的是一种"虚而虚之"的心理战术,在战争的紧要关头和力量对比悬殊的情况下,故意以空虚无兵之势暴露在对方的面前,而使敌人疑中生疑,怕中埋伏,从而达到排危解难的目的。

诸葛亮北伐中原时,由于错用马谡,失了街亭,既无法进军取胜,又随时有被魏兵堵截归路、全军覆灭的危险。诸葛亮无奈之下,只好急忙安排人马,准备撤退。

这时,士兵来报:司马懿亲率十五万大军,已奔西城而来!诸葛亮登上城楼向外望。果然,西北方已隐隐有军旗招摇挥动。

诸葛亮所在的这个小西城易攻难守,而诸葛亮把身边兵马分派出去之后,只有空城一座。诸葛亮身边只剩下一些文官和两千老幼病残,根本无法抵挡。

诸葛亮稍一沉吟,决定采取一个大胆的举动。他命令手下将城门大开,派二十名老少军兵打扮成老百姓模样,洒水扫街。众人不解其意。

接着,诸葛亮让两个小童抱着一张琴、一只香炉,随他登上城楼,自己则"安然自得"地弹起琴来。不多时,司马懿兵临城下,见城楼上诸葛亮旁若无人地正在弹琴。而城门口只有二十余老少百姓低头有条不紊、不惊不慌地扫地。司马懿不敢轻举妄动，看了许久，其子司马师迫不及待地要冲杀进去，司马懿立即制止，仍静静谛听。忽然他神色一变，下令撤退！

直到撤回街亭，司马懿才心有余悸地说：诸葛亮一生最是谨慎，从来不做没有把握的事，今天城门大开，必有埋伏！

再说西城中的诸葛亮，见司马懿带兵退去，长叹一声说：知己知彼，才用此险计，实在是万不得已！等到司马懿回到西城，才知诸葛亮使了一招"空城计"，不禁由衷赞叹：诸葛孔明有胆有识，非常人所及！

司马懿心机细密，眼光精远，也算得上当时最为杰出的军事家，但他亲率十五万大军却被诸葛亮的一座空城、几许琴声给吓退了，为什么？说到底，还是因为诸葛亮有胆识并且沉得住气，脑筋转得快，吃透了司马懿的性情与计谋，才得以险中求胜啊！

审时度势，相机而动

审时度势，相机而动。就像墙上的草，迎风无力，任意东西，左右摇摆不定，风吹向哪里，便倒向哪边。不用说，很多人都喜欢那种迎风挺立的傲松，认为没有定性的草不好。换个角度来说，大家都承认的一个原则就是：为人应有一种骨气。诚然，为人处世缺不得骨气，不过，我们这里所说的相机而动，也绝非是要人们学墙上之草，随风任意摇摆。事物总是具有两面性，任何事物都有长处，也都有短处。正如孔子所说："择其善者而从之，其不善者而改之。"

墙头之草固然是左右摇摆，但这也并不失为一种求存之道。试想几尺高墙之上生有一草已属不易，寸土之上，瓦砾之间，独出新芽，婀娜于天地之间，岂非奇事？墙头草自知身单力薄，生性柔弱，便避免与这强风劲吹分庭抗礼。相风而动，因风而摇。都说它错了，它却能保存自己，挺立于墙头之上。

海中礁石因是傲然挺立，敢与海浪争锋。白浪滔天，礁石却迎风顶浪，屹然不动，终落得千沟万壑，伤痕斑斑，坑坑点点。都说礁石好，却落得面目模糊，断肢残臂。

因此，我们不能说墙上草就无可取之处，墙上草随风倒正是为了求得生存。试想，如果连自身都保不住，还谈什么宏伟的理想、远大的志向，还创什么宏图大业。有这么一个传说故事。

有一个国王与北方的一个国家打仗，来到一条大河边，河水滔滔，波浪翻滚，湍流如箭，没有舟桥，无法过河。当时又值九月，离河水封冻尚早。国王在河边率兵马无计可施，军心浮动，士气不高。国王心急，便派一人出去观看河水是否封冻，那人跑到河边一看，河水滚滚，毫无冰冻之象，便跑回来报："回国王，河水毫无冰冻之迹象。"

国王听罢，大怒，一挥手："拉下去，杀了！"

令下之后，那人被推出去砍了头。

国王又派一人出去察看，那人来到河边。河水汹涌，依旧奔腾不息，浪花翻卷，哪里有半点封冻征兆，那人回来如实回报："国王，河水的确没有冰冻之迹象。"

国王问也不问，拍案大喝："推出去，杀！"

第二人又被斩头。

国王又派第三个人去探看，那人到河边观望，河水奔流如故，他并不比前两个人多看到什么，但他回来后，没有如实报告，而是随机应变说："河水已经封冻，冰层厚盈几尺，如钢浇铁铸，大兵即可渡河。"

国王大喜，说："重重赏他，传令三军，今晚渡河。"

第三人非但活命，而且得了重赏。当夜晚间国王率兵涉水而过，顺利渡河。

我们且不去论故事本身是真是假，但其中的道理却是让人深思。第一个人和第二个人都如实回答，遭到的却是灭顶之灾。第三个人随机应变，审时度势，却领了重赏。国王让看河水冻结与否的目的在于稳定军心，而绝非河水本身。前两个人，思想僵化，不懂应变，杀身之祸在劫难逃。第三人善于思变，巧妙回答，点中了国王的心事，得到了国王的赏识。

做人不要太死板，许多时候善意的谎言是必要的。任何事物都有其负面的影响。善意的谎言不是地地道道的欺骗，而是以使别人快乐为目的。任何"善意的谎言"都有润滑作用，以此来保护自己或避免伤害别人。

汉武帝时有个叫东方朔的大臣，他性格诙谐幽默，善于审时度势，相机而动。在一个三伏天，武帝给朝臣赏赐肉食。大家等了半天，负责分肉的官员却一直没来。东方朔不耐烦了。对同僚说:"按照我朝先例,三伏天上朝可以早退,所以不好意思,我先领自己的那份肉去了。"说罢,他便拔出佩剑,切了一大块肉,扬长而去。负责分肉的官员知道后,气得不行,立刻向皇上告了东方朔一状。

次日早朝,武帝果然厉声斥责,东方朔立刻摘下帽子,俯伏在地,听候处置。看他一下子这么听话,武帝一下子童心大起,想要捉弄他一番,于是说道:"你要是真心悔改,就当着大家骂自己一顿。嗓门放大点!"

东方朔恭敬地拜谢完毕,一本正经地站了起来,扯开嗓子大喊了起来:"东方朔呀东方朔,没等陛下分赏,就擅自拿走赐品,真是无礼之极!拔出佩剑,大块切肉,简直壮烈之至!那么多肉,只取小小一块,堪称寡欲的楷模!一口没吃,全部带给老婆,更是疼爱妻子的表率!"

话未说完,武帝已经捂着肚子笑得不行了,大臣们也笑倒了一大片:"真有你的!本想让你丢一回脸,没想到却看了场好戏!"笑够了,武帝特地赐了一石酒和一百斤肉给东方朔。

东方朔懂得审时度势,相机而动,才使自己不被治罪,还受到赏赐。

小心"朋友"背后下手

俗话说:"多个朋友多条路,朋友多了路好走。"大千世界,芸芸众生,每个人都有可能成为你的朋友。但关键是要择善而交。如何交朋友,如何选择朋友是一件非常重要的事。如果择友不当则会给自己带来祸害,因为朋友是最有机会从背后下手的。

张某与赵某同是广东省龙川县人,有一年他们来到深圳一工厂打工,后来相识成为好朋友,并租房住在一块,可让张某没有想到的是赵某竟然把黑手伸向他。某晚,张某到工厂加班,宿舍里只有赵某一个人,利令智昏的赵某翻张某的衣服口袋,想趁机偷盗,果然在张某的衣袋里放着一本银行存折,于是,他便将这本存折偷偷藏在自己身上。张某深夜加班回来,没有发现存折丢失,赵某在被窝里偷着乐。第二天一大早,他就拿着这本存折到银行支取了全部现金,而后准备逃走,幸亏张某及时发现自己丢失存折,并报了案。警方将赵某列为嫌疑对象,并立即采取措施布控,结果在车站将赵某抓个正着。

徐某，一无业青年。按他的年龄，出点力，谋点事，挣钱养活自己绰绰有余。可对好逸恶劳的徐某来说，干什么活都没劲，东游西逛则是他唯一的爱好，没事就骑着自行车到处游荡。王某与朋友单某在市内的中心路附近合开了一家电脑设计室。一个偶然的机会，通过朋友的引见，徐某认识了王某，一来二去，二人便成为了朋友，徐某有事没事总愿到王某的电脑设计室里坐坐。因徐某没有正当职业，王某也偶尔周济他几个零花钱，徐某自是感激不尽。

元旦过后，随着春节的日趋临近，徐某的心里也是逐日焦灼，此时他已是身无分文，可又想在春节期间潇潇洒洒，怎么办，他思来想去，最后把目光聚焦到了王某的电脑设计室。一日中午，徐某又来到了王某的电脑设计室，坐了一会儿之后，就对王某谎称自行车锁坏了，想要用王某的店门钥匙试试看能不能打开？王某当时也没在意，随手就把门钥匙交给了他。徐某拿到钥匙后，直奔一家配钥匙店，迅速偷配了一把。农历腊月二十九那天，王某将电脑设计室停业，回家办置年货去了。当晚，徐某就用偷配的钥匙打开房门，租来一辆车，将设计室里的电脑主机以及显示器、扫描仪、打印机一股脑儿拉回家中。

农历正月初六，这天一大早，王某便来到了设计室，准备收拾一下过两天开业，当他打开店门时，发现店里所有的设备不翼而飞。王某心想：门钥匙只有搭档单某那里有一把，十有八九是他在春节期间将东西拿去了。并在心里暗自骂道：拿店里的机器怎么也不说一声呢？当即王某便拨打单某的手机，怎奈单某的手机关机，王某只好作罢。农历初八这天上午，各家商店纷纷开始营业，王某与单某终于见面了，当王某质问单某为何拿店里的机器不打招呼时，单某当时竟莫名其妙。王某一见事情严重了，便与单某一起来到派出所。

民警接到王某的报警后，仔细查看了案发现场，随后便立即从接触过钥匙的人入手，通过王某的反复回忆，很快就划定徐某具有重大作案嫌疑。农历初八上午 10 时，派出所民警赶到了徐某的住处，找到了徐某。只一个回合，徐某就如实交代了此案系其所为，民警当即在他的家中搜出全部赃物。

日常生活中，或是因为面子问题，或是因为过于信任，我们对于朋友总是疏于防范。殊不知,他们最有机会骗你,甚至害你。虽说绝大多数的朋友是值得信赖的,但如果你错信了一个,往往就会追悔莫急。

交友须谨慎

在家靠父母,出门靠朋友,朋友是人生的一部分。有句话说得好:"没有朋友的人,只能是半个人。"那么,什么样的人才能算是真正的朋友呢?

亚逊斯有一次来到了阿尔卑斯山下,遇到了几位天神,天神说:"亚逊斯,你有过朋友吗?"亚逊斯说:"有,他爱我胜过爱自己。"这句话激怒了天神,他们决心杀掉亚逊斯的这位朋友,便询问这位朋友是谁。亚逊斯看出了天神的用意,就隐瞒不谈。天神们拿出了各自的宝贝引诱亚逊斯,许诺他将有一位美貌无比的妻子,成为一个威严无比的国王,等等。所有这一切都未能打动亚逊斯的心。但神通无比的天神还是抓到了亚逊斯的朋友,他们没有立刻杀死他,对亚逊斯的话,他们并不十分相信,于是以同样的手段去引诱亚逊斯的朋友,只要他背叛亚逊斯,他将得到他所要的一切:美色、财富、权势。和亚逊斯一样,这位朋友也丝毫未动心,天神既羡慕又惭愧,就悄悄地将他们放下了山。亚逊斯说:"我们彼此忠诚、信任,没有什么比我们的友谊更重要。"

环境和朋友,对我们的一生有很大的影响,可以说,交上怎样的朋友,就会有怎样的命运。所以在选择朋友时一定要谨慎,不要结交那些对你有害无益的朋友,以免被他们拖入浑水。要结交像亚逊斯和他朋友那样的人。他们那种忠诚的友谊才是真正的友谊,他们那种忠诚的朋友才是真正的朋友。

一只虱子常年住在富人的床铺上,由于他吸血的动作缓慢轻柔,富人一直没有发现它。一天,跳蚤拜访虱子。虱子对跳蚤的性情、来访目的、是否对自己不利,一概不闻不问,只是一味地表示欢迎。它还主动向跳蚤介绍说:"这个富人的血是香甜的,床铺是柔软的,今晚你可以饱餐一顿!"说得跳蚤口水直流,巴不得天快黑下来。

当富人进入梦乡时,早已迫不及待的跳蚤立即跳到他身上,狠狠地叮了一口。富人从梦中被咬醒,愤怒地令仆人搜查。伶俐的跳蚤跳走了,慢慢腾腾的虱子成了不速之客的替罪羊。虱子到死也不知道引起这场灾祸的根源。

因此，在选择朋友时，你要努力与那些乐观向上、富于进取心、品格高尚和有才能的人交往，这样才能保证你拥有一个良好的生存环境，获得好的精神食粮以及朋友的真诚帮助。这便是孔子所说的"无友不如己者"的意思。

相反，如果你择友不慎，恰恰结交了那些思想消极、品格低下、行为恶劣的人，你会陷入这种恶劣的环境难以自拔，甚至受到"恶友"的连累，成为无辜受难的"虱子"。

交朋友还是有大学问的，尤其是走向社会以后，各种不同的人聚在一起，没有你想象的那样单纯。所以一定要谨慎交友，冷眼观看，确定人品后方可深交。

我们在广交朋友时一定要知道选择，尤其是想交到真正的朋友时，更应该将圈子缩小一些，鲁迅先生讲过："人生得一知己足矣。"我们不要无所选择地将人人都当做知己才好。

朋友要分亲疏

不管什么人，只要在社会中生存，就必须靠朋友帮忙，虽然有的朋友也不见得能帮你什么忙，甚至还会拖累你，但没有朋友却会无路可走。尤其当今知识经济时代，信息的重要性更是非同一般，一个朋友有意无意的一句话，就可能蕴藏着巨大商机。所以，广交朋友不仅会带来精神的慰藉，更是无数机会的源泉。

但朋友太多也会带来烦恼。怎样消除这些烦恼呢？这就要求我们交朋友时，要保持交友的弹性。

有个地方官员，朋友无数，三教九流都有，他也曾向人夸耀，说他朋友之多，天下第一。

有人曾问他，朋友这么多，你都同等对待吗？

他沉思了一下说："当然不可以同等对待，要分等级的。"

他说他交朋友都是诚心的，不会利用朋友，也不会欺骗朋友，但别人

来和他做朋友却不一定是诚心的。在他的朋友中,真挚诚恳的朋友固然很多,但想从他身上获取一点利益、心存他意的朋友也不少。

"对心有坏意、不够诚恳的朋友,我总不能也对他推心置腹吧,那只会害了我自己呀!"

所以,在不得罪朋友的情况下,他把朋友分了"等级":"刎颈之交"、"推心置腹"、"可商大事"、"酒肉朋友"、"点头哈腰"、"保持距离",等等。

他就根据这些等级来决定和对方来往的密度和自己心扉打开的程度。

他曾说:"我过去就是因为人人都是好朋友,受到了不少伤害,包括物质上和心灵上的伤害,所以今天才会把朋友分等级。"

把朋友分等级听来似乎无情,但听了那位官员的话,把朋友分等级的确有其必要——为了保护自己免受伤害。

对待朋友,可深交的,你可以和他分享你的一切;不可深交的,维持基本的礼貌就可以了。这就好比客人来到你家,真正的客人请进客厅,推销员之类的在门口应付应付就行了。

把朋友分等级其实不容易,因为人都有主观的好恶,因此有时会把一片赤诚的人当成一肚子坏水的人,也会把凶狠的人看成友善的人,甚至在旁人点醒时还不能发现自己的错误,直到被朋友伤害了才大梦初醒。孔子以言取人,失之宰予;以貌取人,失之子羽。何况我们这些凡夫俗子呢?所以,要十分客观地将朋友分等级是十分难的,但面对复杂的人性,你还必须把朋友分等级不可。心理上有分等级的准备,交朋友就会比较冷静客观,可把伤害降到最低限度。

在逆境中看真伪朋友

一只狮子和一只狼是一对好朋友,一天它们一同觅食时发现了一只小鹿,于是它们商量好计策共同追捕那只小鹿。它们合作良好,当野狼把小鹿扑倒时,狮子便上前一口把小鹿咬死了。但这时狮子起了贪心,不想和野狼平分这只小鹿,于是把野狼也咬死了。

在今天这个利益至上的时代，很多人抱怨没有真正的朋友。这难免有些偏激，但也确实说明了一些情况。面对各种复杂的人，就要提高警觉，分清朋友的善恶、好坏，谨慎行事。

在利益面前，各种人的灵魂也会赤裸裸地暴露出来。有的人在对自己有利或利益无损时，可以称兄道弟，显得亲密无间。可是一旦有损于他们的利益时，他们就像变了个人似的，见利忘义，唯利是图，将友谊和感情统统抛到脑后。

春秋末年，晋国太子被迫流亡在外，有一次经过一座界城时，他的随从提醒他道："主公，这里的官吏是您的老友，为什么不在这里休息一下，等候着后面的车子呢？"太子答道："不错，从前此人待我很好，我有段时间喜欢音乐，他就送给我一把鸣琴；后来我又喜欢佩饰，他又送给我一些玉环。这是投我所好，以求我能够接纳他，而现在我担心他要出卖我去讨好敌人了。"于是他很快地就离去。果然不久，这个官吏就派人扣押了太子后面的两辆车子，献给了晋王。

太子在落难之时能够推断出"老友"会出卖自己，避免了被其落井下石的灾难，这可以让我们看到，当某位朋友对你，尤其是你正处高位时，刻意投其所好，那他多半是因你的地位而结交，而不是看中你这个人本身，这类朋友很难在你危难之中施以援手。

因此，只有当遇到困难、遭遇不幸的时候，能挺身而出帮你渡过难关的人，才是真正的朋友。

从人生的角度来看，人不可能一帆风顺，挫折失败总是难免的。落难之时，虽然自己倒霉，但也是对周围人们，特别是对朋友的考验。远离你而去的可能从此成为路人，同情、帮助你渡过难关的，你可能感激他一辈子。所谓莫逆之交、患难朋友，往往就是在困难时期形成的。这时形成的友谊也往往最有价值，最让人珍视。

一见如故应适度远之，更不可无话不谈

"一见如故"是很多刚刚见面相识的人习惯使用的一句话，意思是，虽然是初次见面，可是彼此的感觉就好像已经认识了很久，都有相见恨晚之

第七章　外圆内方的处世态度

感。

在生活中，人会呈现出其多面性，在不同的时空，善与恶会因不同的刺激而以不同的面貌出现，也就是说，本性属恶的人在某些状况下也会出现善的一面；本性属善的人也会因为某些状况的引动、催化而表现出恶的作为，而何时何地出现善与恶，甚至自己也无法预测及掌握。例如，一辈子循规蹈矩的正人君子就有可能因为一时困境而忽然浮现恶念，这是他过去所无法想象的事，但就是发生了，连他自己都感到不解。

当一个人和你初次见面，并且热情地向你表示和你一见如故时，你可以不必拒绝他的热情，甚至也回他一句一见如故，但你一定要理性地看待这句话，思索这句话的真正意义，因为这句话纯粹是一句客套话，也有可能是一颗裹上糖衣的毒药，他是想用温情来拉近和你的距离，好从你身上获得某些利益。如果这是一句客套话，你的热切回应不但无法给对方产生效用，自己也会因为对方随之而来的冷淡而受伤，更有可能暴露了自己，反给有心人以可乘之机，而最有可能的是，你把对方吓跑了。如果双方真的另有所图，你的热切回应，正好自投罗网，结果也就不用多说了。

如果对方的一见如故之后还有其他的后续动作，你应该与之保持一种善意的距离，保持距离的目的是在检验对方的真伪，以免自己受伤。如果对方和你彼此都一见如故，这是最危险的状况。你应该立刻向后退，以免引火自焚，或因为太过接近而彼此伤害，葬送有可能好好发展的友情；如果一见如故只是对方一相情愿，话不投机半句多，不必花心思在这上面。当然，如果双方一见如故，也都理智地各取所需，那就另当别论了。

一见如故是一种人生的幸运，但有时也会成为一种不幸的开始。对刚结识的朋友，不分青红皂白地把他当做知交好友，什么话都对他说，这是交友的大忌。对刚结识的朋友说话一定要有所保留，该说三分的千万不能说四分。在人际交往中，你若与朋友初交，就把心掏出来给对方，用心和他交往，那么有可能"受伤"。

小张是一家公司的业务经理，在一次聚会上，与另一家公司的业务员相遇，两人很投缘，话也越说越投机，大有相见恨晚之感。小张把对方当成了自己的贴心朋友，结果在酒酣耳热之后，把自己公司将要开展的业务计划说了出来。一个月后，当小张的公司把新的业务计划投入实际运作时，却被客户告知别的公司已经在做了，并签了合同。作为与老板共知计划机密的小张，自然被上司批评一番，并罚款降职。小张没想到把对方当成朋友，对方反而害了自己。

逢人只说三分话之中的这三分话，还不在重要话之内，重要话是一句都说不得的。你所说的三分话，应该是风花雪月，应该是柴米油盐，应该是天上地下，应该是山海奇观，应该是稗官野史……总而言之，应该是无关紧要的内容，虽然说得头头是道，说得兴味淋漓，说得皆大欢喜，其实是言之无物，这就是有效防止"交浅言深"的办法。

一定要谨慎把握好语言，不该说的话千万别乱说。朋友之间相处，话不可露尽，于人于己都有好处，这是交友之道。